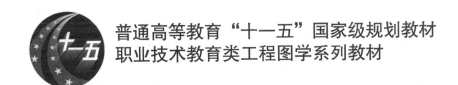

普通高等教育"十一五"国家级规划教材
职业技术教育类工程图学系列教材

建筑工程
制图与识图

JIANZHU GONGCHENG ZHITU YU SHITU

第2版

- 主　编　罗康贤
- 参　编　（按姓氏笔画排列）

　　　　　肖少英　罗　逊　谢　芳
- 主　审　刘　林

U0396524

华南理工大学出版社
SOUTH CHINA UNIVERSITY OF TECHNOLOGY PRESS

·广州·

图书在版编目（CIP）数据

建筑工程制图与识图/罗康贤主编．—2版．—广州：华南理工大学出版社，2013.8（2020.8 重印）

普通高等教育"十一五"国家级规划教材　职业技术教育类工程图学系列教材

ISBN 978 – 7 – 5623 – 3941 – 0

Ⅰ．①建…　Ⅱ．①罗…　Ⅲ．①建筑制图 – 识别 – 高等学校 – 教材　Ⅳ．①TU204

中国版本图书馆 CIP 数据核字（2013）第 119742 号

建筑工程制图与识图（第 2 版）

罗康贤　主编

出　版　人：卢家明

出版发行：华南理工大学出版社

（广州五山华南理工大学 17 号楼，邮编 510640）

http://www.scutpress.com.cn　E-mail：scutc13@scut.edu.cn

营销部电话：020-87113487　87111048（传真）

责任编辑：黄丽谊

印　刷　者：广州市新怡印务有限公司

开　　本：787mm×1092mm　1/16　印张：20.25　字数：505 千

版　　次：2013 年 8 月第 2 版　2020 年 8 月第 12 次印刷

定　　价：38.00 元

第 2 版前言

本书自 2008 年出版以来，受到广大读者的欢迎，已连续印刷 6 次。为适应社会发展的需要，参考广大读者提供的宝贵意见和建议，现进行修订再版。

第 2 版除了保持第 1 版的定位宗旨外，主要在以下几方面进行了修订：

（1）对一些例题进行了修改和增减。

（2）全部内容按最新的国家标准更新。

（3）计算机绘图全部更新为 AutoCAD 2012 全汉化版本。

（4）对第 1 版中的不足之处作了修正和完善。

本书着重加强培养学生的工程素质，将现代先进的方法与内容逐渐融入传统。章节的划分符合教学单元的设置，精心设计的习题集保证了恰当的练习和足够的训练。

本书修订过程中，承有关设计单位提供资料、华南理工大学出版社大力支持，以及兄弟院校的教师和广大读者提供了宝贵意见，在此表示深切的谢意。

限于我们的水平，书中难免存在疏漏，恳请使用本书的教师、学生以及其他读者批评指正。

编　者

2013 年 7 月

前　言

　　高等职业技术学院的任务是培养能够适应社会需要的理论扎实、实践动手能力强，具有较强创新意识的高素质实用人才。为了适应高等职业教学改革的发展，满足建筑工程类各专业的教学需要，由多所学校的教师，在总结多年高等职业教育经验的基础上，根据教育部对高等职业教育的最新要求而编写了本书。

　　本书以应用为目的，以必需够用为度，在基础方面介绍了制图的基本知识与技能、画法几何基础知识、轴测投影、阴影与透视；在结合建筑工程的实际方面，介绍了包括建筑、结构、装饰、给排水、电气、道路及桥涵等工程图样的图示内容和识读方法。本书还介绍了使用最新版本的绘图软件 AutoCAD 2008 绘制建筑工程图样的基本操作。

　　本书的特点是紧密结合建筑工程中各专业工种的实际，涵盖面广，有利于拓宽学生的视野，也便于教师根据不同专业、不同学时的需要取舍。同时，为适应现代化教学的需要，本书还计划配上多媒体教学光盘，用动画、视频等媒体表现教材的全部内容和习题答案等，以提高教与学的效率。

　　本书的全部内容采用了迄今为止的新国家标准。

　　本书由罗康贤编写绪论、第 2～10 章、第 12～14 章；罗逊编写第 1 章；谢芳编写第 11 章；肖少英编写第 15 章。此外，杨业伟、王太胜、黄琳锋等参加了大量的计算机绘图工作。

　　与本书配套的《建筑工程制图与识图习题集》同时出版，可供使用。

　　衷心感谢华南理工大学刘林教授作为全书的主审，对本书编写的热心指导和认真审阅。感谢广东省工程图学学会以及多所高等职业技术学院的教师给予的宝贵意见和建议。感谢其他关心和帮助本书出版的人员。

　　由于编者水平有限，本书难免存在缺点和疏漏，恳请读者和同行批评指正。

编　者

2008 年 1 月

目　　录

绪 论

一、建筑工程制图的历史和现状

建筑工程制图同其他学科一样,是人们在长期生产实践活动中创造、总结和发展起来的。考古发现,早在公元前 2600 年就出现了可以称为工程图样的图,那是刻在古尔迪亚泥板上的一张神庙的地图。我国在 2000 年前,已广泛使用了类似现代所用的正投影或轴测投影原理来绘制图样。1977 年冬,在河北省平山县出土的公元前 323—

图 0 - 1 战国时期中山王墓中的建筑平面图

公元前 309 年的战国时期中山王墓,发现在青铜板上用金银线条和文字制成的建筑平面图,如图 0 - 1 所示。该图不仅采用了正投影的原理绘图,而且还以当时的中山国尺寸长度为单位。从镶嵌的 439 个文字中,可知建筑物的名称和大小,并可知选用了 1：500 缩小的比例。这块铜板用金银丝线镶嵌出国王和王后的坟墓及相应享堂的位置和尺寸。据专家考证,这块铜板曾用于指导陵墓的施工,这是世界范围内罕见的建筑图样遗物,它有力地证明了中国在 2000 多年前就已经能在施工之前进行设计和绘制建筑工程图样。

图 0 - 2 所示为成都出土的汉代画砖上的民居图。特别值得一提的是,公元 1103 年宋代李诫(字明仲)写成的 34 卷的《营造法式》,是世界上最早的建筑规范巨著,它对建筑技术、用工用料估算以及建筑装饰等均有详细的论述。书中有图样 6 卷,共计图 1 000 余幅,"图样"一词从此确定下来并沿用至今。该书中的图样包括宫殿房屋平面图、立面图、剖面图、形体图等,其中有很多用正投影法绘制,如图 0 - 3 所示为大殿的正投影剖面图。以上示例说明我国在建筑工程上使用图样已有悠久的历史。

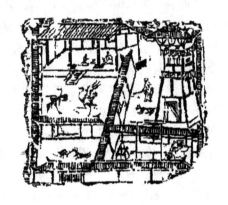

图 0 - 2 成都出土的汉代画砖上的民居图

1795 年法国数学家加斯帕得·蒙日(Gaspard Monge,公元 1746—1818 年)发表了著名的《画法几何》论著,使制图的投影理论和方法系统化,为工程制图奠定了理论基础。

随着科学技术的发展,工程制图技术正朝着智能化方向发展,尤其是近年来随着计算机的硬软件技术和外部设备的研制成功和不断发展,导致了制图技术的重大变化。计算机绘图(Computer Graphics)和计算机辅助设计绘图(Computer Aided Design 或 Computer Aided Drafting)技术大大地改变了设计的方式。近年来出现了很多绘图应用软件,如 AutoCAD 计算机辅助设计软件,以及建立在 AutoCAD 平台上开发的国产建筑设计、装饰设计软件,如天正建筑、

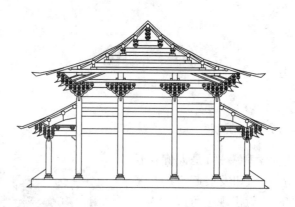

图 0-3 宋代《营造法式》中的大殿剖面图

方圆装饰等。因此,我们不仅要学好制图的基本理论和知识,还要了解和掌握制图技术的新发展,在此基础上继往开来、不断创新,为实现制图技术的自动化,促进我国全面实现现代化而作出贡献。

二、本课程的性质和内容

工程图样是工程技术界的共同语言,是用来表达设计意图、交流技术思想的重要工具,也是用来指导生产、施工、管理等技术工作的重要技术文件。在建筑工程中,无论是外形巍峨壮丽、内部装修精美的智能大厦,还是造型简单的普通房屋,都是先进行设计、绘制图样,然后按图样施工。设计师借助于图样表达自己的设计意图,施工人员依据图样将设计师的设计思想变为现实。所以,准备从事建筑工程的技术人员,必须掌握建筑工程图样的绘制和识读方法。我国已经加入 WTO,国际的交流日益频繁。对于学术交流、技术交流、国际合作、引进项目、劳务输出等交流活动,工程图作为“工程师的国际语言”更是必不可少。

“建筑工程制图与识图”是研究建筑工程图样绘制与识图的理论和方法,是高等职业技术院校建筑类及其相关专业培养生产一线高级工程技术应用型人才的一门主干技术基础课。通过该课程的学习,使学生获得在绘图和识图方面的初步训练。

本课程的内容包括画法几何、制图基础、建筑工程专业图和计算机绘图四部分。其中:画法几何是制图的理论基础,它研究用投影法图示空间几何要素与解决空间几何问题的基本理论和方法;制图基础部分介绍制图的基本知识和基本技能,主要包括国家标准中有关制图的基本规定和正确的制图方法;土木建筑专业图部分研究土木建筑工程中各专业工种,包括建筑、结构、装饰、给排水、电气,以及道路、桥涵等工程图的绘制和识读方法;计算机绘图部分仅介绍了使用最新版的 AutoCAD 绘图软件进行二维绘图的基本方法。

三、本课程的学习方法和目标

学习画法几何,应在理解几何形体投影特性的基础上,着重培养解题能力。解决空间几何问题,要坚持先对问题进行空间分析,找出解题方案,再利用所掌握的各种基本作图原理和方法,逐步作图求解。

学习制图基础,应了解和严格遵守制图国家标准的有关规定,踏实地进行制图技能的操作训练,养成正确使用绘图工具、仪器和准确画图的习惯。

学习土木建筑专业图时,应结合所学的一些初步的专业知识,运用专业制图国家标准的有关规定,读懂教材和习题集上的专业图样。在绘制专业图作业时,必须在读懂已有图样的基础上,严格遵守专业制图国家标准的有关规定进行制图。

学习计算机绘图部分,必须重视实践性教学环节,上机操作完成一定数量的习题,并输出习题所指定的图形。

在学习过程中,应逐步提高自学能力、分析问题和解决问题的能力。课前要预习,带着问题去听课,课后要及时复习和做作业,并做好阶段性小结。要逐步将中学时期的学习方法转变为适应于高等职业技术学校的学习方法。

学习完本课程后,学生应达到下列要求:

(1)掌握投影法的基本理论及应用;

(2)培养空间逻辑思维和形象思维能力,以及对空间几何问题的图解能力;

(3)能正确绘制和识读建筑工程图样;

(4)了解和初步掌握使用计算机绘制工程图样的方法;

(5)树立认真负责的工作态度和严谨细致的工作作风。

第1章 制图规格及基本技能

第1节 国家标准的制图基本规格

工程图样是工程界的技术语言,因而有必要制订工程制图的国家标准。为了统一房屋建筑制图规则,保证制图质量,提高制图效率,使其符合设计、施工和存档的要求,适应工程建设的需要,建设部批准并颁布了有关建筑制图的6项国家标准,包括总纲性质的《GB/T 50001—2010 房屋建筑制图统一标准》和专业部分的《GB/T 50103—2010 总图制图标准》、《GB/T 50104—2010 建筑制图标准》、《GB/T 50105—2010 建筑结构制图标准》、《GB/T 50106—2010 给水排水制图标准》、《GB/T 50114—2010 暖通空调制图标准》,并自2011年3月1日起施行。

制图国家标准(简称国标)是所有工程人员在设计、施工、管理中必须严格执行的国家条例,是学习制图的依据,绘图时必须严格遵守。本节仅介绍上述标准中的部分内容。

一、图纸幅面和格式

图纸幅面是指图纸本身的大小规格,图框是图纸上所供绘图的范围的边线,图纸的幅面和图框的尺寸应符合表1-1的规定和图1-1的格式。从表中可以看出,A1幅面是A0幅面的对开,其他幅面依此类推;表中代号的意义如图1-1所示。在一个工程设计中,每个专业所使用的图纸,一般不宜多于两种幅面。图纸以短边作为垂直边称为横式(图1-1a),以短边作为水平边称为立式(图1-1b)。一般A0~A3图纸宜作横式使用。图纸的短边尺寸不应加长,长边尺寸可加长,但加长的尺寸必须符合国标的有关规定。

表1-1 幅面及图框尺寸   mm

尺寸代号 \ 幅面代号	A0	A1	A2	A3	A4
$b \times l$	841×1189	594×841	420×594	297×420	210×297
c	10			5	
a	25				

图纸中应有标题栏、图框线、幅面线、装订边线和对中标志,如图1-1所示。

标题栏应符合图1-2、图1-3的规定,根据工程的需要选择确定其尺寸、格式及分区。涉外工程的标题栏内,各项主要内容的中文下方应附有译文,设计单位的上方或左方,应加"中华人民共和国"字样。

对于学生在学习本课程的制图作业,其标题栏建议采用图1-4所示的格式,放置在图框的右下角。

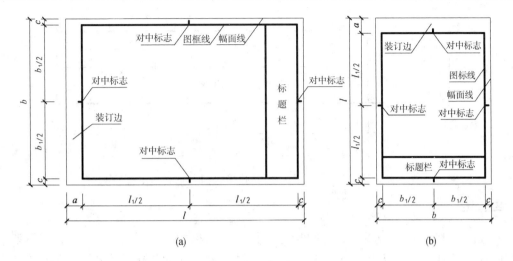

对中标志
图框线
幅面线
对中标志
装订边
标
题
栏
对中标志
对中标志
装订边
对中标志
图标线
幅面线
对中标志
对中标志
标题栏
对中标志
b
c
c
a
l
l
a
c
b

(a)　(b)

图 1－1　幅面代号的意义

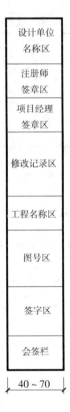

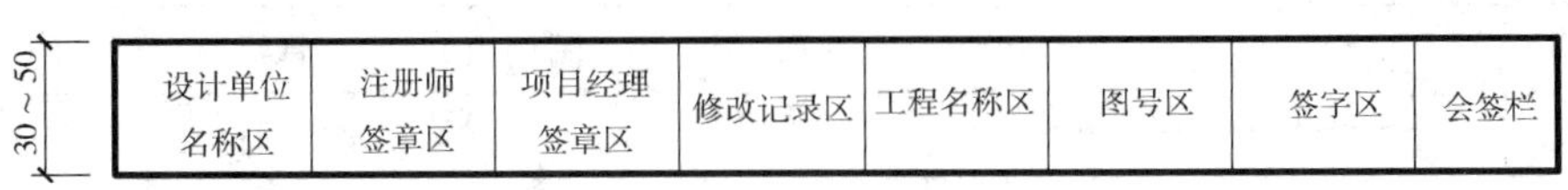

设计单位
名称区
注册师
签章区
项目经理
签章区
修改记录区
工程名称区
图号区
签字区
会签栏
40 ~ 70

图 1－2　标题栏(一)

30 ~ 50
设计单位
名称区
注册师
签章区
项目经理
签章区
修改记录区
工程名称区
图号区
签字区
会签栏

图 1－3　标题栏(二)

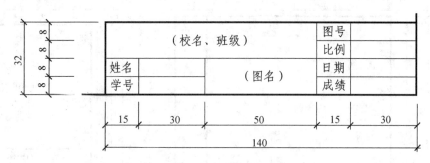

图 1-4　建议采用的制图作业标题栏

二、图线

画在图纸上的线条统称图线。图线有粗、中粗、中、细之分。图线的宽度 b，宜在下列线宽系列中选取：1.4、1.0、0.7、0.5mm。每个图样应根据复杂程度与比例大小，先选定基本线宽 b，再选用表 1-2 中相应的线宽组。

表 1-2　线宽组　　　　　　　　　　　　　　　　　　　　　　　　mm

线 宽 比	线 宽 组			
b	1.4	1.0	0.7	0.5
$0.7b$	1.0	0.7	0.5	0.35
$0.5b$	0.7	0.5	0.35	0.25
$0.25b$	0.35	0.25	0.18	0.13

注：①需要缩微的图纸，不宜采用 0.18 及更细的线宽。

　　②同一张图纸内，各不同线宽组中的细线，可统一采用较细的线宽组的细线。

建筑工程制图的各类线型、宽度、用途如表 1-3 所示。

表 1-3　图　线

名　　称		型　　式	宽　度	一　般　用　途
实线	粗		b	主要可见轮廓线
	中粗		$0.7b$	可见轮廓线
	中		$0.5b$	可见轮廓线、尺寸线、变更云线
	细		$0.25b$	图例填充线、家具线
虚线	粗		b	见各有关专业制图标准
	中粗		$0.7b$	不可见轮廓线
	中		$0.5b$	不可见轮廓线、图例线
	细		$0.25b$	图例填充线、家具线
单点长画线	粗		b	见各有关专业制图标准
	中		$0.5b$	见各有关专业制图标准
	细		$0.25b$	中心线、对称线、轴线等

名 称		型 式	宽 度	一 般 用 途
双点长画线	粗		b	见各有关专业制图标准
	中		$0.5b$	见各有关专业制图标准
	细		$0.25b$	假想轮廓线、成型前原始轮廓线
折断线	细		$0.25b$	断开界线
波浪线	细		$0.25b$	断开界线

画线时还应注意下列几点：

①在同一张图纸内，相同比例的各图样，应选用相同的线宽组。

②图纸的图框和标题栏线，可采用表1-4中的线宽。

表1-4 图框线、标题栏线的宽度 mm

幅面代号	图框线	标题栏外框线	标题栏分格线
A0、A1	b	$0.5b$	$0.25b$
A2、A3、A4	b	$0.7b$	$0.35b$

③虚线的画长和间隔应保持长短一致，画长为3～6mm，间隔为0.5～1mm。单点长画线或双点长画线画的长度应大致相等，为15～20mm。

④虚线与虚线交接或虚线与其他图线段交接时，应是线段交接。虚线为实线的延长线时，不得与实线连接。其画法如图1-5所示。

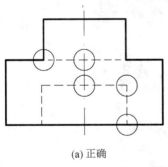

(a) 正确

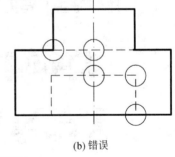

(b) 错误

图1-5 虚线交接的画法

⑤单点长画线或双点长画线的两端，不应是点。点画线与点画线交接或点画线与其他图线交接时，应是线段交接。

⑥单点长画线或双点长画线，当在较小图形中绘制有困难时，可用实线代替。

⑦相互平行的图线，其净间隙或线中间隙不宜小于0.2mm。

⑧图线不得与文字、数字或符号重叠、混淆，不可避免时，应首先保证文字等的清晰。

三、字体

图纸上所书写的文字、数字或符号等,均应字体工整、笔画清楚、间隔均匀、排列整齐,标点符号应清楚正确。

文字的字高,应从如下系列中选用:3.5、5、7、10、14、20mm。

1. 汉字

在图样及说明中的汉字宜采用长仿宋体或黑体。大标题、图册封面、地形图等的汉字,也可书写成其他字体,但应易于辨认。汉字的简化字书写,必须符合国务院公布的《汉字简化方案》和有关规定。长仿宋体字体的高度与宽度的比例大约为 1:0.7,长仿宋体字体的示例见图 1-6。黑体字的宽度与高度应相同。

字体工整 笔画清楚 间隔均匀 排列整齐

图 1-6　长仿宋体汉字示例

2. 拉丁字母和数字

拉丁字母、阿拉伯数字与罗马数字的字体有直体和斜体之分,斜体字的斜度应是从字的底线逆时针向上倾斜 75°,其高度与宽度应与相应的直体字相等。

数量的数值注写,应采用直体阿拉伯数字。直体和斜体拉丁字母、阿拉伯数字与罗马数字示例如图 1-7、图 1-8。

图 1-7　直体拉丁字母、阿拉伯数字和罗马数字示例

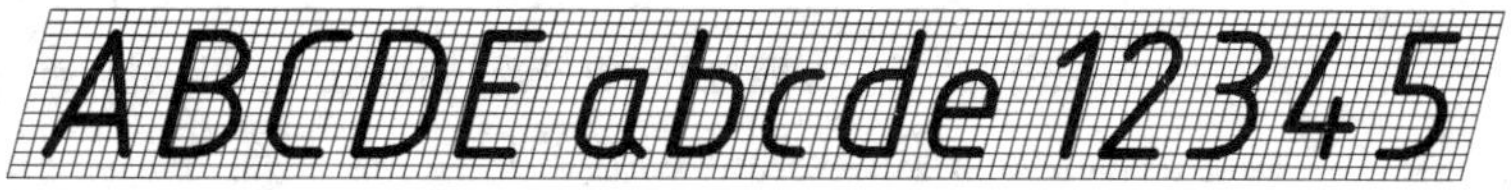

ABCDE abcde 12345

图 1-8　斜体拉丁字母和阿拉伯数字示例

四、比例

图样的比例,应为图形与实物相对应的线性尺寸之比。比例的大小是指其比值的大小,如 1∶50 大于 1∶100。比例宜注写在图名的右侧,字的基准应取水平;比例的字高宜比图名的字高小一号到二号,如图 1-9 所示。

图 1-9　比例的注写

绘图时所用的比例,应根据图样的用途和被绘对象的复杂程度,从表 1-5 中选用,并优先选用表中常用的比例。

表 1-5　绘图所用的比例

常用比例	1∶1、1∶2、1∶5、1∶10、1∶20、1∶30、1∶50、1∶100、1∶150、1∶200、1∶500、1∶1000、1∶2000
可用比例	1∶3、1∶4、1∶6、1∶15、1∶25、1∶40、1∶60、1∶80、1∶250、1∶300、1∶400、1∶600、1∶5000、1∶10000、1∶20000、1∶50000、1∶100000、1∶200000

五、尺寸标注

在建筑工程图样中,其图形只能表达建筑物的形状及材料等内容,而不能反映建筑物的大小。建筑物的大小由尺寸来确定。尺寸标注是一项十分重要的工作,必须认真仔细,准确无误。如果尺寸有遗漏或错误,都会给施工带来困难和损失。

(一)尺寸的组成

图样上的尺寸包括四个要素:尺寸界线、尺寸线、尺寸起止符号和尺寸数字,如图 1-10 所示。

(1)尺寸界线:尺寸界线应用细实线绘制,一般应与被注长度垂直,其一端应离开图样的轮廓线不小于 2mm,另一端应超出尺寸线 2~3mm。图样轮廓线、中心线及轴线可用作尺寸界线。

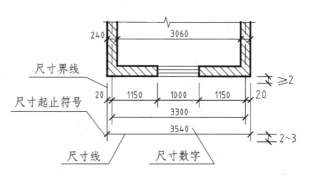

图 1-10　尺寸的组成

（2）尺寸线:尺寸线应用细实线绘制,并与被注长度平行,与尺寸界线垂直相交,但不宜超出尺寸界线。互相平行的尺寸线,应从被注的图样轮廓线由近向远整齐排列,小尺寸应离轮廓线较近,大尺寸离轮廓线较远。图样轮廓线以外的尺寸线,距图样最外轮廓线之间距离不宜小于10mm,平行排列的尺寸线间距为7~10mm,并应保持一致。图样上任何图线都不得用作尺寸线。

（3）尺寸起止符号:尺寸起止符号一般用中粗斜短线绘制,并画在尺寸线与尺寸界线的相交处,其倾斜方向应与尺寸界线成顺时针45°角,长度宜为2~3mm。在轴测图中标注尺寸时,其起止符号宜用小圆点。

半径、直径、角度与弧长的尺寸起止符号宜用箭头表示。箭头的画法如图1-11所示。

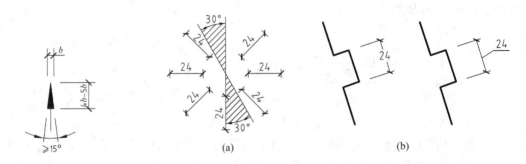

图1-11　箭头尺寸起止符号　　　　　图1-12　尺寸数字的注写方向

（4）尺寸数字:国标规定,图样上标注的尺寸一律用阿拉伯数字标注图样的实际尺寸,它与绘图所用比例无关,应以尺寸数字为准,不得从图上直接量取。图样上所标注的尺寸,除标高及总平面图以m为单位外,其余一律以mm为单位,图上的尺寸数字不再注写单位。

尺寸数字一般注写在尺寸线的中部。水平方向的尺寸,尺寸数字要写在尺寸线的上面,字头朝上;竖直方向的尺寸,尺寸数字要写在尺寸线的左侧,字头朝左;倾斜方向的尺寸,尺寸数字的方向应按图1-12a的规定注写,尺寸数字在图中所示30°阴影线范围内时可按图1-12b的形式注写。

尺寸数字如果没有足够的注写位置时,两边的尺寸可以注写在尺寸界线的外侧,中间相邻的尺寸可以错开注写,如图1-13所示。尺寸宜标注在图样轮廓之外,不宜与图线、文字及符号等相交,如图1-14所示。

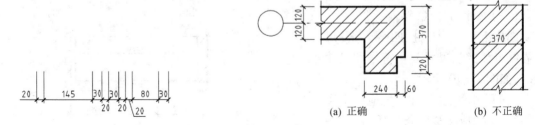

图1-13　尺寸数字的注写位置　　　　图1-14　尺寸数字的注写

（二）圆、圆弧、角度及坡度的尺寸标注

（1）对于圆和大于1/2圆周的圆弧应标注直径尺寸,在直径数字前加直径符号"ϕ"。在圆内标注的尺寸线应通过圆心,画箭头指到圆弧,如图1-15a所示。较小圆的直径尺寸,可标注在圆外,如图 1-15b 所示。

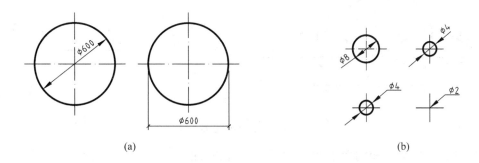

(a)　　　　　　　　　　　　　　　(b)

图 1-15　圆直径的标注方法

(2)对于小于或等于 1/2 圆周的圆弧应标注半径尺寸,在半径数字前加半径符号"R"。尺寸线的一端从圆心开始,另一端画箭头指向圆弧,如图 1-16a 所示。较小圆弧的半径尺寸,可按图 1-16b 所示。较大圆弧的半径尺寸,可按图 1-16c 所示。

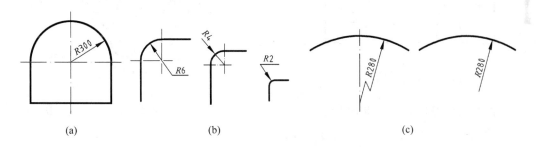

(a)　　　　　　　　　(b)　　　　　　　　　(c)

图 1-16　圆弧半径的标注方法

(3)角度的尺寸线,应以圆弧表示。该圆弧的圆心应是该角的顶点,角的两条边为尺寸界线。角度的起止符号应以箭头表示,如没有足够的位置画箭头,可用圆点代替,角度数字应按水平方向注写,如图 1-17 所示。

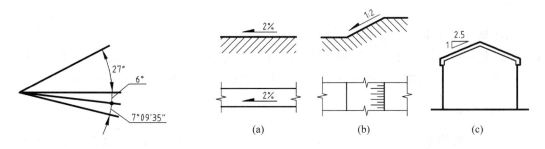

图 1-17　角度标注方法　　　　　　　　　图 1-18　坡度标注方法

(4)标注坡度时,应在坡度数字下加注坡度符号,该符号为单面箭头,箭头应指向下坡方向,如图 1-18a、b 所示。坡度也可用直角三角形的形式标注,如图 1-18c 所示。

(三)尺寸的简化标注

(1)对于杆件或管线的长度,在桁架简图、钢筋简图、管线简图等单线图上,可直接将尺寸数字沿杆件或管线的一侧注写,如图 1-19 所示。

(2)连续排列的等长尺寸,可用"个数×等长尺寸=总长"的形式标注,如图 1-20 所示。

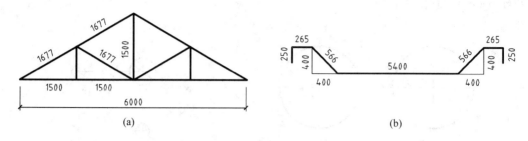

图 1 - 19　单线图尺寸标注方法

（3）对于形体上有相同要素的尺寸标注，可仅标注其中一个要素的尺寸，如图 1 - 21 所示。

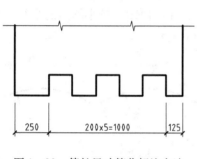

图 1 - 20　等长尺寸简化标注方法

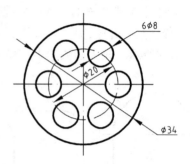

图 1 - 21　相同要素尺寸标注方法

第 2 节　绘图工具和仪器的使用

手工绘制工程图样，必须了解绘图工具和仪器的构造、性能与特点，熟练掌握其使用的方法，以提高制图的质量和速度。下面介绍几种常用绘图工具和仪器的使用方法。

一、图板

图板是画图时铺放图纸的垫板，是用来固定图纸的，如图 1 - 22 所示。板面要求平整光滑，图板四周镶有硬木边框，图板的左边为工作边，必须保持平直，因为它是丁字尺的导边。在图板上固定图纸时，要用胶带纸贴在图纸四角上，并使图纸下方留有丁字尺的位置。

二、丁字尺

丁字尺主要用于画水平线。它由尺头和尺身两部分组成，尺头与尺身垂直并连接牢固，尺身沿长度方向带有刻度的侧边为工作边。使用时，左手握尺头，使尺头紧靠图板左边缘。尺头沿图板的左边缘上下滑动到需要画线的位置，即可从左向右画水平线，应注意，尺头不能靠图板的其他边缘滑动画线。丁字尺不用时应挂起来，以免尺身翘起变形。

三、三角板

三角板由两块组成一副（45°和 60°），主要与丁字尺配合使用画垂直线与倾斜线，如图 1 - 23所示。画垂直线时，应使丁字尺尺头紧靠图板工作边，三角板一边紧靠住丁字尺的尺身，然后用左手按住丁字尺和三角板,右手握笔画线,且应靠在三角板的左边自下而上画线。画30°、45°、60°倾斜线时均需丁字尺和三角板配合使用;当画 75°和 105°倾斜线时,需两块三角板和丁字尺配合使用画出。

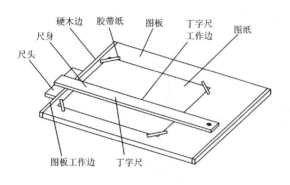

图 1 - 22　图板与丁字尺

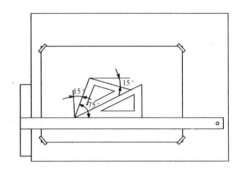

图 1 - 23　三角板和丁字尺的配合使用

四、圆规

圆规是画圆和圆弧的仪器,如图 1 - 24 所示。一般圆规附有铅芯插腿、钢针插腿、直线笔插腿和延伸杆等。在使用圆规前,应先调整针脚,使针尖略长于铅芯。画圆时,应使圆规向前进方向稍微倾斜,画较大的圆时,应使圆规的两脚都与纸面垂直。

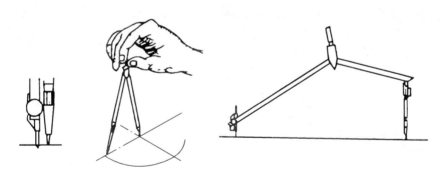

图 1 - 24　圆规的用法

五、分规

分规是截量长度和等分线段的工具,如图 1 - 25 所示。其形状与圆规相似,但两腿都装有钢针。为了能准确地量取尺寸,分规的两针尖应保持尖锐,使用时,两针尖应调整到平齐,即当分规两腿合拢后,两针尖必聚于一点。

等分线段时,经过试分,逐渐地使分规两针尖调到所需距离,然后在图纸上使两针尖沿要等分的线段依次摆动前进。

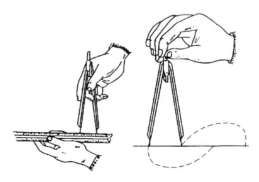

图 1 - 25　分规的用法

六、比例尺

比例是指图形与实物的线性尺寸之比。如建筑平面图的比例常用 1:100,即表示图形缩小成实物的 $\frac{1}{100}$。比例尺是直接用来放大或缩小图形用的绘图工具,常用的三棱比例尺如图 1-26a 所示。可以在比例尺上用分规直接量取已经折算过的尺寸(图 1-26b)。

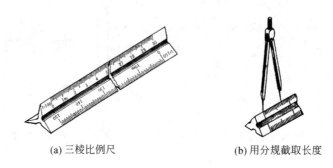

(a) 三棱比例尺　　　　　　　　(b) 用分规截取长度

图 1-26　三棱比例尺的用法

七、曲线板

曲线板是用来描绘非圆曲线的常用工具,如图 1-27a 所示。描绘曲线时,应按图 1-27b 所示先用铅笔轻轻地把各点光滑地连接起来,然后在曲线板上选择曲率合适部分进行连接并加深,如图 1-27c、d 所示。每次描绘曲线段不得少于三点,连接时应留出一小段不描,作为下段连接时光滑过渡之用。

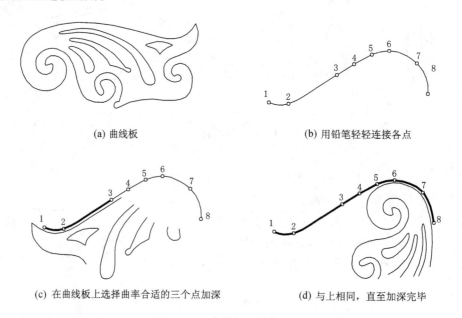

(a) 曲线板　　　　　　　　　　(b) 用铅笔轻轻连接各点

(c) 在曲线板上选择曲率合适的三个点加深　　　(d) 与上相同,直至加深完毕

图 1-27　曲线板及其使用方法

八、建筑模板

建筑模板主要用来画各种建筑标准图例和常用符号,如:柱、墙、门的开启线,坐便器,污水

盆,轴线符号,详图索引符号,标高符号等。模板上刻有各种不同图例或符号的孔,如图1-28所示,其大小符合一定的比例,只要用铅笔在孔内画一周,图例就画出来了。使用建筑模板,可提高制图的速度和质量。

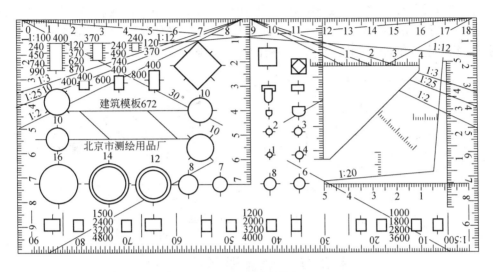

图 1-28　建筑模板

九、铅笔

绘图铅笔的铅芯分别用 B 和 H 标志表示其软、硬程度。B 前的数字越大表示铅芯越软,H 前的数字越大表示铅芯越硬,HB 表示铅芯软硬适中。一般绘图时画底稿线用 H~2H 铅笔,注写文字或画草图用 HB~B 铅笔,加深图线用 B~2B 铅笔。

铅笔应从没有标志的一端开始使用,以便保留标志易于辨认其软硬。铅笔应削成 25~30mm 长度的圆锥形,铅芯露出 6~8mm。加深图线时,用于粗实线的铅芯应用细砂纸磨成铲形,如图 1-29a 所示。其余线型的铅芯磨成圆锥形,如图 1-29b 所示。

加深圆弧用的铅芯,一般要比画粗实线的铅芯软一些。

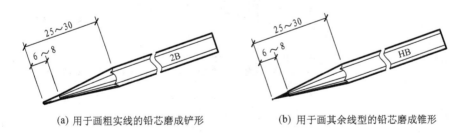

(a) 用于画粗实线的铅芯磨成铲形　　　　　　　(b) 用于画其余线型的铅芯磨成锥形

图 1-29　铅笔的削法

十、绘图墨水笔

绘图墨水笔也叫针管笔,这种笔的外形类似普通钢笔,如图 1-30 所示。它能像普通钢笔一样装水,并附有 0.1~1.2mm 多种粗细不同的笔尖,是描图上墨的工具。

图 1-30　绘图墨水笔

十一、其他制图用品

除了上述制图工具和仪器外,绘图时还需要准备如图 1 - 31 所示的制图用品:由很薄的不锈钢片或塑料片制成的擦线板,也称擦图片,是用于在擦除画错的图线和多余的图线时,用它遮住并保护邻近有用的图线;用于固定图纸的胶带纸;用于削铅笔的小刀;用于擦除图线的橡皮;用于磨铅笔芯的细砂纸;用于清扫橡皮屑的小刷或排笔等。

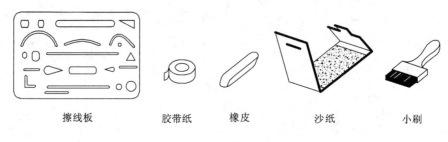

擦线板　　　　　　胶带纸　　　橡皮　　　　　　沙纸　　　　　小刷

图 1 - 31　部分制图用品

第 3 节　平面图形的画法

一、几何作图

(一)直线段的任意等分

已知直线段 *AB*,作五等分。作图方法如图 1 - 32 所示。

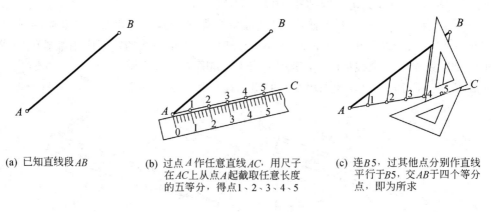

(a) 已知直线段 *AB*　　　　(b) 过点 *A* 作任意直线 *AC*,用尺子　　(c) 连 *B*5,过其他点分别作直线
　　　　　　　　　　　　　　在 *AC* 上从点 *A* 起截取任意长度　　　平行于 *B*5,交 *AB* 于四个等分
　　　　　　　　　　　　　　的五等分,得点 1、2、3、4、5　　　　点,即为所求

图 1 - 32　五等分线段 *AB*

(二)两平行线间的任意等分

已知两平行线 *AB* 与 *CD*,五等分其距离。作图方法如图 1 - 33 所示。

(三)作圆的内接正六边形

已知正六边形的外接圆,作正六边形。作图方法如图 1 - 34 所示。

(四)作圆的内接正五边形

已知正五边形的外接圆,作正五边形。作图方法如图 1 - 35 所示。

(五)椭圆的画法

1. 同心圆法画椭圆

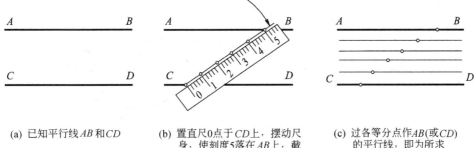

(a) 已知平行线 AB 和 CD

(b) 置直尺0点于 CD 上，摆动尺身，使刻度5落在 AB 上，截得等分点1、2、3、4

(c) 过各等分点作 AB(或 CD)的平行线，即为所求

图 1 - 33　五等分两平行线之间的距离

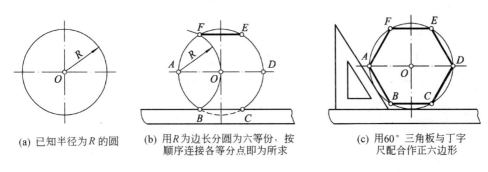

(a) 已知半径为 R 的圆

(b) 用 R 为边长分圆为六等份，按顺序连接各等分点即为所求

(c) 用60°三角板与丁字尺配合作正六边形

图 1 - 34　作圆的内接正六边形

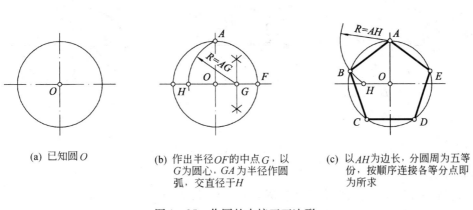

(a) 已知圆 O

(b) 作出半径 OF 的中点 G，以 G 为圆心，GA 为半径作圆弧，交直径于 H

(c) 以 AH 为边长，分圆周为五等份，按顺序连接各等分点即为所求

图 1 - 35　作圆的内接正五边形

如图 1 - 36a 所示,已知椭圆长轴 AB、短轴 CD、中心点 O,求作椭圆。

作图步骤(图 1 - 36b)：

① 以点 O 为圆心,以 OA 和 OC 为半径,作两个同心圆;

② 过中心点 O 作等分圆周的辐射线(图中作了 12 条线);

③ 过辐射线与大圆的交点向内画竖直线,过辐射线与小圆的交点向外画水平线,则竖直线与水平线的相应交点即为椭圆上的点;

④ 用曲线板将求得的椭圆上各点依次光滑地连接起来,即得所求作的椭圆。

2. 四心法画椭圆

如图 1 - 37 所示,已知椭圆长轴 AB、短轴 CD、中心点 O,求作椭圆。

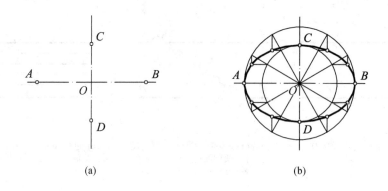

(a)　　　　　　　　　(b)

图 1 - 36　同心圆法画椭圆

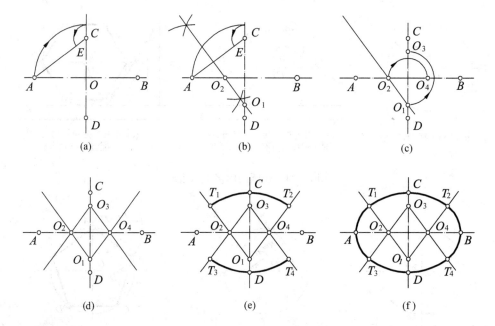

(a)　　　　　　　　(b)　　　　　　　　(c)

(d)　　　　　　　　(e)　　　　　　　　(f)

图 1 - 37　四心法画椭圆

作图步骤：

① 连接 AC，在 AC 上截取点 E，使 $CE = OA - OC$（图 1 - 37a）；

② 作线段 AE 的中垂线并与短轴相交于点 O_1，与长轴交于点 O_2（图 1 - 37b）；

③ 在 CD 上和 AB 上找到点 O_1、O_2 的对称点 O_3、O_4，则点 O_1、O_2、O_3、O_4 即为四段圆弧的四个圆心（图 1 - 37c）；

④ 将四个圆心点两两相连，得出四条连心线（图 1 - 37d）；

⑤ 以点 O_1、O_3 为圆心，$O_1C = O_3D$ 为半径，分别画圆弧 $\overset{\frown}{T_1T_2}$ 和 $\overset{\frown}{T_3T_4}$，两段圆弧的四个端点分别落在四条连心线上（图 1 - 37e）；

⑥ 以点 O_2、O_4 为圆心，$O_2A = O_4B$ 为半径，分别画圆弧 $\overset{\frown}{T_1T_3}$ 和 $\overset{\frown}{T_2T_4}$，完成所作的椭圆（图 1 - 37f）。

这是个近似的椭圆，它由四段圆弧组成，T_1、T_2、T_3、T_4 为四段圆弧的连接点，也是四段圆弧相切（内切）的切点。

二、圆弧连接

(一)用圆弧连接两直线

如图 1-38a 所示,已知直线 L_1 和 L_2,连接圆弧的半径为 R,求作连接圆弧。

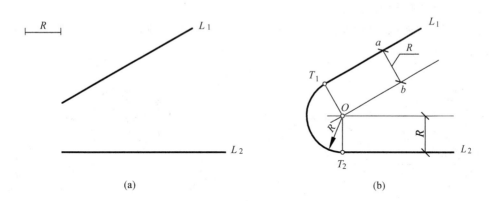

(a)　　　　　　　　　　　　　　(b)

图 1-38　用圆弧连接两直线

作图步骤(图 1-38b):

① 过直线 L_1 上一点 a 作该直线的垂线,在垂线上截取 $ab = R$,再过点 b 作直线 L_1 的平行线;

② 用同样方法作出距离等于 R 的直线 L_2 的平行线;

③ 找到两平行线的交点 O 即为连接圆弧的圆心;

④ 自点 O 分别向直线 L_1 和 L_2 作垂线,得垂足 T_1、T_2,即为连接圆弧的连接点(切点);

⑤ 以点 O 为圆心、R 为半径作圆弧 $\overparen{T_1T_2}$,完成连接作图。

(二)用圆弧连接一直线和一圆弧

如图 1-39a 所示,已知连接圆弧的半径为 R,被连接的圆弧圆心为 O_1、半径 R_1 以及直线 L,求作连接圆弧(要求与已知圆弧外切)。

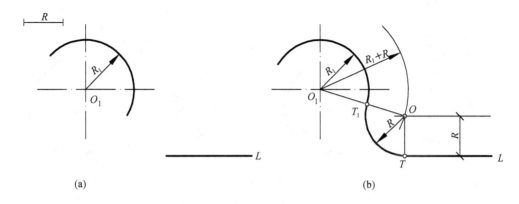

(a)　　　　　　　　　　　　　　(b)

图 1-39　用圆弧连接一直线和一圆弧

作图步骤(图 1-39b):

① 作已知直线 L 的平行线,使其间距为 R,再以点 O_1 为圆心,$R + R_1$ 为半径作圆弧,该圆弧与所作平行线的交点 O 即为连接圆弧的圆心;

② 由点 O 作直线 L 的垂线得垂足 T，连接 OO_1，与圆弧 O_1 交于点 T_1，T、T_1 即为连接圆弧的连接点(两个切点)；

③ 以点 O 为圆心、R 为半径作圆弧 $\overset{\frown}{TT_1}$，完成连接作图。

（三）用圆弧连接两圆弧

1. 与两个圆弧外切连接

如图 1-40a 所示，已知连接圆弧半径为 R，被连接的两个圆弧的圆心分别为 O_1、O_2，半径为 R_1、R_2，求作连接圆弧。

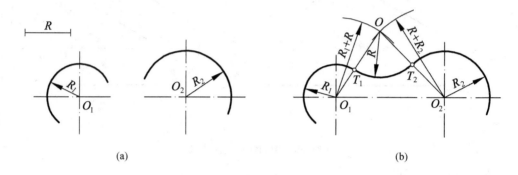

(a)　　　　　　　　　　　　　　　(b)

图 1-40　用圆弧连接两圆弧(外切)

作图步骤(图 1-40b)：

① 以点 O_1 为圆心，$R + R_1$ 为半径作一圆弧，再以 O_2 为圆心，$R + R_2$ 为半径作另一圆弧，两圆弧的交点 O 即为连接圆弧的圆心；

② 作连心线 OO_1 与圆弧 O_1 交点为 T_1，再作连心线 OO_2 与圆弧 O_2 交点为 T_2，则 T_1、T_2 即为连接圆弧的连接点(外切的切点)；

③ 以点 O 为圆心，R 为半径作圆弧 $\overset{\frown}{T_1T_2}$，完成连接作图。

2. 与两个圆弧内切连接

如图 1-41a 所示，已知连接圆弧的半径为 R，被连接的两个圆弧圆心分别为 O_1、O_2，半径为 R_1、R_2，求作连接圆弧。

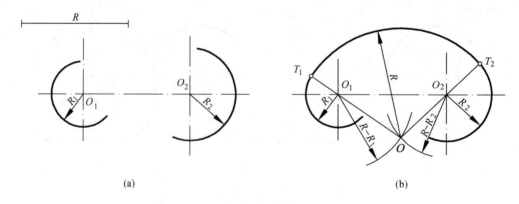

(a)　　　　　　　　　　　　　　　(b)

图 1-41　用圆弧连接两圆弧(内切)

作图步骤(图 1-41b)：

① 以点 O_1 为圆心，$R - R_1$ 为半径作一圆弧，再以 O_2 为圆心，$R - R_2$ 为半径作另一圆弧，

两圆弧的交点 O 即为连接圆弧的圆心;

② 作连心线 OO_1 与圆弧 O_1 交点为 T_1,再作连心线 OO_2 与圆弧 O_2 交点为 T_2,则 T_1、T_2 即为连接圆弧的连接点(内切的切点);

③ 以点 O 为圆心、R 为半径作圆弧 $\overarc{T_1T_2}$,完成连接作图。

3. 与一个圆弧外切,与另一个圆弧内切

如图 1–42a 所示,已知连接圆弧半径为 R,被连接的两个圆弧圆心为点 O_1、O_2,半径为 R_1、R_2,求作一连接圆弧,使其与圆弧 O_1 外切,与圆弧 O_2 内切。

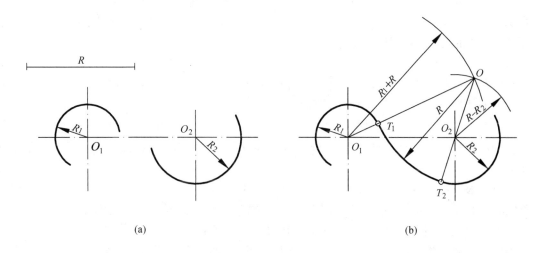

图 1–42 用圆弧连接两圆弧(一外切、一内切)

作图步骤(图 1–42b):

① 分别以点 O_1、O_2 为圆心,$R + R_1$、$R - R_2$ 为半径作两个圆弧,两圆弧交点 O 即为连接圆弧的圆心;

② 作连心线 OO_1 与圆弧 O_1 交点为 T_1,再作连心线 OO_2 与圆弧 O_2 交点为 T_2,则 T_1、T_2 即为连接圆弧的连接点(前者为外切切点、后者为内切切点);

③ 以点 O 为圆心,R 为半径作圆弧 $\overarc{T_1T_2}$,完成连接作图。

三、平面图形的分析与画法

平面图形是由若干段线段所围成的,而线段的形状与大小是根据给定的尺寸确定的。现以图 1–43 所示的平面图形为例,说明尺寸与线段的关系。

(一)平面图形的尺寸分析

(1)尺寸基准。尺寸基准是标注尺寸的起点。平面图形的长度(X)方向和宽度(Y)方向都要确定一个尺寸基准。尺寸基准常常选用图形的对称线、底边线、侧边线、图中圆周或圆弧的中心线等。在图 1–43 所示的

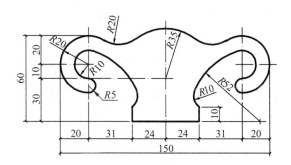

图 1–43 平面图形线段分析

平面图形中,竖直的对称线是左右方向的尺寸基准,底边是高度方向的尺寸基准。

(2)定形尺寸和定位尺寸。定形尺寸是确定平面图形各组成部分大小的尺寸,如图中的 $R35$、$R20$ 等;定位尺寸是确定平面图形各组成部分相对位置的尺寸,如图中 $R20$ 圆弧的圆心其长度方向的定位尺寸是与对称线的距离 55(31 + 24),宽度方向的定位尺寸是与底边线的距离 40(30 + 10)。作图时先画出两个方向的尺寸基准,然后从尺寸基准出发,通过各定位尺寸,可确定平面图形各组成部分的相对位置;通过各定形尺寸,可确定平面图形各组成部分的大小。

(3)尺寸标注的基本要求。平面图形的尺寸标注要做到正确、完整和清晰。尺寸标注应符合国家标准的规定;标注的尺寸应完整,没有遗漏的尺寸;标注的尺寸要清晰和明显,并标注在便于看图的地方,一般标注在图形之外。

(二)平面图形的线段分析

在绘制有连接作图的平面图形时,需要根据所标注的尺寸进行线段分析。平面图形的圆弧连接处的线段,根据所标注的尺寸是否完整可分为三类。

(1)已知线段。根据所标注的尺寸可以直接画出的线段称为已知线段,即这个线段的定形尺寸和定位尺寸都完整。如图 1 - 43 中,半径为 $R35$、$R20$、$R10$ 的圆弧是已知线段(也称为已知弧)。

(2)中间线段。有定形尺寸,只标注一个定位尺寸,再依靠一端与已作出的线段相切或相接的条件画出的线段称为中间线段。如图 1 - 43 中,$R52$ 的圆弧是中间线段(也称为中间弧)。

(3)连接线段。图 1 - 43 中圆弧 $R20$、$R10$ 的圆心,其两个方向的定位尺寸均不标注,而用与两侧已作出的相邻线段的连接条件来确定其位置,这种只有定形尺寸而没有定位尺寸的线段称为连接线段(也称为连接弧)。

(三)平面图形的画法

抄绘图 1 - 43 所示的平面图形,绘图步骤如下(图 1 - 44):

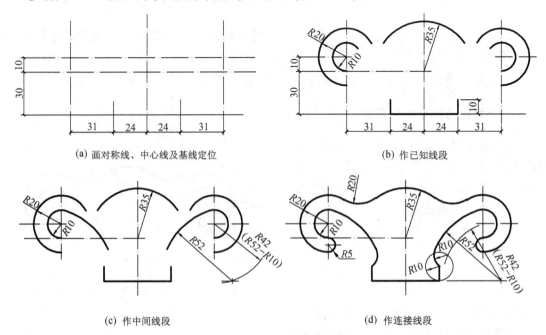

(a) 画对称线、中心线及基线定位   (b) 作已知线段

(c) 作中间线段   (d) 作连接线段

图 1 - 44 平面图形画图步骤

①首先对平面图形进行尺寸分析和线段分析,找出尺寸基准和圆弧连接的线段,拟定作图顺序。

②选定比例,画底稿。先画平面图形的对称线、中心线或基线,再顺次画出已知线段、中间线段、连接线段。

③画尺寸线和尺寸界线,并校核修正底稿,清理图面。

④按规定线型加深或上墨,写尺寸数字,再次校核修正。

第4节　徒手草图

一、草图的概念

不借助绘图仪器和工具,徒手用目测的方法画出的图称为草图。徒手作草图是技术人员在构思、创作、现场测绘和技术交流时必须熟练掌握的一种基本技能。

草图的"草"字仅仅是指徒手作图,并没有允许潦草的含义。因此,其基本要求是:图形正确,比例与实际基本相符,线型符合国家标准,线条粗细分明,字体工整,图面整洁。

二、草图的画法

徒手草图一般画在白纸上,也可画在印有浅色方格的方格纸上。画草图要用软些的铅笔,例如 B 或 2B 的铅笔。

（一）直线的徒手画法

水平直线应自左向右,竖直线应自上而下画出,眼视终点,小指压住纸面,手腕随线移动,如图 1-45 所示。

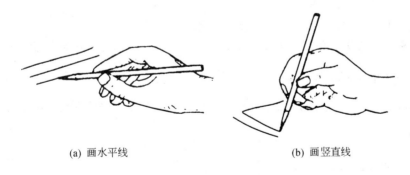

(a) 画水平线　　　　　　　　　　　　(b) 画竖直线

图 1-45　徒手画直线

（二）斜线的徒手画法

30°、45°、60°等常用角度的斜线可利用直角三角形对应边的近似比例关系确定两边端点,然后连接画出,如图 1-46。

（三）圆的徒手画法

画圆时,应先定圆心及画出中心线,在中心线上目测半径确定 4 个端点,然后过此 4 点即可画出小圆,如图 1-47a 所示;大圆可用此法定 8 个点画出,如图 1-47b 所示。

（四）椭圆的徒手画法

徒手画椭圆的步骤如下(图 1-48):

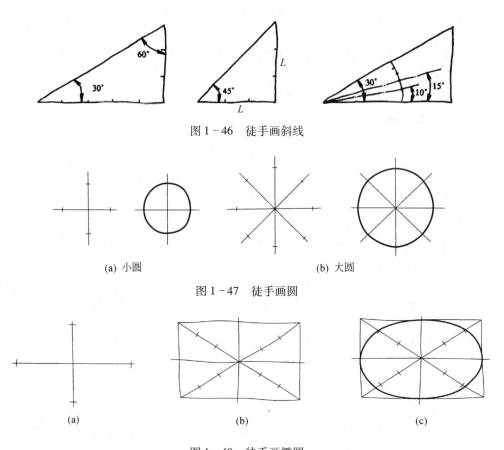

图 1－46　徒手画斜线

(a) 小圆　　　　　　　　　　　　　　　(b) 大圆

图 1－47　徒手画圆

(a)　　　　　　　　　　(b)　　　　　　　　　　(c)

图 1－48　徒手画椭圆

① 徒手画出椭圆的长、短轴；
② 画外切矩形及对角线，把对角线的每一侧三等分；
③ 以圆滑曲线连接对角线上的最外等分点（稍偏外一点）和长、短轴的端点即完成。

三、建筑形体的草图示例

图 1－49 为某台阶的草图示例，图中左边的三个图形为正投影图，右下角的图为立体草图，称为正等轴测图。

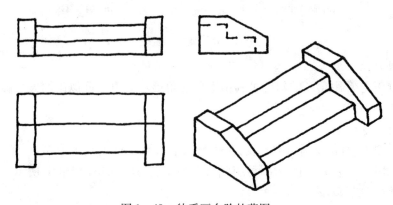

图 1－49　徒手画台阶的草图

第2章 点、直线和平面的投影

第1节 投影的基本知识

一、投影的形成

物体在阳光或灯光的照射下,会在地面或墙面上产生影子,如图2-1a所示。这种影子内部灰黑一片,只能反映物体的外形轮廓。

人们在这种自然现象的基础上,对影子的产生过程进行了科学的抽象,把光线抽象为投射线,把物体抽象为由点、线、面构成的形体,把地面或墙面抽象为投影面,于是创造出投影的方法:当投射线穿过形体,就在投影面上得到物体的投影图,简称投影,如图2-1b所示。

一般情况下,投射线为直线,投影面为平面。由上述投影的概念可知,投射线、形体、投影面是产生投影的三要素。

投影能把形体上的点、线、面都显示出来,所以在平面上可以利用投影图把空间形体的几何形状和大小表示出来。

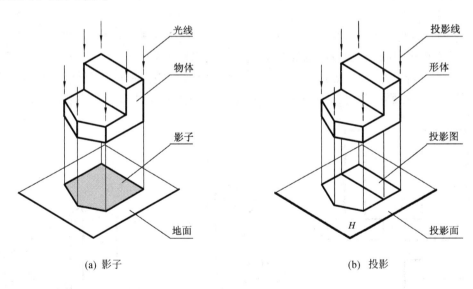

(a) 影子   (b) 投影

图2-1 投影的形成

二、投影的分类

根据投射线之间的相互关系,可将投影分为中心投影和平行投影两大类。

(1)中心投影。当所有投射线都是从一点 S 射出(或汇交于点 S)时,得到的投影称为中心投影,点 S 为投影中心,如图2-2所示。这种投影方法称为中心投影法。

(2)平行投影。当投影中心 S 移到无穷远时,投射线可视为互相平行,由此产生的投影称为平行投影,如图2-3所示。这种投影方法称为平行投影法。

在平行投影中,根据投射线与投影面之间的相对位置关系又可分为斜投影和正投影。投射线与投影面倾斜时得到的投影称为斜投影,如图2-3a所示;投射线与投影面垂直时得到的投影称为正投影,如图2-3b所示。获得斜投影和正投影的方法称为斜投影法和正投影法。

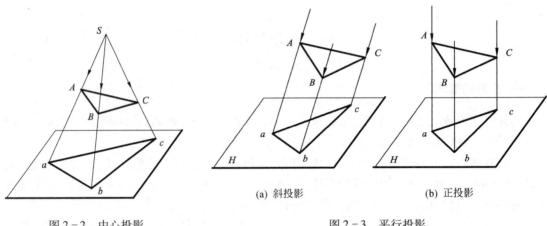

图2-2   中心投影   (a) 斜投影   (b) 正投影

图2-3   平行投影

三、建筑工程中常用的投影图

建筑工程中常用的投影图有:正投影图、轴测投影图、透视图和标高投影图等。

(一)正投影图

用正投影法,把形体向两个或两个以上互相垂直的投影面进行投影,再按一定的规律将其展开到一个平面上,所得到的投影图称为正投影图,如图2-4所示。

正投影图的特点是:能准确地反映物体的形状和大小,作图简便,度量性好;缺点是立体感差,通常需要多个投影图结合起来表达,不易看懂。正投影图是工程上最主要的图样。

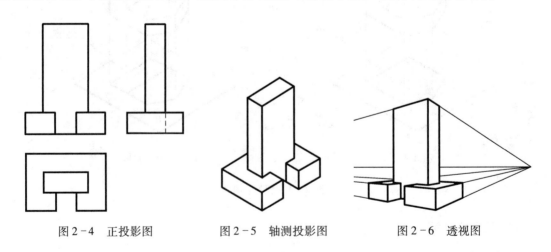

图2-4   正投影图   图2-5   轴测投影图   图2-6   透视图

(二)轴测投影图

轴测投影图是物体在一个投影面上的平行投影,简称轴测图。将物体安置于投影面体系中合适的位置,选择适当的投射方向,即可得到这种富有立体感的轴测投影图,如图2-5所示。这种图立体感强,容易看懂,但度量性差,作图较麻烦,并且对复杂形体也难以表达清楚,因而工程中只用作辅助图样。

（三）透视图

透视投影图是物体在一个投影面上的中心投影,简称透视图。这种图形象逼真,具有立体感,符合人的视觉习惯,如照片一样。但作图复杂,度量性差,不能作为施工的依据,在工程中也只用作辅助图样,如图 2-6 所示。

在建筑设计中常用透视图来表现建筑物建成后的外貌,在室内装饰设计中也常用透视图作为室内装饰设计的效果图。

（四）标高投影图

标高投影图是利用正投影法画出的单面投影图,并在其上注明标高数据。它是绘制地形图等高线的主要方法,在建筑工程中常用来表示地面的起伏变化,如图 2-7 所示。

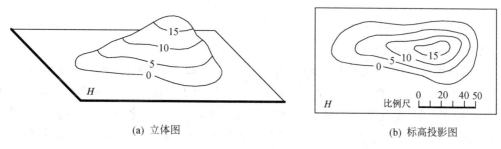

(a) 立体图　　　　　　　(b) 标高投影图

图 2-7　标高投影图

四、正投影图的基本原理

在建筑制图实践中,表达空间形状各异的形体,可以采用多种投影图来表示。正投影法具有作图方法简便,能真实反映物体的形状和大小,容易度量等特点,因此,正投影图是建筑工程领域中主要采用的图样形式。以下称物体的投影一般是指其正投影。

从正投影的概念可以知道,当确定投影方向和投影面后,一个物体便能在此投影面上获得唯一的投影图。但这个正投影图并不能反映该物体的全貌,如图 2-8 所示,空中三个不同形状的物体,它们在同一个投影面上的正投影都是相同的。所以说,物体的一个正投影图是不能全面反映空间物体的形状的。通常必须建立多面投影体系,才能准确、完整地表达一个物体的形状。

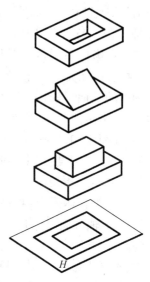

（一）三面投影体系的建立

为了使正投影图能唯一确定物体的形状,我们设立三个相互垂直的平面作为投影面,组成一个三面投影体系。如图 2-9 所示,将处于水平位置的投影面称为水平投影面,简称水平面,用 H 表示;处于正立位置的投影面称为正立投影面,简称正平面,用 V 表示;处于侧立位置的投影面称为侧立投影面,简称侧立面,用 W 表示。这三个投影面互相垂直相交,形成 OX、OY、OZ 三条交线,称为投影轴,三条轴线的交汇点 O 称为投影原点。这样三个投影面围合而成的空间投影体

图 2-8　一个投影不能确定
空间物体的形状

系,我们称之为"三面投影体系"。

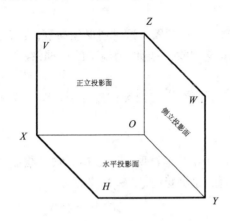

图 2-9 三面投影体系

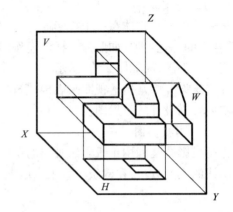

图 2-10 三面投影图的形成

（二）三面投影图的形成

将物体放置于三面投影体系中,并注意安放位置要恰当。根据正投影的概念,只有当平面平行于投影面时,它的投影才反映实形,所以我们将如图 2-10 所示的物体的底面平行于 H 面、正面平行于 V 面、侧面平行于 W 面放置。采用三组不同方向的平行投射线,向三个投影面垂直投射,在三个投影面上分别得到该物体的正投影图,我们称之为三面正投影图,从上向下投影,在 H 面上得到水平投影图,简称水平投影或 H 投影;从前向后投影,在 V 面上得到正面投影图,简称正面投影或 V 投影;从左向右投影,在 W 面上得到侧面投影图,简称侧面投影或 W 投影。

在工程制图中,我们需要将空间形体图示于二维平面图纸上,即将三个相互垂直投影面上的投影图画在一个平面上,这就是三面投影图的展开,如图 2-11 所示。展开时,必须遵循的原则是:V 面始终保持不动,而将 H 面绕 OX 轴向下旋转90°,并将 W 面绕 OZ 轴向右旋转90°,最终使三个投影图位于一个平面图上,如图 2-12a 所示。此时 OY 轴线分离成 OY_W、OY_H,它们分别与 OX 轴和 OZ 轴处于同一直线上。三面投影图上的 OX、$OY(OY_H、OY_W)$、OZ 轴常简称为 X 轴、$Y(Y_H、Y_W)$ 轴、Z 轴。

三面投影体系的位置是固定的,投影面的大小与投影图无关。因此,在实际作图中,只需画出物体的三面投影图,不必画出三个投影面的边框线,不用注写 H、V、W 字样,也不必画出投影轴,如图 2-12b 所示。在工程制图中的图样一般是按"无轴投影"来绘制的。

（三）三面投影图的投影关系

在三面投影体系中,物体的 X 轴方向尺寸称为长度,Y 轴方向尺寸称为宽度,Z 轴方向尺寸称为高度,如图 2-12b 所示。在物体的三面投影中,水平投影图和正面投影图 X 轴方向都反映物体的长度,它们的位置应左右对正,即"长对正";正面投影图和侧面投影图在 Z 轴方

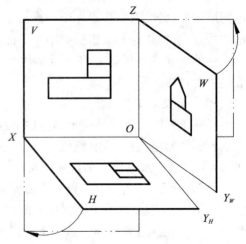

图 2-11 三面投影图的展开

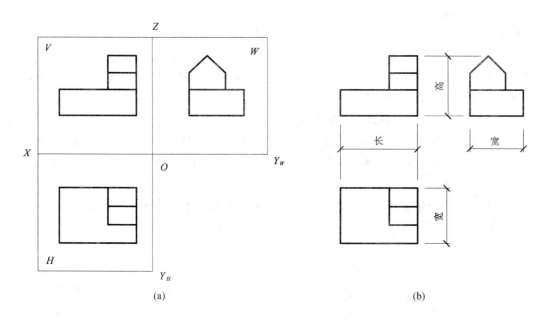

(a)

(b)

图 2 - 12 三面投影图及其投影关系

向都反映物体的高度,它们的位置应上下对齐,即"高平齐";水平投影图和侧面投影图在 Y 轴方向都反映物体的宽度,这两个宽度一定相等,即"宽相等"。

"长对正、高平齐、宽相等"是形体的三面投影图之间最基本的投影规律,也是画图和读图的基础。无论是形体的总体轮廓还是各个局部,都必须符合这一投影关系。

(四)三面投影图的方位关系

物体在三面投影体系中的位置确定后,相对于观察者,它在空间就有上、下、左、右、前、后六个方位,如图 2 - 13a 所示。这六个方位关系也反映在形体的三面投影图中,每个投影图都可反映出其中四个方位。V 面投影反映物体的上下、左右关系,H 面投影反映物体的前后、左右关系,W 面投影反映物体的前后、上下关系,如图 2 - 13b 所示。

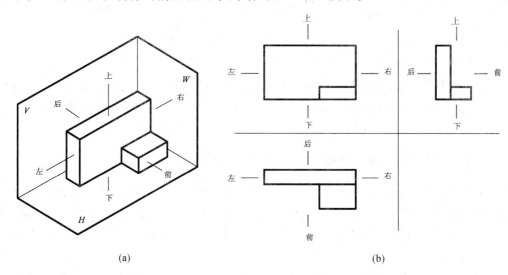

(a)

(b)

图 2 - 13 三面投影图的方位关系

（五）三面投影图的基本画法

把图 2－14a 中的物体向三个投影面作投影，再将三个投影面展开，形成三面投影图。如图 2－14b 所示，其三个投影图应按上述的投影规律放置。绘制物体的投影图时，应将物体上的棱线和表面的投影轮廓线都画出来，并且按投影方向，可见的轮廓线用实线表示，不可见的轮廓线用虚线表示，当虚线和实线重合时只画出实线。

本例所示形体，可以看成是由一长方块和一五棱柱组合而成的形体，组合后就成了一个整体。当长方块的左侧面与五棱柱的左侧面平齐（即共面）时，中间是没有线隔开的，在 W 投影中不应画线。但形体右面还有棱线，从左向右投影时被遮住了，故看不见，所以在 W 投影中画虚线。

三面投影图之间存在着上述的投影关系。通常只要给出物体的任何两面投影，根据其投影规律，就可以求出第三面投影。

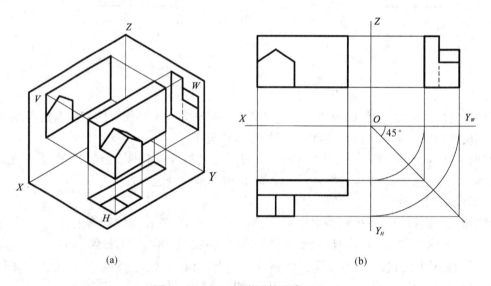

(a)　　　　　　　　　　　　　　(b)

图 2－14　三面投影图的基本画法

第 2 节　点 的 投 影

点、线、面是构成各种空间形体的基本几何元素，研究空间点、线、面的投影规律，有助于认识形体的投影本质，掌握形体的投影规律。点是形体最基本的元素，因此点的投影是线、面、体投影的基础。

一、点的三面投影及其投影规律

如图 2－15a 所示，空间点 A 放置在三面投影体系中，过点 A 分别作垂直于 H 面、V 面、W 面的投射线，投射线与 H 面的交点 a 称为点 A 的水平投影（H 投影）；投射线与 V 面的交点 a′ 称为点 A 的正面投影（V 投影）；投射线与 W 面的交点 a″ 称为点 A 的侧面投影（W 投影）。

对空间点及其投影的标记规定如下：空间点用大写字母或罗马数字表示，其在 H 面的投影用相应的小写字母或阿拉伯数字表示；在 V 面的投影用相应的小写字母或阿拉伯数字右上

角加一撇表示；在 W 面的投影用相应的小写字母或阿拉伯数字右上角加两撇表示。如图 2 -
15a 中，空间点 A 的三面投影分别用 a、a'、a'' 表示。

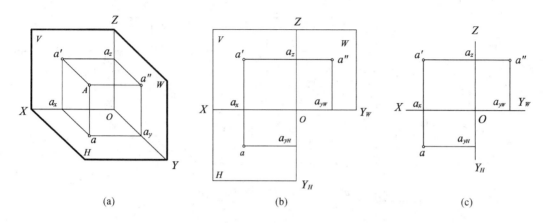

图 2 - 15　点的三面投影

按前述规定将三投影面展开，就得到点 A 的三面投影图，如图 2 - 15b 所示。在点的投影
图中一般只画出投影轴，不画投影面的边框，如图 2 - 15c 所示。

在图 2 - 15a 中，过空间点 A 的两条投影线 Aa 和 Aa' 所构成的矩形平面 Aaa_xa' 与 V 面和 H
面互相垂直并相交，因而它们的交线 aa_x、$a'a_x$、OX 轴必然互相垂直且相交于一点 a_x。当 V 面
不动，将 H 面绕 OX 轴向下旋转 $90°$ 而与 V 面在同一平面时，a'、a_x、a 三点共线，即 $a'a_xa$ 成为一
条垂直于 OX 轴的直线，见图 2 - 15b。同理可证，连线 $a'a_za''$ 垂直于 OZ 轴。

在图 2 - 15a 中，Aaa_xa' 是一个矩形平面，线段 Aa 表示点 A 到 H 面的距离，$Aa = a'a_x$。线
段 Aa' 表示点 A 到 V 面的距离，$Aa' = aa_x$；同理可得，线段 Aa'' 表示点 A 到 W 面的距离，$Aa'' =$
aa_y。a_y 在投影面展开后，被分为 a_{yH} 和 a_{yW}，所以 $aa_{yH} \perp OY_H$，$a''a_{yW} \perp OY_W$。

通过以上的分析，可得出如下点的投影规律：

（1）点的投影连线垂直于相应的投影轴。

$a'a \perp OX$，即点 A 的 V 投影 a' 和 H 投影 a 的连线垂直于 X 轴；

$a'a'' \perp OZ$，即点 A 的 V 投影 a' 和 W 投影 a'' 的连线垂直于 Z 轴；

$aa_{yH} \perp OY_H$，$a''a_{yW} \perp OY_W$，这是由于 H 面和 W 面展开后不相连的缘故。

（2）点的投影到投影轴的距离，反映该点到相应的投影面的距离。

$aa_x = a''a_z = Aa'$，反映点 A 到 V 面的距离；

$a'a_x = a''a_{yW} = Aa$，反映点 A 到 H 面的距离；

$a'a_z = aa_{yH} = Aa''$，反映点 A 到 W 面的距离。

根据上述投影特性可知：由点的两面投影就可确定点的空间位置。因此，只要已知点的任
意两个投影，就可以运用投影规律求出点的第三个投影。

例 2 - 1　在图 2 - 16a 中，已知点 A 的水平投影 a 和正面投影 a'，求其侧面投影 a''。

解　作图步骤如下：

①过 a' 引 OZ 轴的垂线 $a'a_z$ 并延长，见图 2 - 16b；

②在 $a'a_z$ 的延长线上截取 $a_za'' = aa_x$，则 a'' 即为所求，如图 2 - 16c 所示。也可以按图
2 - 16d 所示，以原点 O 为圆心，以 aa_x 为半径作弧，再向上引线求解。还可以按图 2 - 16e 所
示，用过原点 O 作 $45°$ 辅助线的方法求解。

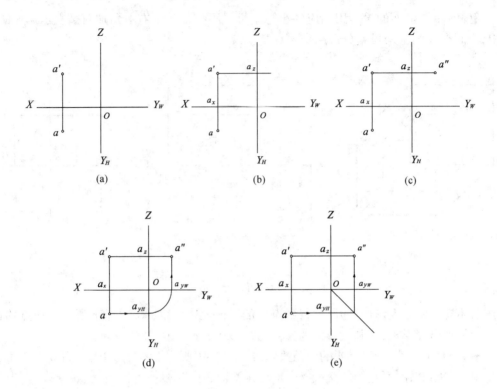

图 2-16　求点的第三投影

二、点的投影与坐标

（一）投影与坐标

如图 2-17a 所示，将三面投影体系中的三个投影面看作是直角坐标系中的三个坐标面，则三条投影轴相当于坐标轴，原点相当于坐标原点。因而，点 A 的空间位置可用直角坐标表示为 $A(x,y,z)$，x 坐标反映空间点 A 到 W 面的距离；y 坐标反映空间点 A 到 V 面的距离；z 坐标反映空间点 A 到 H 面的距离。

点的一个投影反映两个坐标，反之点的两个坐标可确定一个投影，即 $a(x,y)$、$a'(x,z)$、$a''(y,z)$，如图 2-17b 所示。

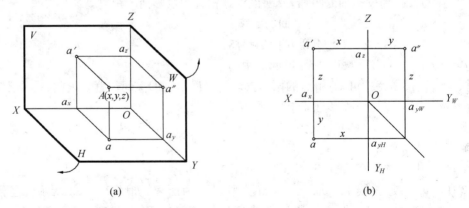

图 2-17　点的投影与坐标

例 2-2　已知点 $A(22,10,15)$，作其三面投影图。

解　作图步骤如下：

①画出投影轴，从原点 O 起分别在 OX、OY、OZ 轴上量取 22mm、10mm、15mm，得点 a_x、a_{yH}、a_z，见图 2-18a；

②过 a_x、a_{yH}、a_z 分别作 OX、OY、OZ 轴的垂线，它们相交得 a、a'，再作出 a''，见图 2-18b。

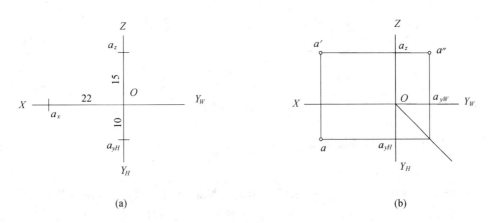

(a)　　　　　　　　　　　　(b)

图 2-18　已知点的坐标作其三面投影

(二)特殊位置点的三面投影

1. 投影面上的点

当点的三个坐标中有一个坐标为零时，则该点位于某一个投影面上。如图 2-19 所示，点 A 在 H 面上，点 B 在 V 面上，点 C 在 W 面上。投影面上的点，其一个投影与自身重合，另两个投影在相应的投影轴上。

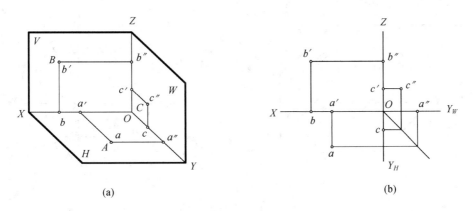

(a)　　　　　　　　　　　　(b)

图 2-19　投影面上的点

2. 投影轴上的点

当点的三个坐标中有两个坐标为零时，则该点在某一个投影轴上。如图 2-20 所示，点 D 在 OX 轴上，点 E 在 OY 轴上，点 F 在 OZ 轴上。

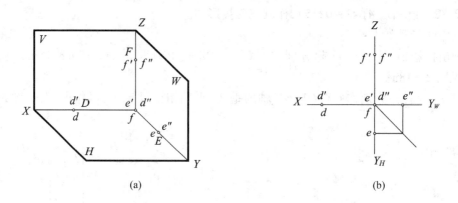

图 2-20　投影轴上的点

三、两点的相对位置及其重影

(一)两点的相对位置

两点在空间的相对位置,可以根据两点相对于投影面的距离差,即坐标差来确定。x 坐标差(Δx)表示两点的左右位置,y 坐标差(Δy)表示两点的前后位置,z 坐标差(Δz)表示两点的上下位置。x 坐标大者在左,小者在右;y 坐标大者在前,小者在后;z 坐标大者在上,小者在下。

如图 2-21 所示,已知两点 A、B 的三面投影,若以点 B 为基准,由于 $x_a < x_b$,表示点 A 在点 B 之右,$y_a < y_b$ 表示点 A 在点 B 之后,$z_a > z_b$ 表示点 A 在点 B 之上,即点 A 在点 B 的右、后、上方。同时,可从投影图中量出坐标差,如 $\Delta x = 12$,$\Delta y = 8$,$\Delta z = 15$。因此,如果已知两点的相对位置,以及其中一点的投影,也可以作出另一点的投影。

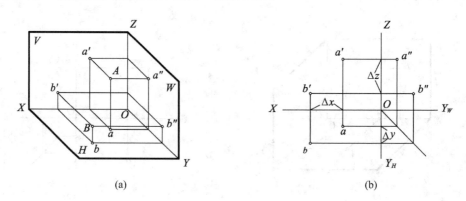

图 2-21　两点的相对位置

(二)两点的重影及其可见性的判断

当空间两点位于某一投影面的同一投射线上时,则两个点在这个投影面上的投影重合,重合的投影称为重影。

如图 2-22a 所示,点 A 和点 B 同在一条垂直于 H 面的投射线上,它们的 H 投影 a 和 b 重合,为重影。由于点 A 在点 B 的正上方,投射线自上而下先遇到点 A,后遇到点 B,所以点 A 的 H 投影 a 可见,点 B 的 H 投影 b 不可见。为了区别重影的可见性,将不可见的点的投影标记加括号表示,如重影 $a(b)$。

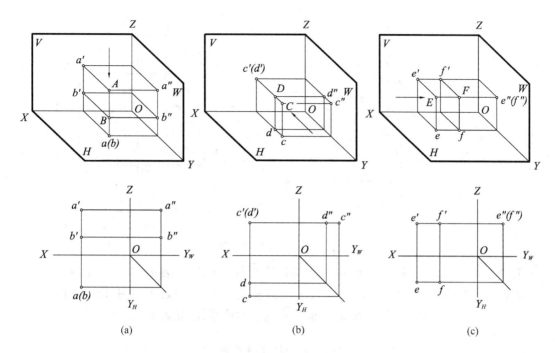

图 2－22　两点的重影及可见性的判断

同理,图 2－22b 中,点 C 位于点 D 的正前方,它们在 V 面上的重影为 $c'(d')$。图 2－22c 中,点 E 位于点 F 的正左方,它们在 W 面上的重影为 $e''(f'')$。

根据上述三种情况的分析,可以总结出两点的 H、V、W 面上重影的可见性判断规则为:上遮下,前遮后,左遮右。

第 3 节　直线的投影

从几何学可知,直线的空间位置可以由直线上任意两点来确定,因此只要作出直线上两点的三面投影,然后将其同面投影相连,即得直线的三面投影图。

一、直线的分类

按直线与三个投影面之间的相对位置,将直线分为一般位置直线和特殊位置直线。特殊位置直线包括投影面平行线与投影面垂直线。

（一）一般位置直线

对三个投影面均倾斜（即不平行又不垂直）的直线称为一般位置直线,简称一般线。

直线对投影面的夹角称为直线的倾角。直线对 H 面、V 面、W 面的倾角分别用希腊字母 α、β、γ 标记。

从图 2－23 可以看出,一般位置直线具有以下的投影特性:三个投影的长度都小于实长,且都倾斜于各投影轴,对投影轴的夹角都不能反映真实的倾角。

（二）投影面平行线

只平行于一个投影面,而倾斜于另外两个投影面的直线,称为投影面平行线。投影面平行线可分为三种:

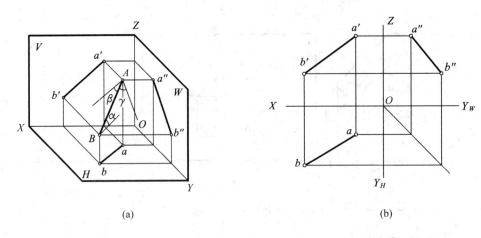

(a)   (b)

图 2-23 一般位置直线

①平行于 H 面,同时倾斜于 V 面、W 面的直线称为水平线,如表 2-1 中的 AB 线;

②平行于 V 面,同时倾斜于 H 面、W 面的直线称为正平线,如表 2-1 中的 CD 线;

③平行于 W 面,同时倾斜于 H 面、V 面的直线称为侧平线,如表 2-1 中的 EF 线。

表 2-1 投影面平行线

名 称	立 体 图	投 影 图	投 影 特 性
水平线			1. $a'b' /\!/ OX$,$a''b'' /\!/ OY_W$ 2. $ab = AB$ 3. ab 与投影轴的夹角反映 β,γ
正平线			1. $cd /\!/ OX$,$c''d'' /\!/ OZ$ 2. $c'd' = CD$ 3. cd 与投影轴的夹角反映 α,γ
侧平线			1. $ef /\!/ OY_H$,$e'f' /\!/ OZ$ 2. $e''f'' = EF$ 3. $e''f''$ 与投影轴的夹角反映 α,β

下面以水平线为例说明投影面平行线的投影特性。

在表 2-1 中,水平线 AB 平行于 H 面,同时又倾斜于 V、W 面,因而其 H 投影 ab 与直线平行且相等,即 AB 的水平投影反映实长。投影 ab 倾斜于 OX、OY_H 轴,其与 OX 轴的夹角反映对

V 面的倾角 β 的实形，与 OY_H 轴的夹角反映对 W 面的倾角 γ 的实形，AB 的 V 面投影和 W 面投影分别平行于 OX、OY_W 轴，同时垂直于 OZ 轴。

综合表 2 - 1 中的所列的水平线、正平线、侧平线的投影规律，可归纳出投影面平行线的投影特性如下：

①直线在它所平行的投影面上的投影反映实长，该投影与相应投影轴的夹角，反映直线与另两个投影面的倾角；

②直线的另外两个投影分别平行于相应的投影轴，长度小于实长。

（三）投影面垂直线

与某一个投影面垂直的直线称为投影面垂直线，它也分为三种：

①垂直于 H 面的直线称为铅垂线，如表 2 - 2 中 AB 线；

②垂直于 V 面的直线称为正垂线，如表 2 - 2 中 CD 线；

③垂直于 W 面的直线称为侧垂线，如表 2 - 2 中 EF 线。

表 2 - 2　投影面垂直线

名称	立 体 图	投 影 图	投 影 特 性
铅垂线	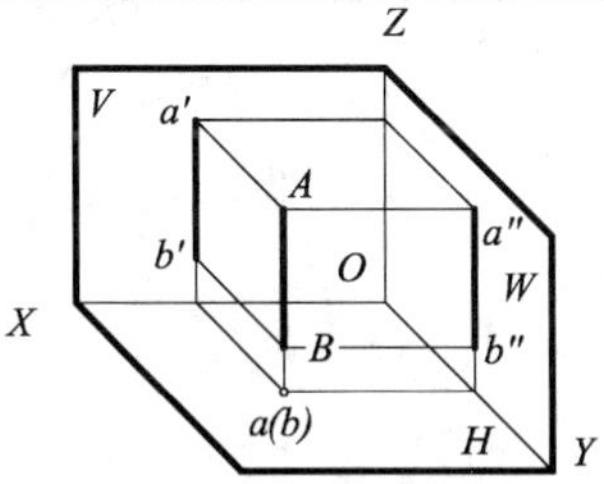	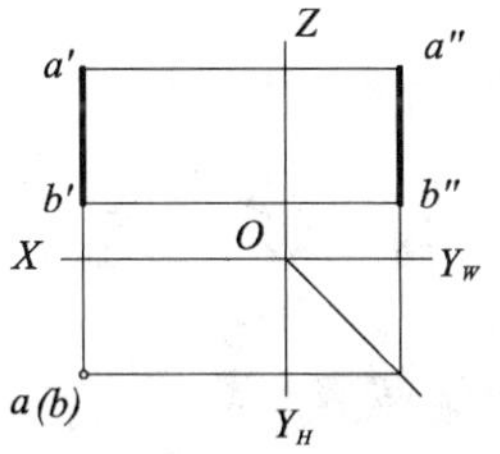	1. ab 积聚为一点 2. $a'b' \parallel a''b'' \parallel OY_W$ 3. $a'b' = a''b'' = AB$
正垂线	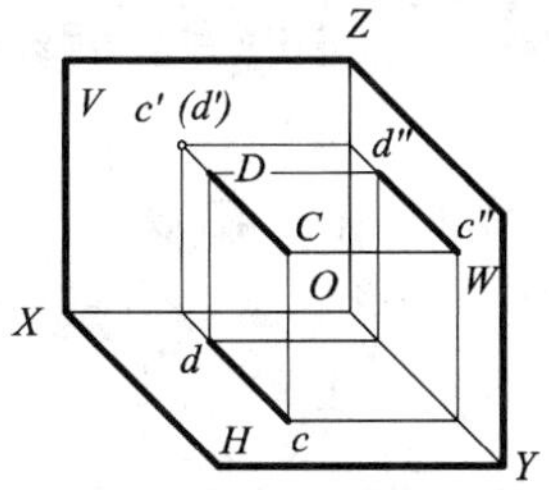	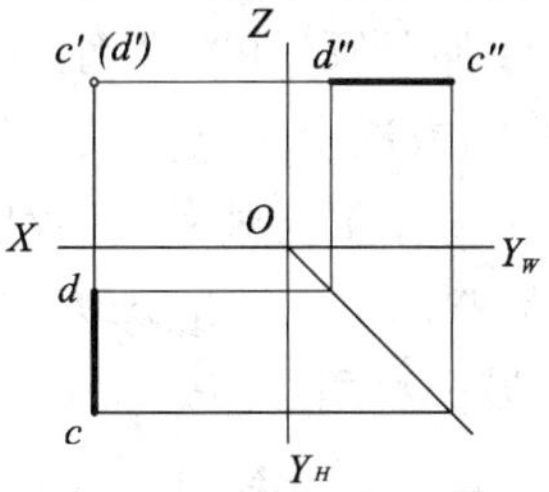	1. $c'd'$ 积聚为一点 2. $cd \parallel OY_H$，$c''d'' \parallel OY_W$ 3. $cd = c''d'' = CD$
侧垂线	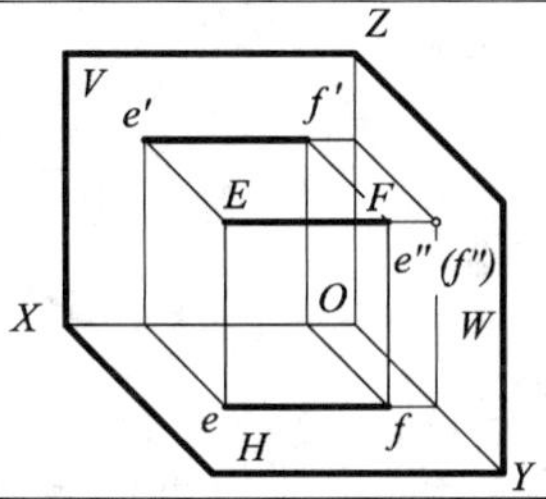	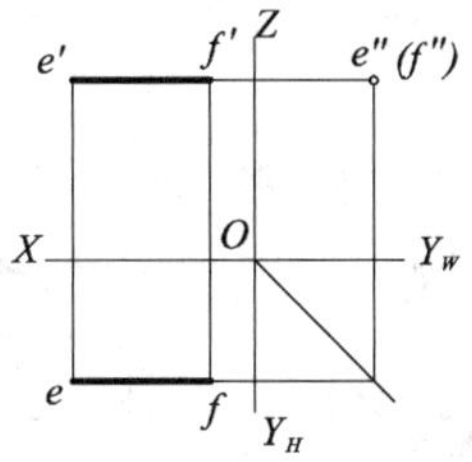	1. $e''f''$ 积聚为一点 2. $ef \parallel e'f' \parallel OX$ 3. $ef = e'f' = EF$

下面以铅垂线为例说明投影面垂直线的投影特性。

在表 2 - 2 中，因直线 AB 垂直于 H 面，所以 AB 的 H 投影积聚为一点 $a(b)$；AB 垂直于 H 面的同时必定平行于 V 面和 W 面，所以 $a'b' = a''b'' = AB$，同时 $a'b'$ 垂直于 OX 轴，$a''b''$ 垂直于 OY_W 轴，它们同时平行于 OZ 轴。

这里积聚为一点的意思是指直线的投影为一点，而且直线上的点的同面投影均落在这一积聚为一点的投影上。因此，称直线的积聚投影有积聚性。

综合表 2－2 中的铅垂线、正垂线和侧垂线的投影规律,可归纳出投影面垂直线的投影特性如下:

①直线在它所垂直的投影面上的投影积聚为一点;

②直线的另外两个投影平行于同一投影轴,且反映实长。

例 2－3　如图 2－24a 所示,已知点 A 的两面投影,正平线 $AB = 25$,$\alpha = 30°$,作出直线 AB 的三面投影。

解　根据正平线的投影特性来作图,如图 2－24b 所示。

①过 a' 作 $a'b'$ 与 OX 轴成 30°角,且量取 $a'b' = 25$;

②过 a 作 $ab /\!/ OX$,由 b' 作与水平投影连线,确定 b;

③由 ab 和 $a'b'$ 作与侧面投影连线求出 $a''b''$。

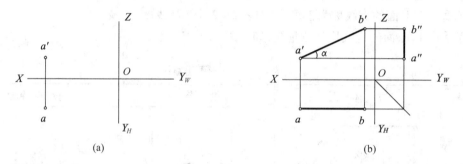

图 2－24　作正平线 AB 的投影

二、一般位置直线的实长和倾角

一般位置直线对三个投影面都是倾斜的,因而三个投影均不能直接反映直线的实长和倾角,但可根据直线的投影用作图的方法求出其实长和倾角。

如图 2－25a 所示,AB 为一般线,在投射平面(投射线组成的平面)$ABba$ 内,由点 A 作 AB_1 $/\!/ ab$,与 Bb 交于 B_1,因 $Bb \perp ab$,故 $BB_1 \perp AB_1$,ABB_1 是直角三角形。该直角三角形的斜边为 AB,$\angle BAB_1 = \alpha$,底边 $AB_1 = ab$,另一直角边 BB_1 为点 A 和点 B 的高度差,即 z 坐标差 Δz。如果能作出该直角三角形 BAB_1,便可以求得直线 AB 的实长和倾角 α。

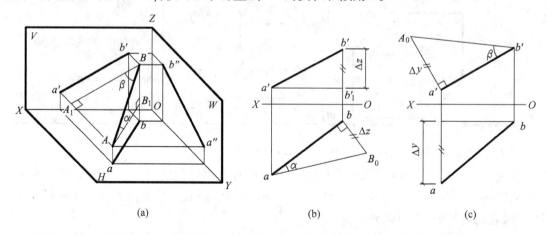

图 2－25　求一般位置直线的实长和倾角

在图 2-25b 中,直线 AB 的水平投影 ab 为已知,Δz 可从正面投影 a'、b' 与其 H 面投影的连线上量取,于是该直角三角形便可以作出。为了作图方便,常将该直角三角形画在原投影图中,以 ab 为一直角边,过 b 作其垂线,并截取 $bB_0 = \Delta z$,于是 aB_0 为一般位置直线 AB 的实长,$\angle abB_0$ 为直线 AB 的倾角 α。

同理,如图 2-25c 所示,若求作直线 AB 的倾角 β,则应以 $a'b'$ 为一直角边,以 Δy 为另一直角边,所作出的直角三角形可确定 AB 的实长 A_0b',以及直线 AB 与 V 面的倾角 β。

利用直角三角形求一般位置线的实长和倾角的方法,称为直角三角形法。

三、直线上的点

直线上的点的投影存在着从属关系和定比关系。

(一)从属关系

若点在直线上,则点的投影必在该直线的同面投影上。如图 2-26 中直线 AB 上有一点 K,通过点 K 作垂直于 H 面的投射线 Kk,它必在通过 AB 的投射平面 $ABba$ 内,因此点 K 的 H 面投影 k 必定在直线 AB 的投影 ab 上。同理可知,k' 在 $a'b'$ 上,k'' 在 $a''b''$ 上。

反之,若点的三面投影均在直线的同面投影上,则此点在该直线上。

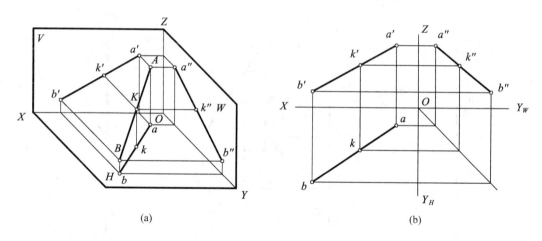

(a)　　　　　　　　　　　(b)

图 2-26　直线上点的投影

(二)定比关系

直线上的点将直线分为几段,各线段长度之比等于它们的同面投影长度之比。如图 2-26 所示,AB 和 ab 被一组投射线 Aa、Kk、Bb 所截,由于 $Aa /\!/ Kk /\!/ Bb$,故 $AK : KB = ak : kb$。同理可知:$AK : KB = a'k' : k'b' = a''k'' : k''b''$。

反之,若点的各投影分线段的同面投影长度之比相等,则此点在该直线上。

利用直线上点的投影的从属关系和定比关系,可以作直线上点的投影,也可以判断点是否在直线上。

例 2-4　如图 2-27a 所示,已知直线 AB 的两面投影 ab 和 $a'b'$,求直线上点 K 的投影,使 $AK : KB = 2 : 3$。

解　作图步骤如图 2-27b 所示:

①过 a 任作一直线,并从 a 开始连续量取五个相等的任意长度,得点 1,2,3,4,5;

②连接 b 和点 5,再过点 2 作 $b5$ 的平行线,交 ab 于 k,于是有 $ak : kb = 2 : 3$;

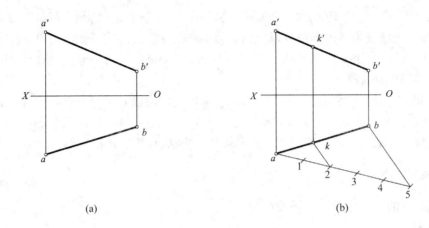

(a)   (b)

图 2-27   求直线上定比的点

③过 k 作投影连线交 $a'b'$ 于 k'。

例 2-5   如图 2-28a 所示,已知侧平线 AB 和 M、N 两点的 H 和 V 投影,判断点 M 和点 N 是否在 AB 上。

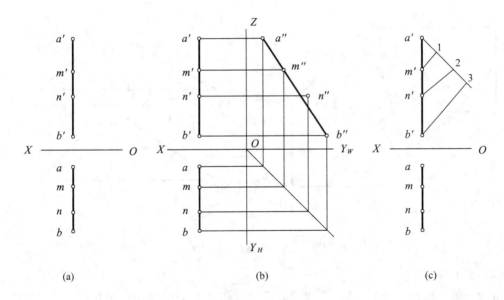

(a)   (b)   (c)

图 2-28   判断点是否在直线上

解   **方法一**   根据从属关系判断。如图 2-28b 所示,作出直线 AB 与点 M、N 的 W 投影,即可判断出点 M 在 AB 上,点 N 不在 AB 上。

方法二   根据定比关系判断。如图 2-28c 所示,过 a' 作任一直线,在该直线上量取 $a'1 = am$,$a'2 = an$,$a'3 = ab$。连 $b'3$,$m'1$,$n'2$,因 $m'1$ 与 $b'3$ 平行,故点 M 在直线 AB 上,而 $n'2$ 与 $b'3$ 不平行,故点 N 不在直线 AB 上。

四、两直线的相对位置

两直线在空间的相对位置有三种:平行、相交和交叉。下面分别介绍它们的投影特性。

（一）两直线平行

根据平行投影的特性可知：两直线在空间互相平行，则它们的同面投影也互相平行。反之，若两直线的各个同面投影分别互相平行，则两直线在空间平行。

如图 2-29 所示，直线 AB 和 CD 是一般位置直线，且 AB∥CD，则直线 AB、CD 的水平投影一定互相平行，即 ab∥cd。同理可知，其正面投影和侧面投影也互相平行，即 a'b'∥c'd'，a"b"∥c"d"。

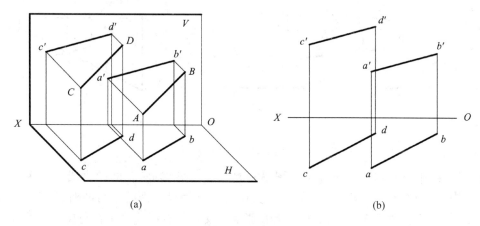

(a)　　　　　　　　　　　　　　　(b)

图 2-29　两直线平行

因此，对于一般位置的两直线，仅根据它们的两组同面投影是否平行，便可判断它们在空间是否相互平行。但对于投影面平行线，通常要看直线所平行的投影面上的投影是否平行，才可以断定它在空间的真实位置。如图 2-30a 所示，已知直线 AB 和 CD 的 H、V 面投影，判断它们在空间是否相互平行。从图中可知，AB 和 CD 平行于 W 面，都是侧平线，仅靠 H、V 面投影还难以判断它们是否相互平行，作出其 W 面投影后，可看出因为它们的侧面投影不平行，所以两直线在空间不平行。

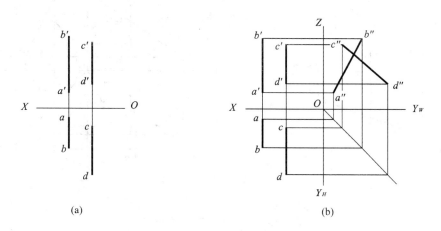

(a)　　　　　　　　　　　　　　　(b)

图 2-30　判断两侧平线是否平行

（二）两直线相交

两直线相交必有一个交点，即公共点。由此可知，两直线在空间相交，则它们的同面投影也相交，而且交点的投影符合点的投影规律。

如图 2-31 所示,直线 AB 和 CD 是一般位置直线,且相交于点 K,在投影图上,ab 与 cd,$a'b'$ 与 $c'd'$ 均相交,且交点 K 的投影 k 和 k' 的连线垂直于 OX 轴。

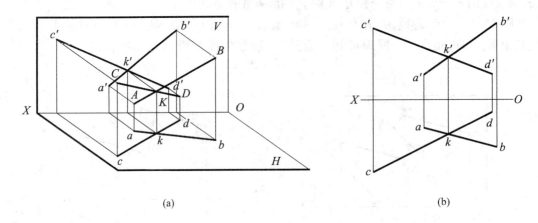

(a) | (b)

图 2-31　两直线相交

同两直线平行的判断一样,若两直线为一般位置直线,判断空间两直线是否相交,只要根据它们的两组同面投影判断即可。但对于其中有一条为投影面的平行线时,通常要看该直线所平行的投影面上的投影是否相交,且各投影面上交点的投影连线是否与投影轴垂直,才能断定两直线是否相交。如图 2-32a 所示,已知直线 AB 和 CD 的水平投影与正面投影都相交,判断两直线是否相交。由于直线 AB 是侧平线,通常应先画出两直线的侧面投影,如图 2-32b 所示,从图中可以看出,两直线的侧面投影相交,但交点的侧面投影与正面投影的连线不垂直于 OZ 轴,即同面投影的交点不符合点的投影规律,因此,可以断定 AB 与 CD 不相交。

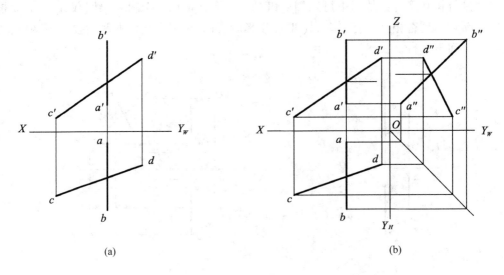

(a) | (b)

图 2-32　判断两直线是否相交

（三）两直线交叉

如果两直线在空间既不平行也不相交,则称为两直线交叉,如图 2-33a 所示的直线 AB 和 CD。因为交叉两直线不同属于一个平面,所以在几何学上又称为"异面直线"。

判断两直线是相交还是交叉,就是要判断它们的同面投影的交点是否符合点的投影规律。

若同面投影的交点符合点的投影规律则是真正的交点,表示相交,否则是交叉。判断两条一般位置直线是否交叉,仅需根据两面投影就可确定是否有交点。但如果两条或其中一条是投影面的平行线,则需根据该直线所平行的投影面上的投影加以判断。

虽然交叉两直线的同面投影有时也相互平行,但所有同面投影不可能同时都互相平行。交叉两直线的同面投影也可能相交,但该投影的交点是交叉直线上两个点的重影。如图 2 - 33a 所示,ab 和 cd 的交点实际上是 AB 上点 Ⅰ 和 CD 上点 Ⅱ 在 H 面上的重影。

对两点的重影,应进行可见性的判断。在图 2 - 33b 中,从正面投影可知,点 Ⅰ 在上,点 Ⅱ 在下,点 Ⅰ 遮挡点 Ⅱ,表示为 1(2)。同样,$a'b'$ 和 $c'd'$ 的交点是 AB 上点 Ⅲ 和 CD 上点 Ⅳ 在 V 面上的重影,由水平投影可知,点 Ⅲ 在前,点 Ⅳ 在后,其 V 面投影用 $3'(4')$ 表示。

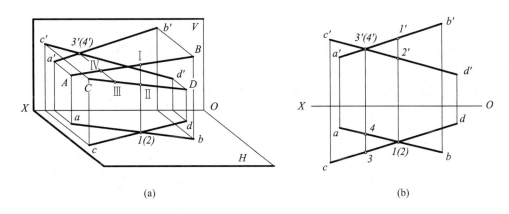

(a)　　　　　　　　　　　　　　(b)

图 2 - 33　两直线交叉

在交叉两直线的投影图中,对于同面投影相重合的两点,判断该投影面重影的可见性。一般遵循以下原则:

①判断 H 投影面重影的可见性,可通过它们的 V 面投影确定其上下关系,上面的点为可见,下面的点为不可见;

②判断 V 投影面重影的可见性,可通过它们的 H 面投影确定其前后关系,前面的点为可见,后面的点为不可见。

五、直角投影定理

一般情况下,相交或交叉两直线的投影不反映两直线夹角的真实大小。当两直线都平行于某一投影面时,其夹角才在该投影面上反映实形。但空间相交或交叉的两直线为直角(垂直)时,只要其中有一条直线平行于某一投影面,则该直角在此投影面上的投影仍为直角,这一投影特性称为直角投影特性,通常称为直角投影定理。

如图 2 - 34a 所示,空间两直线 AB 垂直 BC,且直线 AB 平行于 H 面,直线 BC 倾斜于 H 面,因为 AB 既垂直于 BC,又垂直于 Bb,所以 AB 垂直于平面 $BCcb$。又因为 AB 平行于 ab,所以 ab 也垂直于平面 $BCcb$,因此可以证明,$ab \perp bc$,即 $\angle abc = 90°$。

同理,可以证明图 2 - 34b 中所示的互相垂直的两交叉直线 AB 与 CD,如 AB 平行于 H 面,则水平投影 $ab \perp cd$。因此,直角投影定理适用于两相互垂直的相交直线和交叉直线。

由直角投影定理可得出以下结论:

①两条互相垂直的直线,如果其中有一条是水平线,则它们的水平投影必互相垂直,如图

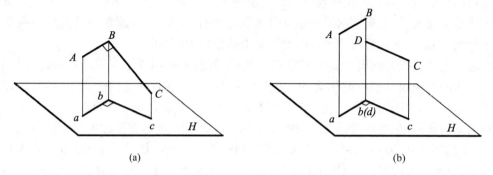

图 2-34　直角的投影

2-35a 所示。

②两条互相垂直的直线,如果其中有一条是正平线(或侧平线),则它们的正面投影(或侧面投影)必互相垂直,如图 2-35b 所示。

我们可以利用直角投影的特性,求解有关距离的问题。

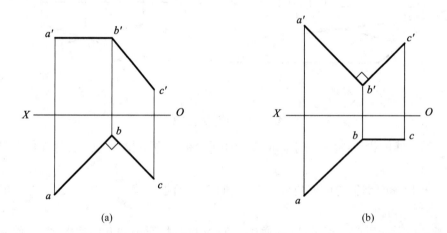

图 2-35　直角投影定理

例 2-6　如图 2-36a 所示,已知直线 $AB(ab、a'b')$ 和点 $C(c、c')$,求点 C 到 AB 的距离。

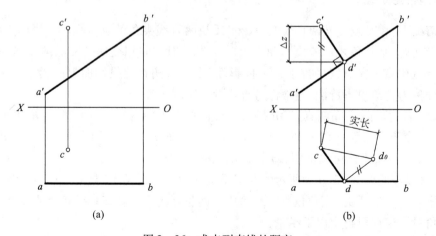

图 2-36　求点到直线的距离

解　分析:过点 C 作 $CD \perp AB$,D 为垂足,则 CD 的实长即为所求距离。由于 AB 为正平线,根据直角投影定理可知 AB 和 CD 的 V 投影反映垂直关系,成直角。

作图步骤如图 2-36b 所示:

①过 c' 作直线 $c'd'$ 垂直于 $a'b'$,得垂足 d',$c'd'$ 即为点 C 到 AB 的垂线的正面投影;

②过 d' 作 OX 轴的垂线,与 ab 交于 d;

③连接 c 和 d,得到水平投影 cd;

④用直角三角形法,求出垂线 CD 的实长 cd_0,即点 C 到直线 AB 的距离。

第 4 节　平面的投影

一、平面的表示方法

(一)用几何元素表示平面

由几何学可知,平面可由以下几何元素来表示:

①不在同一直线上的三个点,如图 2-37a 所示;

②一直线和直线外一点,如图 2-37b 所示;

③相交两直线,如图 2-37c 所示;

④平行两直线,如图 2-37d 所示;

⑤平面图形,如图 2-37e 所示。

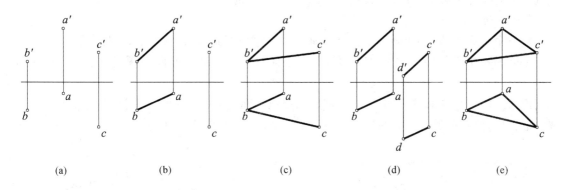

|　(a)　|　(b)　|　(c)　|　(d)　|　(e)　|

图 2-37　用几何元素表示平面

以上五种表示平面的方式可以互相转化,第一种是最基本的表示方式,后四种都是由第一种演变而来的,因为由几何学可知:在空间不属于同一直线上的三点确定一个平面。对同一平面来说,无论采用哪一种方式表示,它所确定的空间平面位置是不变的。需要强调的是:前四种只确定平面的位置,第五种不但能确定平面的位置,而且能表示平面的形状和大小,所以一般常用平面图形来表示平面。

(二)用迹线表示平面

平面的空间位置还可以由它与投影面的交线来确定,平面与投影面的交线称为该平面的迹线。如图 2-38a 所示,平面 P 与 H 面的交线称为水平迹线,用 P_H 表示;平面 P 与 V 面的交线称为正面迹线,用 P_V 表示;平面 P 与 W 面的交线称为侧面迹线,用 P_W 表示。

一般情况下,相邻两条迹线相交于投影轴上,它们的交点也就是平面与投影轴的交点。在

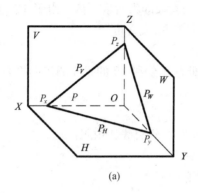 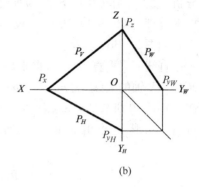

(a)   (b)

图 2 - 38   用迹线表示平面

投影图中,这些交点分别用 P_x、P_y、P_z 来表示。如图 2 - 38a 所示的平面 P,实质上就是相交两直线 P_H 与 P_V 所表示的平面,也就是说,三条迹线中任意两条可以确定平面的空间位置。

由于迹线位于投影面上,它的一个投影与自身重合,另外两个投影与投影轴重合,通常用只画出与自身重合的投影并加标记的办法来表示迹线,凡是与投影轴重合的投影均不标记,如图 2 - 38b 所示。

二、平面的分类

在三面投影体系中,根据平面与投影面的相对位置不同,将平面分为一般位置平面和特殊位置平面。特殊位置平面包括投影面平行面和投影面垂直面。

(一)一般位置平面

对三个投影面都倾斜(既不平行又不垂直)的平面称为一般位置平面,简称一般面。

平面与投影面的夹角称为平面的倾角。平面对 H 面、V 面、W 面的倾角分别用希腊字母 α、β、γ 标记。

由于一般位置平面对三个投影面都倾斜,所以平面图形的三个投影都没有积聚性,也不反映实形,仅与原图形类似。如图 2 - 39 所示,$\triangle ABC$ 是一般位置平面,它的三个投影仍是三角

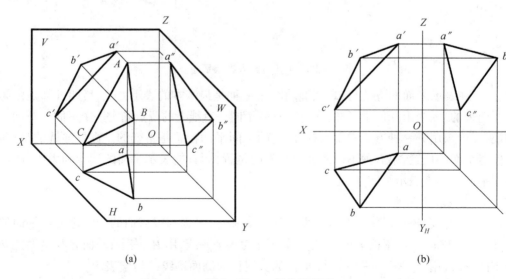

(a)   (b)

图 2 - 39   一般位置平面

形,但均小于实形。

（二）投影面平行面

平行于一个投影面的平面称为投影面平行面,它分为以下三种:

①平行于 H 面的平面称为水平面,如表 2-3 中的平面 P;

②平行于 V 面的平面称为正平面,如表 2-3 中的平面 Q;

③平行于 W 面的平面称为侧平面,如表 2-3 中的平面 R。

表 2-3　投影面平行面

名　称	立　体　图	投　影　图	投　影　特　性
水平面			1. p 反映实形 2. p'、p'' 积聚为一直线 3. $p'/\!/OX$, $p''/\!/OY_W$
正平面			1. q' 反映实形 2. q、q'' 积聚为一直线 3. $q/\!/OX$, $q''/\!/OZ$
侧平面			1. r'' 反映实形 2. r、r' 积聚为一直线 3. $r/\!/OY_H$, $r'/\!/OZ$

在表 2-3 中,水平面 P 平行于 H 面,同时与 V 面、W 面垂直。其 H 投影反映实形,V 投影和 W 投影均积聚为一条直线,且 V 投影平行于 OX 轴,W 投影平行于 OY_W 轴,它们同时垂直于 OZ 轴。同理可分析出正平面、侧平面的投影情况。

综合表 2-3 中水平面、正平面、侧平面的投影规律,可归纳出投影面平行面的投影特性如下:

①平面在它所平行的投影面上的投影反映实形;

②平面在另外两个投影面上的投影积聚为一直线,且分别平行于相应的投影轴。

（三）投影面垂直面

垂直于一个投影面,而倾斜于另外两个投影面的平面称为投影面垂直面。它也分为三种情况:

①垂直于 H 面,倾斜于 V 面和 W 面的平面称为铅垂面,如表 2-4 中的平面 P;

②垂直于 V 面,倾斜于 H 面和 W 面的平面称为正垂面,如表 $2-4$ 中的平面 Q;

③垂直于 W 面,倾斜于 H 面和 V 面的平面称为侧垂面,如表 $2-4$ 中的平面 R。

表 $2-4$　投影面垂直面

名　称	立　体　图	投　影　图	投　影　特　性
铅垂	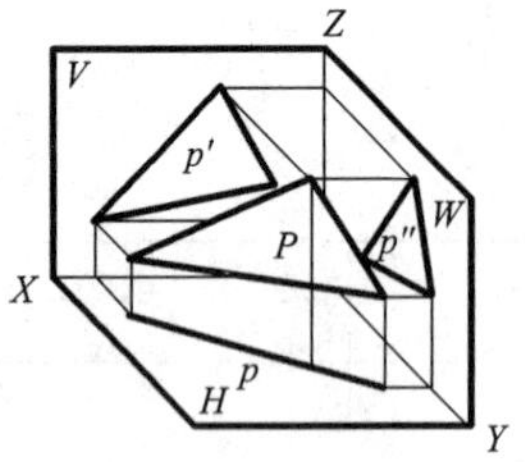	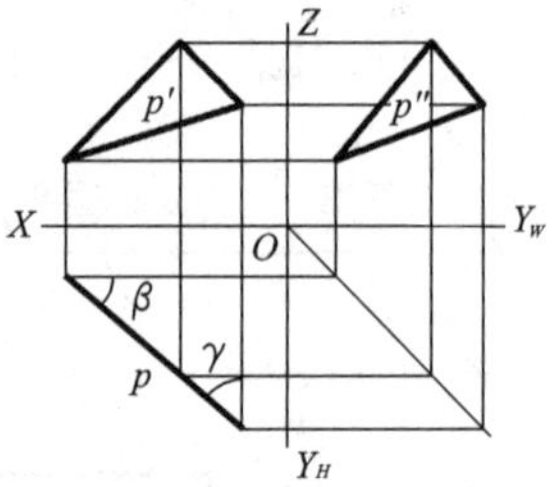	1. p 积聚为一直线 2. p 与投影轴夹角反映 β、γ 3. p'、p'' 为类似图形
正垂面	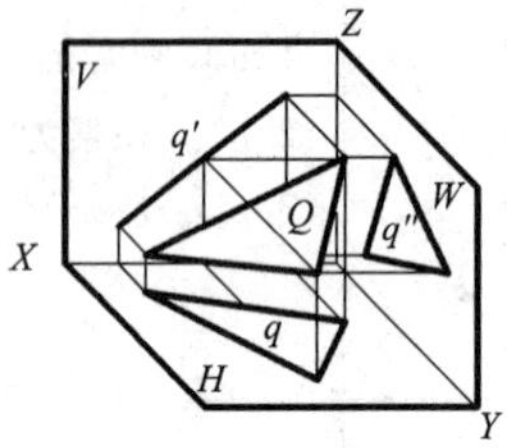	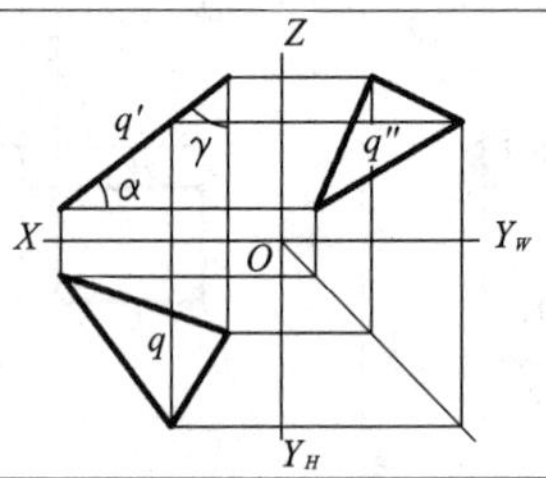	1. q' 积聚为一直线 2. q' 与投影轴夹角反映 α、γ 3. q、q'' 为类似图形
侧垂面	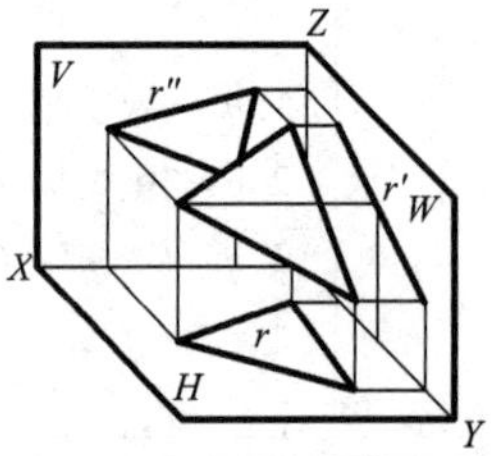	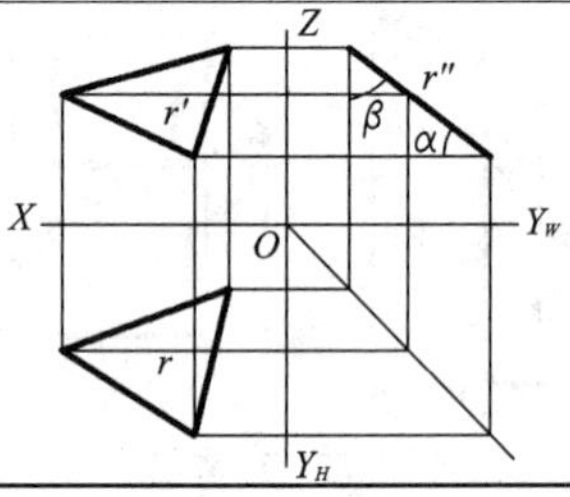	1. r'' 积聚为一直线 2. r'' 与投影轴夹角反映 α、β 3. r、r' 为类似图形

分析表 $2-4$ 所示三种投影面垂直面,可以归纳出投影面垂直面的投影特性:

①投影面垂直面在它所垂直的投影面上的投影积聚为一直线,此直线与投影轴的夹角反映平面对另两个投影面倾角的实形;

②投影面垂直面在另外两个投影面上的投影与原图形类似,均小于实形。

投影面垂直面有一个投影积聚为直线,投影面平行面有两个投影积聚为直线,显然,平面上的点、线等几何元素的同面投影必落在其积聚投影上,也就是平面的积聚投影有积聚性。

三、平面内的点和直线

(一)点在平面内的判定原则

若点在平面内的一条直线上,则此点一定在该平面上。

根据点与直线在平面内的判定原则,可以分两步作出已知平面内的点。第一步,在已知平面内作一辅助直线;第二步,在所作辅助线上定点。

例 $2-7$　如图 $2-40a$ 所示,已知三角形 ABC 内一点 K 的正面投影 k',试作水平投影 k。

解　分析:在三角形内过点 K 作一辅助线,所求点 K 的水平投影一定在所作的辅助直线的水平投影上。

作图步骤如图 $2-40b$ 所示:

①在正面投影中过 k' 作辅助直线的投影 $m'n'$;

②过 $m'n'$ 作 OX 轴的垂线,在水平投影中得到 mn;

③过 k' 作 OX 轴的垂线与 mn 相交于 k,则 k 即为所求。

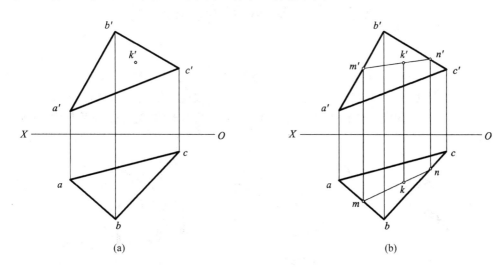

(a)   (b)

图 2 - 40 求平面上点的投影

(二)直线在平面内的判定原则

(1)如果一直线通过平面内的两个点,则此直线一定位于该平面内。

(2)如果一直线通过平面内的一个点,且平行于平面内的一条直线,则此直线一定位于该平面内。

例 2 - 8 如图 2 - 41a 所示,已知四边形 $ABCD$ 的正面投影 $a'b'c'd'$ 及 A、B、C 三点的水平投影 a、b、c,试作出此四边形的水平投影。

解 作图步骤如图 2 - 41b 所示:

①在正投影图中连接 $b'd'$ 和 $a'c'$,它们相交于 m';

②在水平投影图中连接 ac,过 m' 作 OX 轴的垂线,与直线 ac 相交于 m;

③延长 bm,与过 d' 所引 OX 轴的垂线相交于 d;

④连接 $abcd$,即为所求四边形的水平投影。

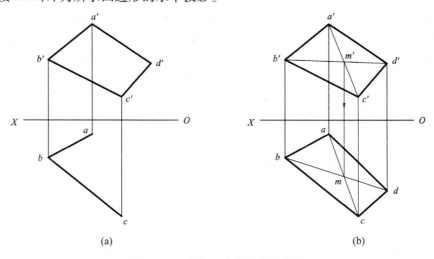

(a)   (b)

图 2 - 41 求作四边形的水平投影

第3章 基本形体的投影

在建筑工程中,我们会接触到各种形状的建筑物,这些建筑物及其构配件的形状虽然复杂多样,但一般都是由一些简单的几何体经过叠加、切割或相交等形式组合而成,如图3-1所示。我们把这些简单的几何体称为基本几何体,也称为基本形体,把建筑物及其构件的形体称为建筑形体。

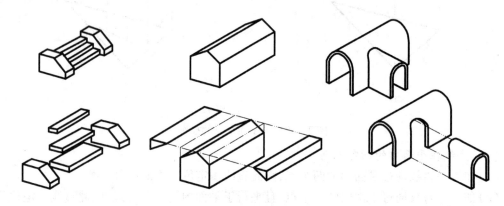

图3-1 建筑形体的组成

基本几何体的大小、形状由其表面所确定,按其表面性质的不同可分为平面立体和曲面立体。把表面全部为平面围成的几何体称为平面立体,简称平面体,例如棱柱、棱锥和棱台等。把表面全部或部分为曲面围成的几何体称为曲面立体,简称曲面体,例如圆柱、圆锥、圆球和圆环等。

第1节 平面体及其表面上的点和线

平面体的各表面均为多边形,称为棱面,各棱面的交线称为棱线,棱线与棱线的交点称为顶点。求作平面体的投影,就是作出组成立体表面的各平面、各棱线和各顶点的投影,由于点、直线和平面是构成平面体表面的几何元素,因此绘制平面体的投影,归根结底是绘制直线和平面的投影。可见的棱线的投影用粗实线表示,不可见的棱线的投影用虚线表示,以区分可见表面和不可见表面。当粗实线和虚线重合时,用粗实线表示。

一、棱柱

棱柱的各棱线互相平行,底面和顶面为多边形。棱线垂直底面时称为直棱柱,棱线倾斜顶面时称为斜棱柱。

(一)棱柱的投影

以正棱柱为例,图3-2a是正五棱柱的立体图,它是由上下两个五边形底面和五个长方形棱面所组成。放置形体时要考虑两个因素:一要使形体处于稳定状态,二要考虑形体的工作状况。

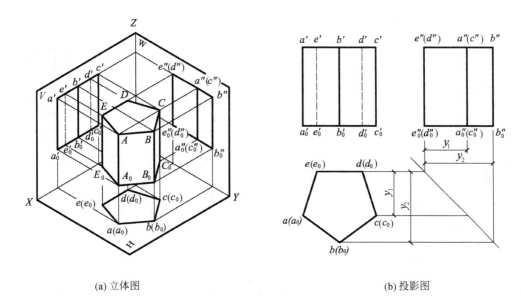

(a) 立体图　　　　　　　　　　　　　　　　(b) 投影图

图 3－2　正五棱柱的投影

　　为了作图方便,应尽量使形体的表面平行或垂直于投影面。图 3－2b 是正五棱柱的投影图,其 H 投影为正五边形,它是顶面和底面的重合投影,且反映实形。它的五条边是五个侧棱面的积聚投影,五个顶点是五条侧棱线的积聚投影。对于 H 投影而言,顶面可见而底面不可见。其 V 投影是由矩形线框组成,它的上下两段水平线段分别是顶面和底面的积聚投影。五个侧棱面中,除了后侧棱面的投影反映实形外,另四个的投影均为类似图形。五条侧棱线的投影均反映实长。对于 V 投影而言,前方两个侧棱面可见,后方三个侧棱面不可见,故它们的交线投影应画成虚线。其 W 投影也是由矩形线框组成,它的上下两边分别是顶面和底面的积聚投影,最后方的侧棱面积聚为直线,左方两侧棱面与右方两侧棱面的投影完全重合,且左面可见,右面不可见,故左侧棱线的投影应画为实线,右侧棱线的投影应画为虚线,但两线重合只画出实线。

　　(二)棱柱表面上的点和线

　　在棱柱面上取点和线,可利用有积聚性的投影来作图。

　　例 3－1　如图 3－3a 所示,已知五棱柱表面上点 A 的 W 投影 a'' 和折线 BCD 的 V 投影 $b'c'd'$,求作它们的其他两投影。

　　解　作图步骤如图 3－3b 所示:

　　①求点 A 的投影。由 a'' 可知,点 A 在左后方的侧棱面上,该侧棱面是铅垂面,在 H 面上的投影积聚为一直线。根据 W 面的 y_1 可在 H 面的该棱面积聚投影上确定 a,分别过 a 和 a'' 向 V 面作投影连线,得(a')。在 V 面投影中,由于点 A 所在的侧棱面不可见,因此,a' 为不可见。

　　②求折线 BCD 的投影。折线 BCD 由 BC 和 CD 两直线段所组成,所在的两个侧棱面都是铅垂面,其 H 面投影有积聚性。分别过 b' 和 d' 向 H 面作投影连线,分别在两棱面的积聚投影上得 b 和 d。同理,过 b' 和 d' 向 W 面作投影连线,从 H 面投影上量取 y_2、y_3,就可确定其 W 面投影 b'' 和 d''。点 C 在最前的棱线上,过 c' 向 W 面作投影连线就可得 c'' 投影。在 W 面投影中,由于 CD 直线所在的侧棱面不可见,因此该直线的投影为不可见。

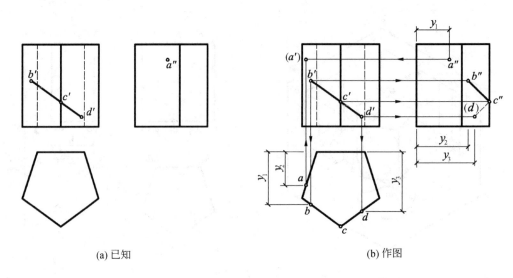

(a) 已知   (b) 作图

图 3-3　五棱柱表面上的点和线

二、棱锥

(一)棱锥的投影

棱锥的底面是多边形,棱线交于一点,侧棱面均为三角形。如图 3-4a 所示,三棱锥 *ABCS* 由一个底面和三个棱面组成。作图时,以棱锥的底面 *ABC* 平行于 *H* 面为宜。

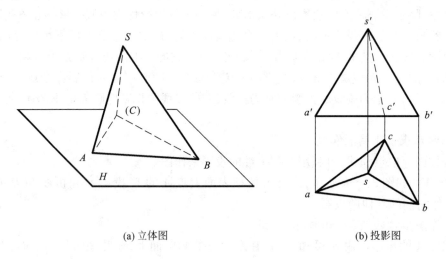

(a) 立体图   (b) 投影图

图 3-4　三棱锥的投影

图 3-4b 是三棱锥 *ABCS* 的两面投影图。因为底面是水平面,所以它的水平投影是反映实形的三角形,正面投影则积聚为一条直线。连接锥顶 *S* 和底面 *ABC* 顶点的同面投影,即为三棱锥的两面投影。其中,水平投影为三个三角形的线框,它们分别表示三个棱面的投影。正面投影的外轮廓线 *s'a'b'* 是三棱锥前棱面 *SAB* 的投影,是可见的;其他两棱面的正面投影是看不见的,所以它们的交线 *SC* 的正面投影 *s'c'* 为不可见,需画成虚线。

(二)棱锥表面上的点和线

由于棱锥的各表面投影一般没有积聚性,所以在棱锥表面上取点和取线,需要利用辅助线来作图。辅助线可取任何方向的直线,而为了作图简便,常采用通过锥顶的直线,或平行于底边的直线。

　　例 3-2　如图 3-5a 所示,在三棱锥的三面投影中,已知表面上点 D 的 V 面投影 d',点 E 的 H 面投影 e,求出点的另外两面投影。

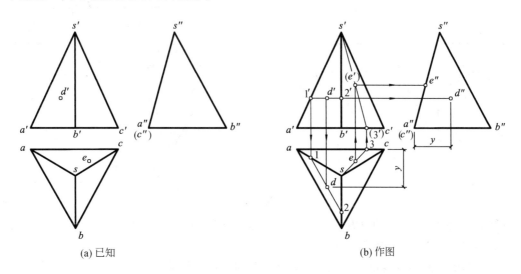

<table>
<tr><td>(a) 已知</td><td>(b) 作图</td></tr>
</table>

图 3-5　棱锥表面上的点

　　解　分析:当点所在的立体表面无积聚性投影时,必须利用作辅助线的方法来帮助求解。这种方法是先过已知点在立体表面作一辅助直线,求出辅助直线的另两面投影,再依据点在直线上的方法,求出点的各面投影。

　　作图步骤如图 3-5b 所示:

　　① 过 d' 作辅助直线 Ⅰ Ⅱ 的正面投影 $1'2'$ 平行于 $a'b'$。

　　② 根据两平行线的同面投影相互平行的投影特性和点线从属关系,求出辅助直线 Ⅰ Ⅱ 的水平投影 12,过 d' 向 H 面作投影连线,与 12 相交得点 D 的 H 投影 d。其 W 面投影 d'' 则可通过量取 y 得到。

　　③ 过 e 作过锥顶 S 的辅助直线 SⅢ 的 H 面投影 $s3$。

　　④ 求出 SⅢ 的 V 面投影 $s'3'$,过 e 向 V 面作投影连线,与 $s'3'$ 相交得点 E 的 V 面投影 (e')。由于点 E 所在的棱面 SAC 为侧垂面,在 W 面积聚为直线,所以过 e' 作 W 面的投影连线就可得到点 E 的 W 投影 e''。

　　由于点 E 所在的棱面 SAC 的 V 面投影不可见,因此 e' 是不可见的。

　　例 3-3　如图 3-6a 所示,已知三棱锥的三面投影及其表面上的线段 FGH 的 V 面投影,求出线段的其他投影。

　　解　分析:从已知投影可知,线段 FGH 的 V 面投影 $f'g'h'$ 为可见,所以 FG 在左棱面 SAB 上,GH 在右棱面 SBC 上,两棱面都是一般位置平面,故可以过 FG 作一辅助直线 Ⅰ G,过 GH 作一辅助直线 GⅡ,根据线上取点的方法求出 FGH 的其他投影。

　　作图步骤如图 3-6b 所示:

　　① 过 $f'g'$ 作 $1'g'$。

　　② 求出辅助直线 Ⅰ G 的 W 面投影 $1''g''$ 和 H 面投影 $1g$,过 f' 向 W 面作投影连线与 $1''g''$ 相交得 f'',过 f' 向 H 面作投影连线与 $1g$ 相交得 g。

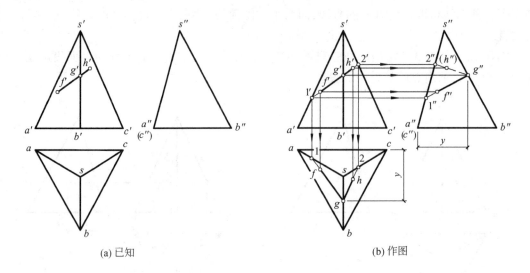

(a) 已知 　　　　　　　(b) 作图

图 3 - 6　棱锥表面上的线

③在 W 面投影中,由于 GH 直线所在的右棱面 SBC 不可见,因而 g″h″为不可见,用虚线表示。其余投影均为可见,用实线表示。

④过 GH 作辅助线 GⅡ,由 g′h′求 gh 和 g″h 的作图步骤从略。

第 2 节　曲面体及其表面上的点和线

由曲面或者曲面和平面围成的立体称为曲面体。圆柱、圆锥、圆球和圆环是工程上常见的曲面体。建筑工程中的壳体、屋盖、隧道的拱顶以及常见的设备管道等,它们的几何形状往往都是曲面体。研究各种曲面体的形成和分类,目的在于掌握各种常用曲面的性质和特点,有利于准确地画出它们的投影图,更重要的是有利于对各种带有曲面的建筑物和构件进行设计和施工。

一、曲面概念

曲面是由直线或曲线在一定的约束条件下运动形成的。这根运动的直线或曲线,称为曲面的母线。母线运动时所受的约束,称为运动的约束条件。如图 3 - 7a 所示,圆柱面的母线是直线 AB,运动的约束条件是直母线 AB 绕与它平行的轴线 O 旋转,即圆柱面是由直母线 AB 绕与它平行的轴线 O 旋转而形成。

图 3 - 7b 的圆锥面是由直母线 SA 绕与它相交于点 S 的轴线 O 旋转而形成。图 3 - 7c 的球面是由圆母线 M 绕通过圆心 O_1 的轴线 O 旋转而形成。由此可见,母线不同或约束条件不同,所形成的曲面也不同。只要给出曲面的母线和母线运动的约束条件,就可以确定该曲面。

母线运动到曲面上的任一位置时,称为曲面的素线。如图 3 - 7a 的圆柱面,当母线移动到位置 CD 时,直线 CD 就是圆柱面的一根素线。因此,曲面也可以认为是由许许多多按一定条件而紧靠着的(连续的)素线所组成。

在工程实践中,通常根据母线运动方式的不同,把曲面分为回转面和非回转面两大类。凡是由母线绕一轴线旋转而形成的曲面都称为回转面,如上述的圆柱、圆锥和圆球都是回转面,

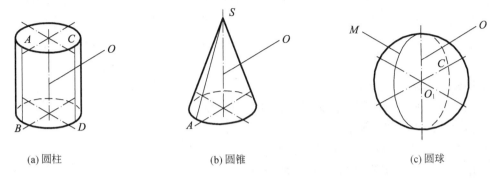

(a) 圆柱　　　　　　　(b) 圆锥　　　　　　(c) 圆球

图 3 - 7　曲面的形成

其余曲面称为非回转面。

　　由回转面形成的形体称为回转体。本节仅介绍回转体的投影及其表面上的点和线,其余工程中常用的曲面在第四章介绍。

　　由回转体的形成可知,母线上任意一点的运动轨迹都是一个垂直于轴线的圆,该圆称为曲面的纬圆。绘制回转体的投影时,应首先用单点长画线画出它们的轴线。

二、圆柱

(一)圆柱的投影

　　圆柱体是由圆柱面和两个圆形的底面所围成的,简称圆柱。当圆柱体在投影面体系中的位置一经确定,它对各投影面的投影轮廓也随之确定。以下仅研究圆柱轴线垂直于某一投影面,底面和顶面为投影面平行面的情况。

　　图 3 - 8a 所示为一圆柱体的立体图,其轴线垂直于水平投影面,因而两底面互相平行且平行于水平面,圆柱面垂直于水平面。

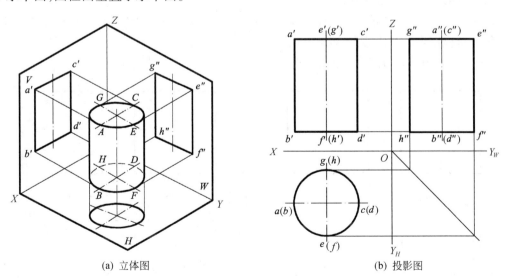

(a) 立体图　　　　　　　　　　　(b) 投影图

图 3 - 8　圆柱的投影

　　H 面投影为一圆形,它既是两底面的重合投影,又是圆柱面的积聚投影。V 面投影为一矩形,该矩形的上下两条边为圆柱体上下两底面的积聚投影,而左右两条边线则是圆柱面的左右

两条素线 *AB*、*CD* 的投影,该矩形线框表示圆柱体前半圆柱面与后半圆柱面的重合投影。*W* 面投影亦为一矩形,该矩形上下两条边为圆柱体上下两底面的积聚投影,而左右两条边线则是圆柱面的前后两条素线 *EF*、*GH* 的投影,该矩形线框表示圆柱体左半圆柱面与右半圆柱面的重合投影。

投影图的作图步骤如图 3-8b 所示:

① 用单点长画线画出圆柱体轴线的各投影和中心线;

② 由直径画水平投影圆;

③ 由"长对正"和高度作正面投影的矩形;

④ 由"高平齐,宽相等"作侧面投影的矩形。

注意:圆柱面上的 *AB*、*CD* 两条素线的侧面投影与轴线的侧面投影重合,它们在侧面投影中不能画出;*EF* 和 *GH* 两条素线的正面投影与轴线的正面投影重合,它们在正面投影中也不能画出。也就是说,非轮廓线的素线投影不必画出。

(二)圆柱面上的点和线

1. 圆柱面上点的投影

圆柱面上的点必定在圆柱面的一条素线或一个纬圆上。当圆柱面具有积聚投影时,圆柱面上点的投影必在圆柱面的积聚投影上。

例 3-4 如图 3-9a 所示,已知圆柱面上的点 *M*、*N* 的正面投影,求点的另两面投影。

解 分析:点 *M* 的正面投影可见,又在点画线的左面,由此判断点 *M* 在左、前半圆柱面上,其侧面投影可见。点 *N* 的正面投影不可见,又在点画线的右面,由此判断点 *N* 在右、后半圆柱面上,其侧面投影不可见。

作图过程如图 3-9b 所示:

① 求 *m*、*m″*。过 *m′* 向下引投影连线交于圆柱面水平投影的前半圆周,得点 *M* 的水平投影 *m*;再根据点的三面投影规律作出 *m″*。

② 求 *n*、*n″*。过 *n′* 向下引投影连线交于圆柱在水平投影的后半圆周,交点就是点 *N* 的水平投影 *n*;再根据点的三面投影规律作出 *n″*。

③判断可见性。*m″* 为可见,*n″* 为不可见。

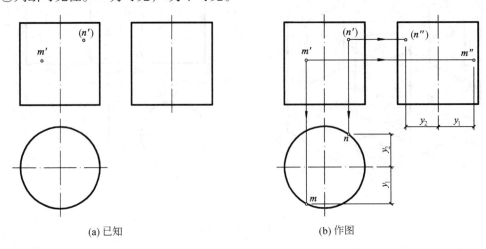

(a) 已知   (b) 作图

图 3-9 圆柱面上取点

2. 圆柱面上线的投影

例 3 - 5 如图 3 - 10a 所示,已知圆柱面上的线段 AB 的正面投影 a′b′,求其另两面投影。

解 分析:圆柱的轴线垂直于侧面,其侧面投影积聚为圆,其正面投影、水平投影为矩形。线段 AB 是圆柱面上的一段曲线。求曲线投影的方法是先求出曲线上的特殊点及适当数量的一般位置点,再把它们按顺序光滑连接即可。

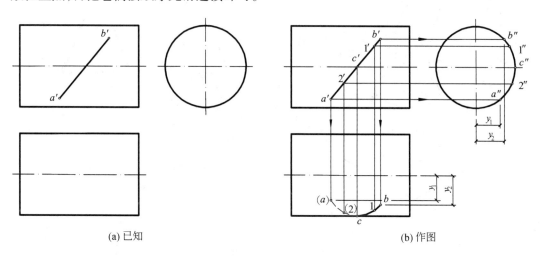

(a) 已知　　　　　　　　　　　　　(b) 作图

图 3 - 10　圆柱面上取线

作图过程如图 3 - 10b 所示:

① 求端点 A、B 的侧面投影和水平投影。利用积聚性,求得侧面投影 a″、b″,再根据投影关系求出水平投影 a、b。

② 求曲线在最前素线上的点 C 的投影。c′ 在轴线的投影上,且为可见,即点 C 应在圆柱面的最前素线上。根据最前素线的水平投影和侧面投影,由 c′ 作投影连线可求出 c、c″。

③ 求适当数量的一般点。在 a′b′ 上取点 1′、2′,然后利用积聚性求侧面的投影 1″、2″,再根据投影关系求出水平投影 1、2。

④ 判别可见性并连线。c 为水平投影可见与不可见的分界点,曲线的水平投影 a2c 为不可见,画成虚线;c1b 为可见,画成实线。

三、圆锥

(一)圆锥的投影

圆锥体是由圆锥面和圆形底面所围成的,简称圆锥。当圆锥体在投影面体系中的位置一经确定后,它对各投影面的投影轮廓也随之确定。如图 3 - 11a 所示,圆锥轴线垂直于 H 面,底面为水平面。

该圆锥的 H 面投影为一圆形,它是圆锥底面和圆锥面的重合投影。V 面投影为一等腰三角形,三角形的底边是圆锥底圆的积聚投影,三角形的腰 s′a′ 和 s′b′ 分别是圆锥面上最左素线 SA 和最右素线 SB 的投影;三角形框是圆锥面前半部分和后半部分的重合投影,前半部分可见,后半部分不可见。W 面投影亦为一等腰三角形,三角形的底边是圆锥底圆的积聚投影,三角形的腰 s″c″ 和 s″d″ 分别是圆锥面上最前素线 SC 和最后素线 SD 的投影;三角形框是圆锥左半部分和右半部分的重合投影,左半部分可见,右半部分不可见。

投影图的作图步骤如图 3 - 11b 所示:

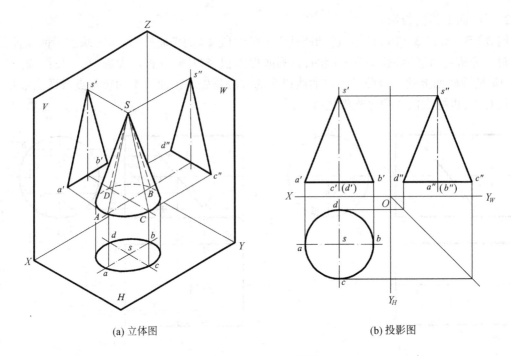

(a) 立体图 (b) 投影图

图 3-11 圆锥的投影

① 用单点长画线画出圆锥体轴线的三面投影和中心线；

② 画出底面圆的三面投影，底面为水平面，水平投影为反映实形的圆，其他两投影积聚为直线段，长度等于底圆直径；

③ 依据圆锥的高度画出锥顶点 S 的三面投影；

④ 画圆锥面的投影轮廓线，即连接等腰三角形的腰。

圆锥面是光滑的，和圆柱面类似，当素线的投影不是轮廓线时，均不画出。

(二) 圆锥面上的点和线

1. 圆锥面上点的投影

圆锥面的投影没有积聚性，在圆锥面上取点的方法有两种：素线法和纬圆法。

(1) 素线法。圆锥面是由许多交于锥顶的素线组成的。圆锥面上任一点必定在经过该点的素线上，只要求出过该点素线的投影，即可求出该点的投影。

例 3-6 如图 3-12a 所示，已知圆锥面上一点 M 的正面投影 m'，求 m、m''。

解 分析：点 M 在圆锥面上，一定在圆锥的一条素线上，故过点 M 与锥顶 S 相连，并延长交底面圆周于点 L，SL 即为圆锥面上的一条素线，求出此素线的各投影。再根据点线从属关系，求出点的各投影。

作图过程如图 3-12b 所示：

① 过 m 作素线 SA 的正面投影 $s'a'$；

② 在水平投影上求出 a，连接 s 即为素线 SA 的水平投影 sa；

③ 由 m' 求出 m，由 m' 及 m 求出 m''；或先求出 SA 的侧面投影，再根据点线从属关系求出点 M 的侧面投影 m''。

(2) 纬圆法。由回转面的形成可知，母线上任意一点的运动轨迹为圆，该圆垂直于旋转轴线，称之为纬圆。圆锥面上任一点必然在与其高度相同的纬圆上，因此只要求出过该点的纬圆

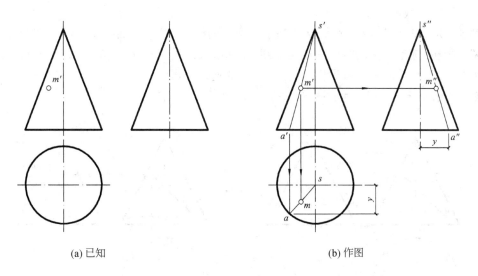

（a）已知　　　　　　　　　　　　　　　（b）作图

图 3 - 12　用素线法求圆锥面上的点

的投影,即可求出该点的投影。

　　例 3 - 7　如图 3 - 13a 所示,已知圆锥表面上一点 M 的投影 m',求 m、m''。

　　解　分析:过点 M 作一纬圆,该纬圆的水平投影为圆,正面投影、侧面投影均为直线,点 M 的投影一定在该圆的投影上。

　　作图过程如图 3 - 13b 所示:

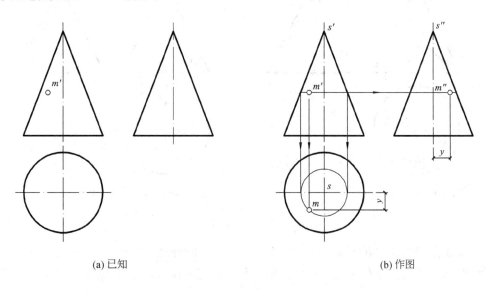

（a）已知　　　　　　　　　　　　　　　（b）作图

图 3 - 13　用纬圆法求圆锥面上的点

　　① 过 m 作纬圆的正面投影,此投影为一直线;

　　② 画出纬圆的水平投影;

　　③ 由 m' 求出 m,由 m 及 m' 求出 m'';

　　④ 判别可见性,两投影所在的面可见,因此两投影均可见。

　　由上述两种作图法可以看出,当点在圆锥面上的一面投影为已知时,可用素线法或纬圆法求出它的其余两面投影。

2. 圆锥面上线的投影

例 3 - 8 如图 3 - 14a 所示,已知圆锥表面上的线段 AB 的正面投影,求其另两面投影。

解 分析:圆锥面上的线段一般是曲线,求曲线投影的方法是先求出曲线上的特殊点及适当数量的一般点,然后判断可见性,再按顺序光滑连接即可。

作图过程如图 3 - 14b 所示:

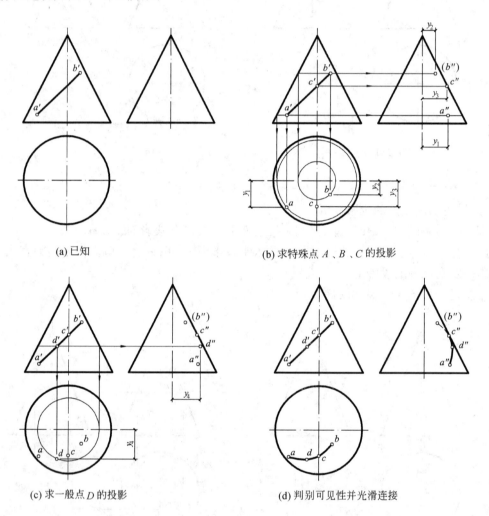

(a) 已知

(b) 求特殊点 A 、B 、C 的投影

(c) 求一般点 D 的投影

(d) 判别可见性并光滑连接

图 3 - 14 圆锥面上的线

① 求线段端点 A、B 的投影。利用平行于 H 面的辅助纬圆,求得 a、a″和 b、b″。

② 求圆锥面上最前素线上点 C 的投影。从 c′向侧面作投影连线求得 c″,根据三面投影关系再求出 c。

③ 求线段上的一般点。在线段的正面投影上选取适当的点求其投影,如图中点 D 的各投影。

④ 判别可见性并连线。由正面投影可知,曲线 BC 位于圆锥右半部分的锥面上,其侧面投影不可见,画成虚线;AC 位于左半锥面上,侧面投影可见,画成实线。水平投影均可见。

四、圆球

(一)圆球的投影

圆球面是半圆的弧线绕旋转轴旋转而成,圆球体是由圆球面所围成,简称圆球。由于通过球心的直线都可作旋转轴,故球面的旋转轴可以根据需要确定。

圆球的投影分析如图 3−15a 所示,圆球的三面投影都是大小相等的圆,其直径与球径相等。H 面投影的圆 a 是圆球上半部分球面与下半部分球面的重合投影,上半部分可见,下半部分不可见;圆周 a 是球面上平行于 H 面的最大圆 A 的投影。V 面投影的圆 b' 是球体前半部分球面与后半部分球面的重合投影,前半部分可见,后半部分不可见;圆周 b' 是球面上平行于 V 面的最大圆 B 的投影。W 面投影的圆 c'' 是球体左半部分球面与右半部分球面的重合投影,左半部分可见,右半部分不可见;圆周 c'' 是球面上平行于 W 面的最大圆 C 的投影。

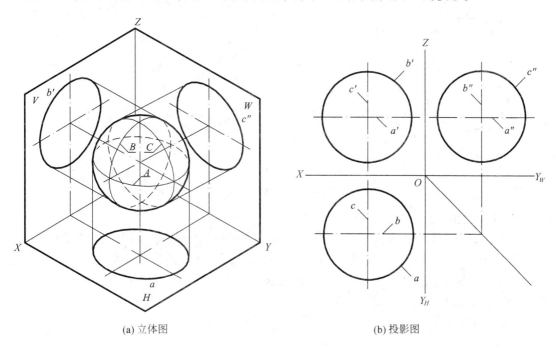

(a) 立体图   (b) 投影图

图 3−15 圆球的投影

球面上 A 、B、C 三个大圆的其他投影均与相应的中心线重合,不再画出。这三个大圆分别将球面分成上下、前后、左右两部分,是各投影图中可见与不可见的分界线。

作图步骤如图 3−15b 所示:

① 用单点长画线画出圆球各投影的中心线;

② 以球的直径为直径,分别在三个投影面上画圆。

(二)圆球面上的点和线

1. 圆球面上的点

由于圆球体的特殊性,过球面上一点可以作属于球体的无数个纬圆,为作图方便,常沿投影面的平行面作纬圆,这样过球面上任一点可以得到 H、V、W 三个方向的纬圆,因此只要求出过该点的其中一个纬圆投影,即可求出该点的投影。

例 3−9 如图 3−16a 所示,已知球面上的点 A 的投影 a',求 a 及 a''。

解 分析:由 a' 得知点 A 在左上半球上,可以利用水平纬圆解题。

作图过程如图 3-16b 所示:

① 过 a' 作纬圆的正面投影(为一直线);

② 求出纬圆的水平投影;

③ 由 a' 求出 a,由 a' 及 a 求出 a'';

④ 判别可见性,两投影均可见。

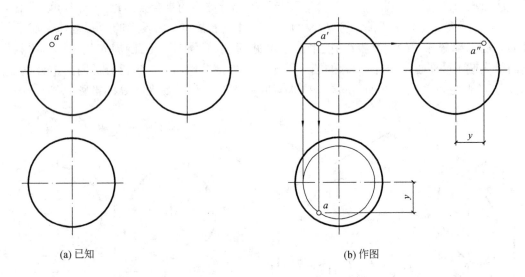

(a) 已知　　　　　　　　　(b) 作图

图 3-16　圆球面上的点

2. 圆球面上的线

例 3-10 如图 3-17a 所示,已知圆球面上线段 AB 的正面投影,求其余两个投影。

解 分析:由已知条件可知,曲线 AB 位于前半球面上,点 A 在左半球面上,点 B 在右半球面上。求圆球面上曲线的方法同样是用纬圆法求出曲线上的特殊点及适当数量的一般点,然后判断可见性,再按顺序光滑连接即可。

作图过程如图 3-17b 所示:

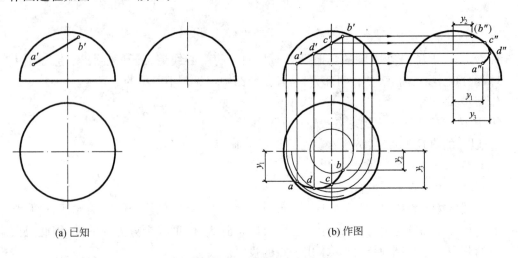

(a) 已知　　　　　　　　　(b) 作图

图 3-17　圆球面上的线

① 求线段端点 A、B 的投影。利用平行于 H 面的辅助纬圆,求得 a、a'' 和 b、b''。

② 求特殊点 C 的投影。从 c' 向侧面作投影连线求得 c'',根据三面投影关系再求出 c。

③ 求线段的一般点。在线段的正面投影上选取适当的点求其投影,如图中点 D 的各投影。

④ 判别可见性。由正面投影可知,曲线 BC 位于球面右半部分的球面上,其侧面投影不可见,画成虚线;AC 位于左半球面上,侧面投影可见,画成实线。水平投影均可见。

第4章　曲线及工程中常用的曲面

在工程实践中,建筑形体的造型常使用曲线与曲面。如图4-1所示的广州国际会展中心,是目前亚洲最大的会展中心,其主体结构与屋面均由曲线与曲面构成。

图4-1　广州国际会展中心

第1节　曲　线

一、曲线及其投影

(一)曲线的形成及分类

曲线是点按一定规律运动形成的轨迹,是一系列点的集合。

根据曲线上的点是否在同一个平面内,将曲线分为两大类:

(1)平面曲线,曲线上所有的点均在同一个平面内,如圆、椭圆、抛物线和双曲线等。

(2)空间曲线,曲线上的点不全在同一平面内,如圆柱螺旋线等。

(二)曲线的投影

曲线的投影为曲线上一系列点的投影的集合。在绘制曲线的投影时,一般是先画出曲线上一系列点的投影,特别是首先要画出控制曲线形状和范围的特殊点的投影,然后再把这些点的投影光滑地连接起来,就形成了该曲线的投影。

曲线的投影有下列特性:

①在一般情况下,曲线的投影仍为曲线,如图4-2a所示;

②平面曲线所在的平面与投影面垂直时,曲线在该投影面上的投影为直线,如图4-2b所

示；

③平面曲线所在的平面与投影面平行时,曲线在该投影面上的投影反映实形,如图 4 - 2c 所示；

④当直线和曲线相切时,它们的同面投影仍然相切,其切点是原切点的投影。如图 4 - 2a 所示,直线 MN 与曲线相切于点 F,则直线的水平投影 mn 与曲线的水平投影相切于点 f。

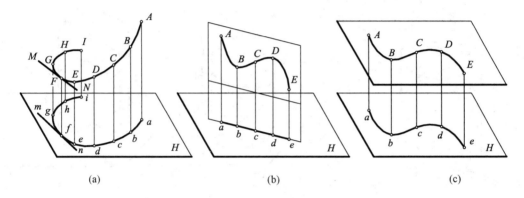

(a)　　　　　　　(b)　　　　　　　(c)

图 4 - 2　曲线及其投影

二、圆的投影

圆是最常见的平面曲线,其投影特性如下(图 4 - 3)：

①当圆平行于投影面时,圆在该投影面上的投影为圆的实形；

②当圆垂直于投影面时,圆在该投影面上的投影为直线段,长度等于圆的直径；

③当圆倾斜于投影面时,圆在该投影面上的投影为椭圆。

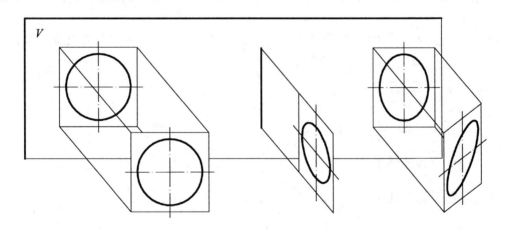

图 4 - 3　圆的投影

三、圆柱螺旋线

(一)圆柱螺旋线的形成及分类

如图 4 - 4 所示,动点 A 沿一直线作等速移动,同时该直线绕与其平行的轴线作等速旋转时,动点 A 的复合运动轨迹称为圆柱螺旋线。该直线旋转形成的圆柱面称为螺旋线的导圆柱,动点旋转一周后沿轴线方向移动的距离称为导程。

　　圆柱螺旋线分为右旋和左旋两种。以拇指表示动点沿直线的移动方向,其他四指表示动点的旋转方向,若符合右手情况时称为右螺旋线,如图4-5a 所示;若符合左手情况时则称为左螺旋线,如图4-5b 所示。

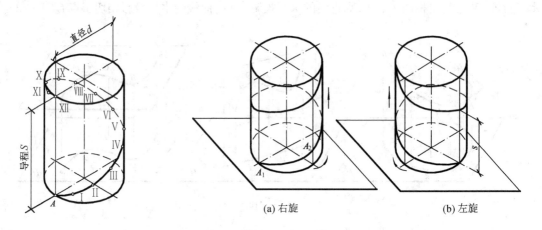

　　图4-4　圆柱螺旋线的形成　　　　　　　　　图4-5　圆柱螺旋线的旋向

（二）圆柱螺旋线的投影

　　若已知圆柱螺旋线导圆柱的直径 d、导程 S 和旋向(通常为右旋)三个基本要素,就可以画出其投影图。

　　作图步骤如图4-6a 所示(导圆柱轴线垂直于 H 面时):

　　①用直径 d 作出导圆柱的 H 面投影;

　　②把导圆柱的底圆周(在水平投影上)和导程 S(在正面投影上)分成同样多的等份,如12等份;

　　③在水平投影上用数字沿螺旋线方向顺次标出各分点0,1,2,…,12(圆柱螺旋线的水平

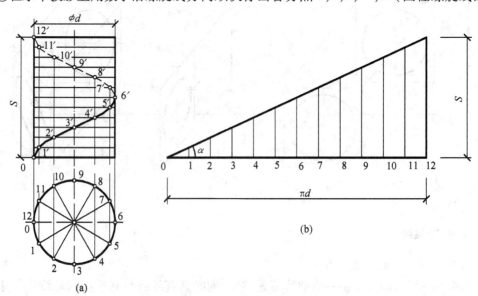

图4-6　圆柱螺旋线的投影及展开

投影在圆周上）；

④从0,1,2,…,12各点向上作投影连线,与正面投影上相应的水平直线相交,得各分点相应的正面投影0′,1′,2′,…,12′;

⑤用曲线板光滑地连接0′,1′,2′,…,12′各点即可得一曲线,该曲线就是所作圆柱螺旋线的正面投影。

（三）圆柱螺旋线的展开

当把导圆柱展开成矩形之后,螺旋线应该是这个矩形的对角线,如图4-6b所示。这条斜线与底边的倾角 α 称为螺旋线的升角,它反映了螺旋线的切线与 H 面的倾角,倾角与导程 S、直径 d 有下面的关系:

$$\tan\alpha = S/\pi d$$

第2节　工程中常用的曲面

除了前面所讲的圆柱、圆锥等回转曲面外,在建筑工程中还会遇到其他较为复杂的曲面,通常将这些复杂的曲面称为工程曲面,如柱面、锥面、柱状面、锥状面、双曲抛物面和平螺旋面等。

曲面可以看作是线运动的轨迹。运动的线是母线。母线在曲面上的任一位置,称为素线,如果母线按照一定的规则运动,则形成规则曲面。其中控制母线运动的点、线、面,分别称为导点、导线和导面。母线的形状（直线或曲线）以及母线运动的形式是形成曲面的条件。

曲面的种类很多,其分类方法也很多,在此只介绍工程中最常见的一些曲面,它们属于非回转直线曲面。

一、柱面

一直线沿一曲线移动,并始终平行于另一固定的直线所形成的曲面称为柱面,如图4-7所示。柱面上所有的素线都互相平行。

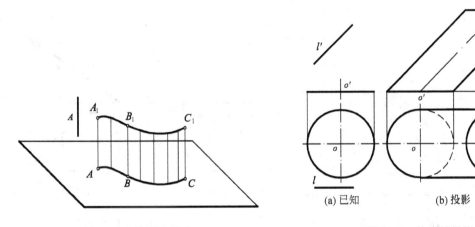

图4-7　柱面的形成　　　　　　　　图4-8　柱面的投影

图4-8是某一柱面的两面投影。它的导线是一个水平圆,母线的方向平行于图中给出的正平线 L 的方向,可见柱面的各素线是互相平行的。由于取母线为定长,所以此柱面的上下底各是一个水平圆。

柱面在建筑中有着广泛的应用。图4-9是位于广州市天河北的某商业大厦,从标准层平面图可看出,其外墙面是一个导线为椭圆的柱面,而从顶层平面图可看出,该处外墙面是两对导线为反鼓形的柱面。上下两种柱面互相衬托,显得既严谨又舒展,具有较高的艺术性和创造性。

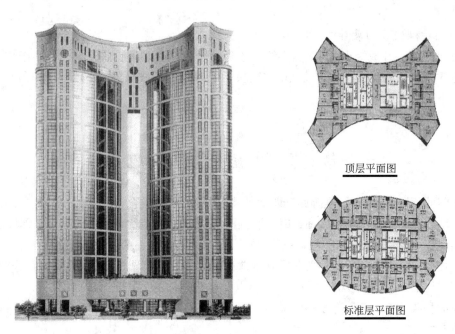

顶层平面图

标准层平面图

图4-9 用柱面构成的广州市天河北某商业大厦

二、锥面

一直母线 SA 沿一曲导线移动,并始终通过一固定点 S(导点)所形成的曲面,称为锥面,如图4-10所示。

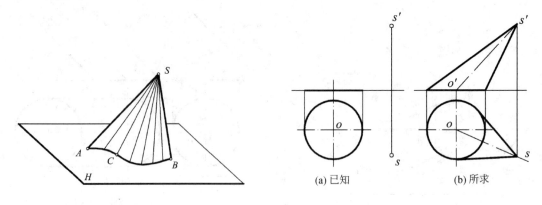

图4-10 锥面的形成与投影图　　　　图4-11 锥面的投影

图4-11是某一锥面的两面投影。它的导线是一个水平圆,点 S 是固定点,即锥面的各素线相交于该点,如果把锥顶移到无限远处,锥面则变为柱面。同样,锥面在建筑工程中也有着广泛的应用,图4-12所示为一个用锥面构成的壳体建筑。

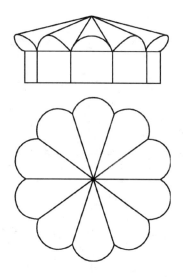

图 4 - 12　用锥面构成的壳体建筑

三、柱状面

一直母线沿两条曲导线同时平行于一导平面移动所形成的曲面,称为柱状面。如图 4 - 13a 所示,柱状面的直母线 AC 沿着两条曲导线 AB 和 CD 移动,并始终平行于铅垂的导平面 P。当导平面 P 平行于 W 面时,该柱状面的投影图如图 4 - 13b 所示。

柱状面常用来做壳体屋顶、隧道拱及钢管接头等。图 4 - 13c 是柱状面应用于桥墩上的实例。

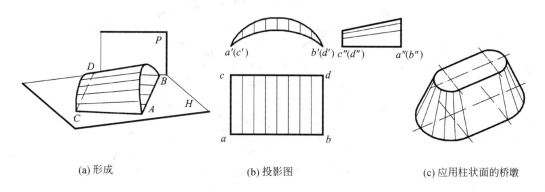

(a) 形成　　　　　　　　　(b) 投影图　　　　　　　　(c) 应用柱状面的桥墩

图 4 - 13　柱状面的形成、投影和应用实例

四、锥状面

一直母线沿一直导线和一曲导线同时平行于一导平面移动所形成的曲面,称为锥状面。

如图 4 - 14a 所示,锥状面是直母线 AC 沿着直导线 CD 和曲导线 AB 移动,并始终平行于导平面 P。当导平面 P 平行于 W 面时,该锥状面的投影图如图 4 - 14b 所示。

锥状面多用于壳体屋顶及带直螺旋面的物体,如图 4 - 14c 所示。

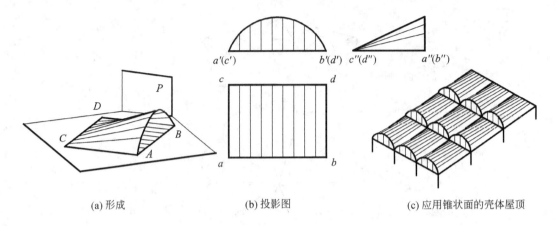

(a) 形成 (b) 投影图 (c) 应用锥状面的壳体屋顶

图 4 – 14 锥状面的形成、投影和应用实例

五、双曲抛物面

一直母线沿两交叉直导线同时平行于一导平面移动所形成的曲面,称为双曲抛物面。

如图 4 – 15 所示,以交叉两直线 AB 和 CD 为导线,以直线 AC(或 BD)为母线,平面 P 为导平面(AC // P),即可形成双曲抛物面。如果把上述母线和导线互相调换,也就是说把 AC 和 BD 当作导线,把 AB(或 CD)当作母线,以 Q 面为导平面,那么也可以形成同样一个双曲抛物面。可见同一双曲抛物面可有两组素线,各有不同的导线和导平面。同组素线互不相交,而每一素线与另一组所有素线必定相交。

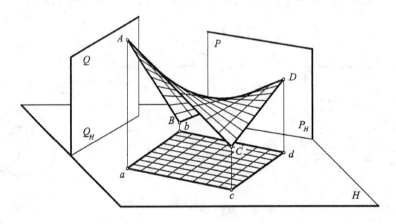

图 4 – 15 双曲抛物面的形成

绘制双曲抛物面的投影图,其作图步骤如下:

①作出导线 AB 和 CD 的两面投影 ab、$a'b'$ 和 cd、$c'd'$,以及导平面 P 在 H 面的积聚投影 P_H,如图 4 – 16a 所示;

②将直导线若干等分,本例为 6 等分,如图 4 – 16b 所示;

③分别连接各等分点的对应投影;

④在正面投影图上作出与各素线都相切的包络线,这是一条抛物线,如图 4 – 16c 所示。

如果母线和导线互换角色,以 AC 和 BD 为导线,AB(或 CD)为母线,以平行于 AB 的铅垂面 Q 作为导平面,用同样的作图方法可以得到另一组素线的投影,即同一双曲抛物面的另一投影图,如图 4-17 所示。

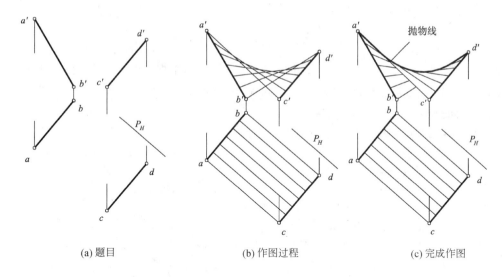

(a) 题目　　　　　　　(b) 作图过程　　　　　　　(c) 完成作图

图 4-16 双曲抛物面的投影画法

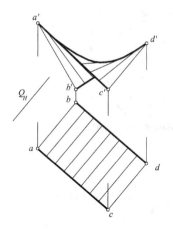

图 4-17 母线为 AB 时双曲
抛物面的投影图

图 4-18 广州星海音乐厅的屋面为双曲抛物面

　　双曲抛物面造型流畅优美,富有动感,常用于大型公共建筑(如体育馆、歌剧院和音乐厅等)的屋面结构中。如图 4-18 所示,雄踞珠江之畔的广州星海音乐厅的屋面设计采用了双曲抛物面,那檐角高翘、造型奇特的壮丽外观富于现代感,有如江边欲飞的一只天鹅,与蓝天碧水浑然一体,形成一道瑰丽的风景线。

六、平螺旋面

　　一直母线沿着圆柱螺旋线和圆柱轴线移动,并始终与圆在轴线相交成定角。这样形成的曲面称为螺旋面。

　　根据直母线与圆柱轴线之间夹角的关系,将螺旋面分为平螺旋面、斜螺旋面两种。平螺旋面的母线垂直于轴线,因此母线运动时始终平行于轴线所垂直的平面;当轴线为铅垂线时,水平面即为平螺旋面的导平面。平螺旋面是锥状面的一种。斜螺旋面的母线倾斜于轴线而成定角,因此母线在运动时始终平行于一个圆锥面,此圆锥面成为导锥面。

平螺旋面投影图的作图步骤如下:

①画出圆柱螺旋线及轴线的两面投影;

②把圆柱螺旋线分成若干等份,如图4-19a所示分成12等份,先将圆柱螺旋线的水平投影(圆周)分为12等份,得各等分点的水平投影;向圆心连线,得平螺旋面上相应素线的水平投影;

③求出各分点的V面投影,过各分点的水平投影作水平线与轴线相交,得平螺旋面上相应素线的V面投影。

图4-19b为空心平螺旋面的投影图。

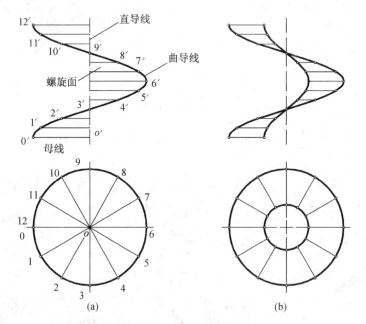

图4-19　平螺旋面的投影

图4-20是广州某高校实验楼的螺旋楼梯,是平螺旋面在建筑工程中的应用实例,下面用一例题说明螺旋楼梯投影图的画法。

图4-20　某高校实验楼的螺旋楼梯

例 4-1　已知螺旋楼梯所在内、外两个导圆柱面的直径分别为 d 和 D,沿螺旋上行一圈有 12 个踏步,导程为 h,左旋,作出该螺旋楼梯的两面投影。

解　分析:在螺旋楼梯的每一个踏步中,踏面为扇形,踢面为矩形,两端面是圆柱面,底面是螺旋面,如图 4-21a 所示。将螺旋楼梯看成是一个踏步沿着两条圆柱螺旋线脉动上升而形成。底板的厚度可认为由底部螺旋面下降一定的高度形成。

设第一踏步的扇形踏面四个角点为 A_1、B_1、C_1、D_1,踢面为 $OO_1B_1A_1$;第二踏步的扇形踏面四个角点为 A_2、B_2、C_2、D_2,踢面为 $D_1C_1B_2A_2\cdots$

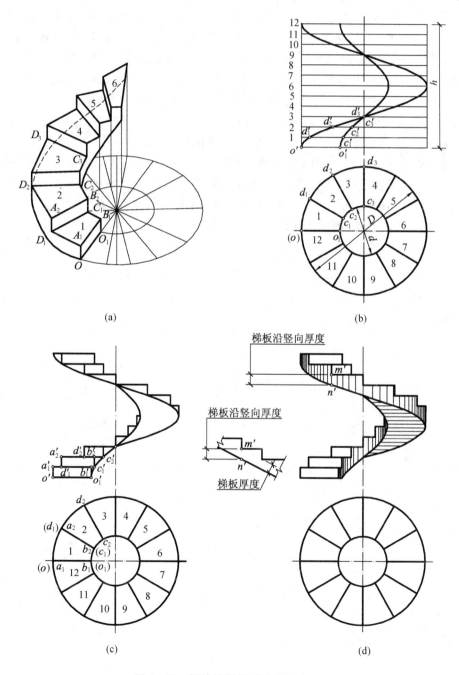

图 4-21　螺旋楼梯投影图的画法

作图步骤如下：

① 根据导圆柱直径 d 和 D 及高度 h，作出同轴两导圆柱的两面投影，见图 4-21b。

② 将内、外导圆柱在 H 面上的投影（分别积聚为两个圆）分为 12 等份，得 12 个扇形踏面的水平投影。

③ 分别在内、外导圆柱的 V 面投影上，作出外螺旋线的正面投影 $o'd_1'd_2'd_3'\cdots$ 及内螺旋线的正面投影 $o_1'c_1'c_2'c_3'\cdots$

④ 图 4-21c 所示，过 OO_1 作正平面，过 D_1C_1 作水平面，交得第一踏步。其踢面的正面投影 $o'o_1'b_1'a_1'$ 反映实形，踏面的正面投影积聚为水平线段 $a_1'c_1'$，弧形内侧面的正面投影为 $o_1'c_1'b_1'$。

⑤ 过点 D_1、C_1 作铅垂面，过 D_2、C_2 作水平面，交得第二踏步，其踢面的正面投影为 $d_1'c_1'b_2'a_2'$，踏面的正面投影积聚为水平线段 $a_2'c_2'$，弧形内侧面的正面投影为 $c_1'c_2'b_2'$。

如此类推，依次画出其余各步级踢面和踏面的正面投影。当圆到第四至第九级踏步时，由于本身的遮挡，踏步的 V 面投影大部分不可见，而可见的是底面的螺旋面。

⑥ 最后画梯板底面的投影。梯板底面的形状和大小与梯级的螺旋面完全相同，只是两者相距一个梯板沿竖直方向的厚度。梯板底面的 H 面投影与各梯级的 H 面投影重合。

梯板底面的 V 面投影，可对应于梯级螺旋面上的各点，向下截取相同的高度，求出底板螺旋面相应各点的 V 面投影。例如第十步级踢面底线的端点 M，从它的 V 面投影 m' 向下截取梯板沿竖直方向的厚度，得 n'，即所求梯板底面上与 M 对应的点 N 的 V 面投影。同理求出其余各点后，用圆滑曲线连接，即完成作图，见图 4-21d。

第5章　形体的表面交线

在建筑形体表面上,经常会出现一些交线。由于形体的表面交线形成的条件不同,产生的交线有两种:一种是形体被平面截切所产生的表面交线,称为截交线,如图5-1所示;另一种是由两形体相交而形成的表面交线,称为相贯线,如图5-2所示。

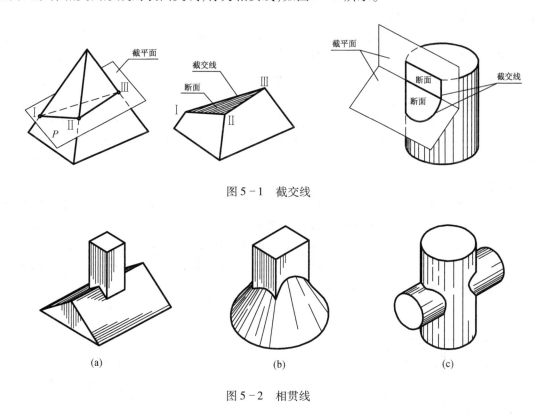

图5-1　截交线

图5-2　相贯线

第1节　形体表面的截交线

我们把假想用来截切形体的平面,称为截平面。截平面与形体表面的交线称为截交线。截交线围成的平面图形称为截面,也称为断面。

由于形体分为平面体和曲面体,而截平面与立体又有各种不同的相对位置,所以截交线的形状也有所不同。但是任何截交线都具有以下特性:

①截交线的形状一般都是封闭的平面折线或平面曲线;

②截交线是平面与形体表面的共有线,交线上的点是共有点,既在截平面上,又在形体表面上。

因此,求截交线的作图,实质上是求截平面与形体表面共有线和共有点的作图问题。

一、平面体的截交线

因为平面体的表面由若干平面围成,所以平面与平面体相交时的截交线是一个封闭的平面多边形折线,多边形的顶点是平面体的棱线与截平面的交点,多边形的每条边是平面体的棱面与截平面的交线。如图5-1所示,平面P截切三棱锥,截交线为Ⅰ Ⅱ Ⅲ。因此求作平面体上的截交线,可先求出平面体的棱线、底边与截平面的交点,然后将各点依次连接起来,即得截交线。

连接各交点有一定的原则:只有两点在同一个棱面上时才能连接,可见棱面上的两点用实线连接,不可见棱面上的两点用虚线连接。

求平面体截交线的投影时,要先分析平面体在未截切前的形状是怎样的,它是怎样被截切的,以及截交线有何特点等,然后再进行作图。

具体操作时通常利用截平面投影的积聚性辅助作图。

(一)棱柱上的截交线

例5-1　如图5-3a所示,四棱柱被正垂面P截切,求作四棱柱被截切后的投影。

解　分析:截平面与四棱柱的四个侧棱面均相交,且与顶面也相交,故截交线为五边形 $ABMND$。

作图步骤如图5-3b所示:

① 由于截平面为正垂面,故截交线的V面投影 $a'b'm'n'd'$ 已知;截平面与顶面交线为正垂线 MN,可直接作出 mn,于是截交线的H面投影 $abmnd$ 亦确定。

② 依据"高平齐"投影关系,作出截交线的W面投影 $a''b''m''n''d''$。

③ 四棱柱截去左上角,截交线的H和W面投影均可见。截去的部分,棱线不再画出,有侧棱线未被截去的一段,在W面投影中应画为虚线。

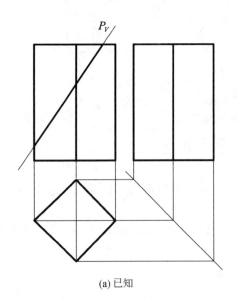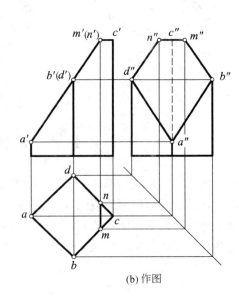

(a) 已知　　　　　　　　　　(b) 作图

图5-3　作四棱柱的截交线

(二)棱锥上的截交线

例5-2　如图5-4所示,求作正垂面P截切三棱锥 $SABC$ 所得的截交线。

解　分析:截平面 P 与三棱锥的三个棱面都相交,截交线是一个三角形;截平面 P 是一个正垂面,其正面投影具有积聚性;截交线的正面投影与截平面的正面投影重合,即截交线的正面投影已确定,只需求出水平投影。

作图步骤如下:

① 因为 P_V 具有积聚性,所以 P_V 与 $s'a'$、$s'b'$ 和 $s'c'$ 的交点 $1'$、$2'$ 和 $3'$ 即为空间点 Ⅰ、Ⅱ 和 Ⅲ 正面投影。

② 利用点线从属关系,向下引投影连线求出相应的投影 1、2 和 3。

③ 连接 123 即为截交线的水平投影。线段 $1'2'3'$ 为截交线的正面投影。各投影均可见。

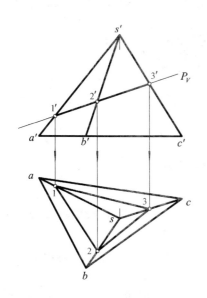

图 5-4　正垂面与三棱锥的截交线

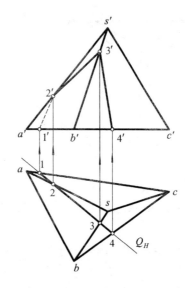

图 5-5　铅垂面与三棱锥的截交线

例 5-3　如图 5-5 所示,求作铅垂面 Q 截切三棱锥 $SABC$ 所得的截交线。

解　分析:截平面 Q 与三棱锥的三个棱面及一个底面相交,截交线是一个四边形;截平面 Q 是一个铅垂面,其水平投影具有积聚性;截交线的水平投影与截平面的水平投影重合,即截交线的水平投影已确定,只需求出正面投影。

作图步骤如下:

① 因为 Q_H 具有积聚性,所以 Q_H 与 ac、sa、sb、bc 的交点 1、2、3、4 即为空间点 Ⅰ、Ⅱ、Ⅲ、Ⅳ 的水平投影。

② 利用点线从属关系,向上引投影连线求出相应的投影 $1'$、$2'$、$3'$ 和 $4'$。

③ 连接 $1'2'3'4'$,四边形 $1'2'3'4'$ 为截交线的正面投影,线段 $1'2'$ 不可见,画成虚线,线段 1234 为截交线的水平投影。

(三)带缺口的平面立体的投影

绘制带缺口的立体的投影图,在工程制图中经常出现,这种制图的实质仍然是求平面截交立体的问题。

例 5-4　如图 5-6a 所示,已知三棱锥及其缺口的 V 面投影,求 H 和 W 面投影。

解　分析:从给出的 V 面投影可知,三棱锥的缺口是由两正垂面 P 和 R 截切三棱锥面形成的,只要分别求出两截平面与三棱锥的截交线以及两截平面之间的交线即可。这些交线的端点的正面投影为已知,只需补画出其余两投影。棱线 SA、SB 与两截平面的交点在棱线上,可按点线从属关系求出。两截平面相交产生的交点在棱面上,可利用在平面体表面上取点的方法求出。

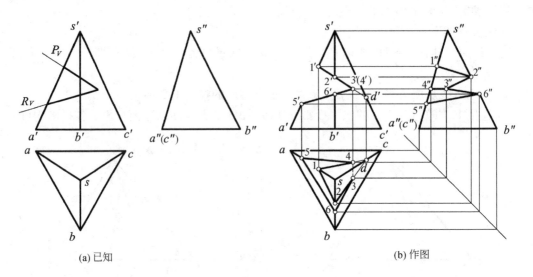

(a) 已知　　　　　　　　　　　　　　(b) 作图

图 5-6　带缺口的三棱锥的投影

作图步骤如图 5-6b 所示:

① 求棱线 SA 上两点的水平投影和侧面投影。由 1′、5′向下、向右作投影连线得出 1、5 和 1″、5″。

② 求棱线 SB 上两点的水平投影和侧面投影。由 2′、6′向右作投影连线得出 2″、6″,再向下、向左作出 2、6。

③ 求棱面上两点的水平投影和侧面投影,延长 2′3′交 s′c′于 d′,向下作投影连线得出 d,连接 d1 与 d2,再由 3′(4′)向下引投影连线,交 d1、d2 得 3、4。由点的 H 和 V 面投影求出 W 面投影 3″、4″。

④ 按顺序连接各点。将在同一棱面又在同一截平面上的相邻点的同面投影相连。

⑤ 判别可见性。只有 H 面投影的 34 为不可见,画成虚线。

二、曲面体的截交线

平面与曲面体相交,所得的截交线一般为封闭的平面曲线。截交线上的每一点,都是截平面与曲面体表面的共有点。求出足够的共有点,然后依次连接起来,即得截交线。截交线可以看作截平面与曲面体表面上交点的集合。

求曲面体截交线的问题实质上是在曲面上定点的问题,基本方法有素线法、纬圆法和辅助平面法。当截平面为投影面垂直面时,可以利用投影的积聚性来求点,当截平面为一般位置平面时,需要过所选择的素线或纬圆作辅助平面来求点。

(一) 圆柱上的截交线

平面与圆柱面相交,根据截平面与圆柱轴线相对位置的不同,所得的截交线有三种情况(表 5-1):

①当截平面垂直于圆柱的轴线时,截交线为一个圆;

②当截平面倾斜于圆柱的轴线时,截交线为椭圆;

③当截平面平行于轴线或经过圆柱的轴线时,截交线为两条素线。

表 5 - 1　圆柱面上的截交线

截平面 P 的位置	截平面垂直于圆柱轴线	截平面倾斜于圆柱轴线	截平面平行于圆柱轴线
截交线空间形状	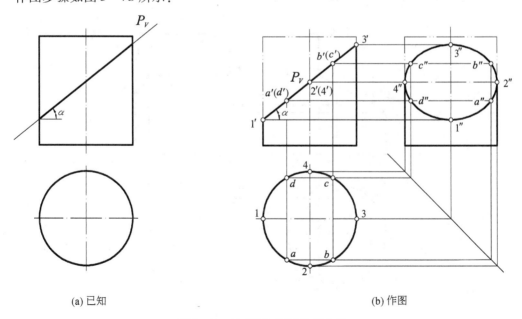		
投影图			

例 5 - 5　如图 5 - 7a 所示,求正垂面 P 与圆柱的截交线。

解　分析:圆柱轴线垂直于 H 面,其水平投影积聚为圆。截平面 P 为正垂面,与圆柱轴线斜交,交线为椭圆。这时,椭圆的长轴平行于 V 面,短轴垂直于 V 面。椭圆的 V 面投影成为一条直线,与 P_V 重合,椭圆的 H 面投影,落在圆柱面的同面投影上面成为一个圆,故只需作图求出截交线的 W 面投影。

作图步骤如图 5 - 7b 所示:

(a) 已知　　　　　　　　　　　　　　　　(b) 作图

图 5 - 7　正垂面与圆柱的截交线

① 求特殊点。这些点包括轮廓线上的点、特殊素线上的点、极限点以及椭圆长短轴的端点。

图中最左点 Ⅰ（也是最低点）、最右点 Ⅲ（也是最高点），最前点 Ⅱ 和最后点 Ⅳ，分别是投影落在轮廓线上的点，又是椭圆长短轴的端点，可以利用投影关系，直接求出其水平投影和侧面投影。

② 求一般点。为了作图准确，在截交线上特殊点之间选取一些一般位置点。图中取了 A、B、C、D 四个点，由正面投影 a'、b'、c'、d' 求出水平投影 a、b、c、d，再求出侧面投影 a''、b''、c''、d''。

③ 连点。将所求各点的侧面投影顺次光滑连接，即为椭圆形截交线的 W 面投影。

④ 判别可见性。由图中可知截交线的侧面投影均为可见。

例 5-6   如图 5-8 所示，给出圆柱切割体的正面投影和水平投影，补画出侧面投影。

解   分析：根据截平面的数量、截平面与轴线的相对位置，确定截交线的形状。切割后的圆柱可以看作被两个平面所截的结果。一是正垂面与轴线倾斜，其截交线为椭圆一部分；二是侧平面，其截交线为两条素线。此外，还有两截平面的交线和侧平面与圆柱顶面的交线。

根据截平面与投影面的相对位置，确定截交线的投影。截平面是正垂面，截交线的正面投影积聚为直线，W 面投影为椭圆，H 面投影为圆；截平面是侧平面，截交线的侧面投影为两条素线，正面投影重合为一条直线，H 面投影积聚成两点。

作图步骤如下：

① 求特殊点。根据截平面和圆柱体的积聚性，截交线的正面投影和水平投影为已知，只需求出截交线的侧面投影。其中 A 是椭圆短轴的一个端点，C、D 是椭圆长轴的两个端点，它们在最前和最后的素线上；E、F 是两截平面交线的端点，即截交线为素线和椭圆两截交线的连接点。利用两已知投影可求出侧面投影。

② 求一般点。G、H 是一般点，用素线法求出其水平投影。进一步求出侧面投影。

③ 判别可见性并连点。所有投影均可见。

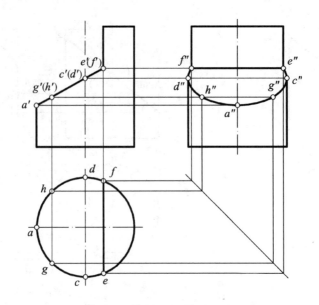

图 5-8   带切口的圆柱的投影

（二）圆锥上的截交线

平面与圆锥面相交,根据截平面与圆锥轴线相对位置的不同,可产生五种不同形状的截交线(表5-2):

① 当截平面垂直于圆锥的轴线时,截交线为一个圆;

② 当截平面倾斜于圆锥的轴线,并与所有素线相交时,截交线为一个椭圆;

③ 当截平面倾斜于圆锥的轴线,但与一条素线平行时,截交线为抛物线;

④ 当截平面平行于圆锥的轴线或两条素线时,截交线为双曲线;

⑤ 当截平面通过圆锥的轴线或锥顶时,截交线必为两条素线。

表5-2　圆锥面上的截交线

	圆	椭圆	抛物线	双曲线	两条素线
截交线空间形状		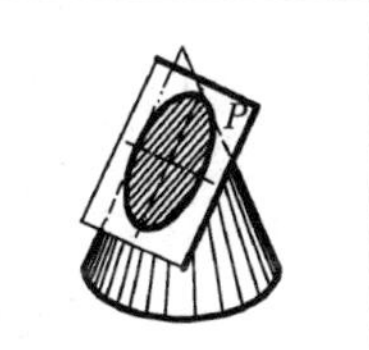	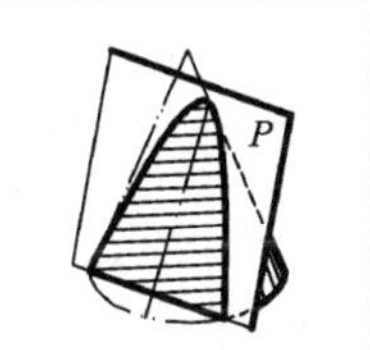	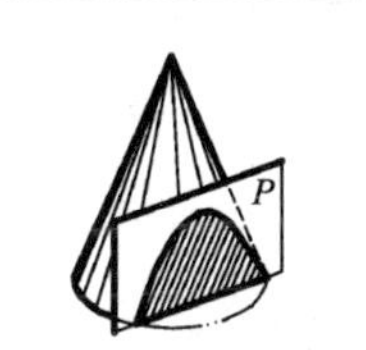	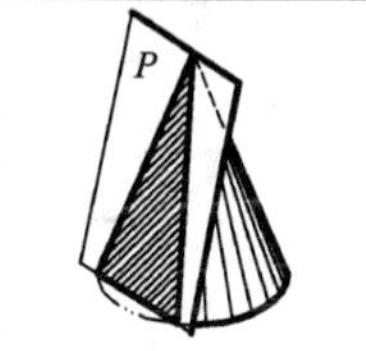
投影图	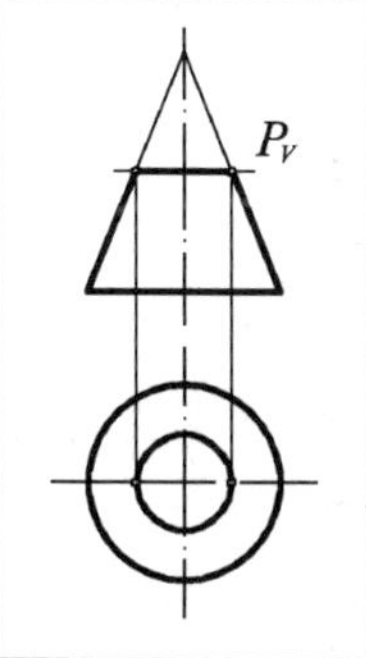	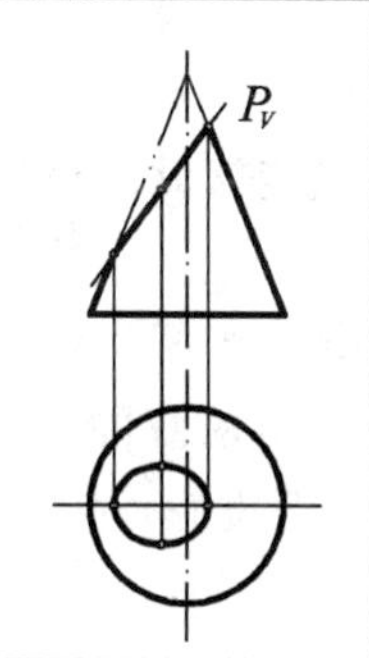	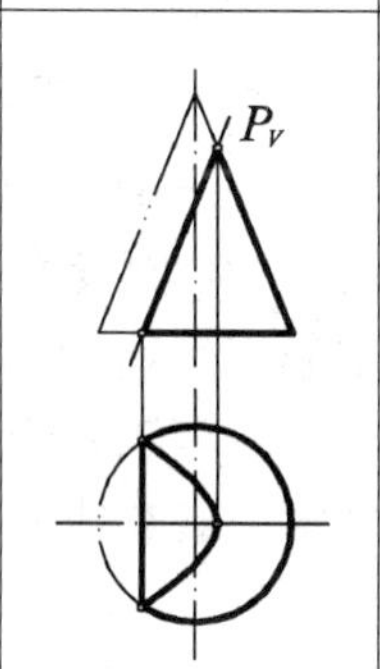	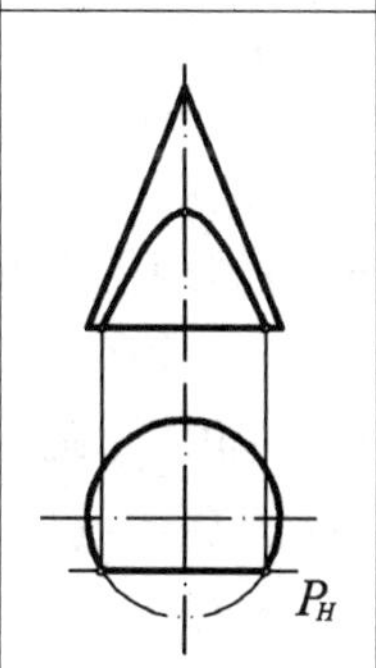	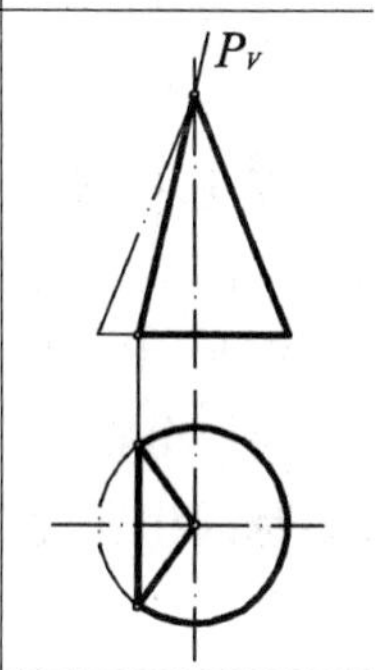

平面截切圆锥所得的截交线圆、椭圆、抛物线和双曲线,统称为圆锥曲线。

当截平面倾斜于投影面时,椭圆、抛物线、双曲线的投影,一般仍为椭圆、抛物线和双曲线,但有变形。圆的投影为椭圆,椭圆的投影亦可能成为圆。

例5-7　如图5-9a所示,已知圆锥的三面投影和正垂面 P 的投影,求截交线的投影。

解　分析:因截平面 P 是正垂面, P 面与圆锥的轴线倾斜并与所有素线相交,故截交线为椭圆。 P_V 面与圆锥最左最右素线的交点,即为椭圆长轴的端点 A 、 B 。椭圆长轴平行于 V 面,椭圆短轴 C 、 D 垂直于 V 面,且平分 AB 。截交线的 V 面投影重合在 P_V 上, H 面投影和 W 面投影仍为椭圆,椭圆的长、短轴仍投影为椭圆投影的长、短轴。

作图步骤如图5-9b所示:

① 求长轴端点。在 V 面上, P_V 与圆锥的投影轮廓线的交点,即为长轴端点 A 、 B 的 V 面投影 a' 、 b' ; A 、 B 的 H 面投影 a 、 b 在水平中心线上, ab 就是投影椭圆的长轴。

② 求短轴端点。椭圆短轴 CD 的 V 面投影 $c'(d')$ 在 $a'b'$ 的中点。过 c' 、 d' 作纬圆求出水平投影 c 、 d 。之后求出 $c''d''$ 。

③ 求最前、最后素线与 P 面的交点 E 、 F 。在 P 与圆锥正面投影的轴线交点处得 e' 、 f' ,向右作投影连线得到椭圆侧面投影可见与不可见的分界点 $e''f''$,再求得到 e 、 f 。

④ 求一般点 G 、 H 。先在 V 面定出点 $g'(h')$,再用纬圆法求 g 、 h ,再进一步求出 g'' 、 h'' 。

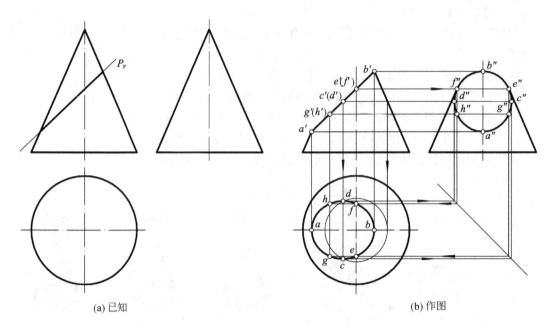

| (a) 已知 | (b) 作图 |

图 5-9   正垂面与圆锥的截交线

⑤ 连接各点并判别可见性。在 H 面投影中依次连接 $a-h-d-f-b-e-c-g-a$ 各点,即得椭圆的 H 面投影;同理得出椭圆的 W 面投影。

例 5-8   如图 5-10a 所示,求作侧平面 Q 与圆锥的截交线。

解   分析:因截平面 Q 与圆锥轴线平行,故截交线是双曲线。截交线的正面投影和水平投影都因积聚性重合于 Q 的同面投影。截交线的侧面投影反映实形。

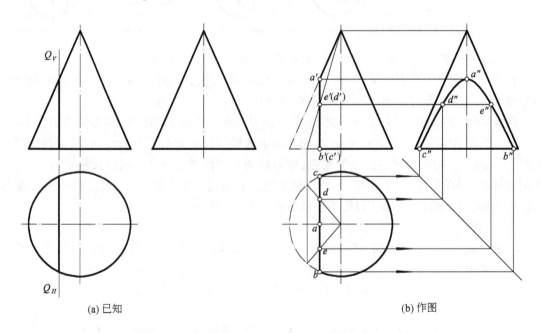

| (a) 已知 | (b) 作图 |

图 5-10   侧平面与圆锥的截交线

作图步骤如图5-10b所示:

① 在 Q_V 与圆锥正面投影轮廓线的交点处,得到截交线最高点 A 的投影 a',进一步得到 a、a'';

② 在 Q_H、Q_V 与圆锥底圆投影的交点处,得到截交线最低点 B 和 C 的投影 b、c 和 b'、c',进一步得到 b''、c'';

③ 用素线法求出一般点 D、E 的各投影;

④ 顺次连接 $b''-e''-a''-d''-c''$;

⑤ 各投影均可见,侧面投影反映实形。

例5-9 如图5-11所示,求圆锥被平面 P、R、Q 截切后的投影。

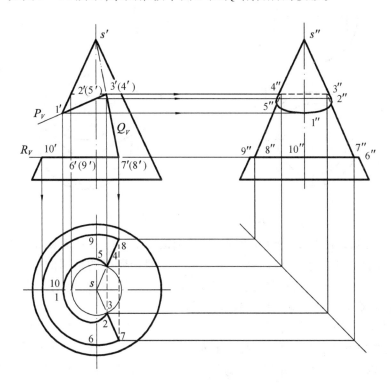

图 5-11 带切口的圆锥的投影

解 分析:根据截平面的数量、截平面与轴线的相对位置,确定截交线的形状。切割后的圆锥可以看作被三个平面 P、Q、R 所截的结果。平面 P 与轴线倾斜,其截交线为椭圆一部分;平面 Q 过锥顶,其截交线为两条素线;平面 R 垂直轴线,其截交线为圆。

根据截平面与投影面的相对位置,确定截交线的投影。平面 P 为正垂面,截交线的正面投影为直线,其他两个投影为椭圆;平面 Q 为正垂面,截交线正面投影重合为一条直线,其他两个投影为三角形;平面 R 为水平面,截交线水平投影为实形圆,其他两个投影积聚为直线。

作图步骤如下:

① 求特殊点。根据最左素线投影上的 $1'$、$10'$,求出其水平投影 1、10 及侧面投影 $1''$、$10''$。根据最前和最后素线投影上的 $2'(5')$ 和 $6'(9')$ 求出其侧面投影和水平投影。

② 求一般点。$3'(4')$、$7'(8')$ 为交线的正面投影,利用素线法求出其水平投影和侧面投影。

③ 按顺序连点并判别可见性。水平投影 34 和 78 不可见;侧面投影 $3''4''$ 不可见,$3''7''$ 和

4″8″上段被遮挡。以上几部分画成虚线。

（三）圆球上的截交线

平面截切球体时，不管截平面的位置如何，截交线的空间形状总是圆的。当截平面平行于投影面时，截交线圆在该投影面上的投影反映圆的实形；当截平面倾斜于投影面时，圆的投影为椭圆。如图 5 - 12 所示，截平面 R 为水平面，截交线的 H 面投影反映圆的实形，圆的直径可直接在 V 面投影中量得，即 $a'b'$。截交线的 V 面、W 面投影均为直线，分别与 R_V、R_W 重合。

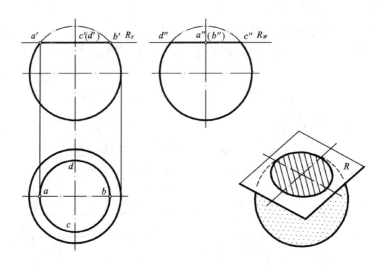

图 5 - 12　水平面截切球体

例 5 - 10　已知条件如图 5 - 13a 所示，试补全被切半圆球的 H 面和 W 面投影。

解　分析：该半球被三个平面所截。一个水平面截切所得的是圆的中间一部分（鼓形圆弧）；两个对称的侧平面截切所得的截交线也是圆的一部分（弓形圆弧）。由于本题中截交线皆为部分圆弧，故解题的重心应放在寻找圆弧的圆心和半径上。

作图步骤如图 5 - 13b 所示：

① 求截交线的 H 面投影，由 V 面投影上 b' 和 c' 处引水平直线交圆的轮廓线得鼓形圆弧的半径，在 H 面上以此半径画圆，并与两个对称的弓形圆弧的 H 面积聚投影（两直线）相交于 c、b、e、f，得到截交线的 H 面投影。

② 求截交线的 W 面投影。根据"高平齐"找到 $a''(d'')$，$o''a''$ 即为两个对称的弓形圆弧所在纬圆的半径，以 o'' 为圆心，o'' a'' 为半径画圆，与水平截平面的 W 面积聚投影（直线）相交于 $b''(c'')$、$f''(e'')$，圆弧 $f''a''b''(e''d''c'')$ 即为弓形的 W 面投影。交线 $b''f''$ 不可见，应画成虚线。

③ 仔细检查后，擦去作图线和被切去部分的投影轮廓线，描粗加深图线完成全图，如图 5 - 13c 所示。

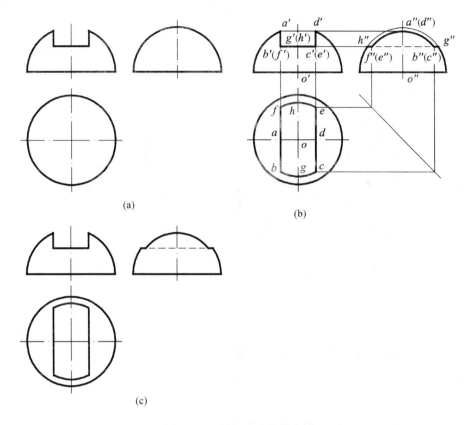

图 5 - 13　被切半球的截交线

第 2 节　形体表面的相贯线

　　建筑形体多是由两个或两个以上的基本形体相交组成的,两相交的立体称为相贯体,它们的表面交线称为相贯线。相贯线是两形体表面的共有线,同时也是两形体表面的分界线。相贯线上的点即为两形体表面的共有点。

　　基本形体相交可分为三种情况:平面体与平面体相交,平面体与曲面体相交,曲面体与曲面体相交。

一、两平面体的表面交线

　　两平面体的相贯线,一般情况为空间折线,特殊情况为平面折线,每段折线都是两立体棱面的交线,每个折点都是一平面体棱线与另一平面体表面的贯穿点。

　　平面体的相贯形式有两种,一是全贯,即一个立体完全穿过另一个立体,相贯线有两组;二是互贯,两个立体各有一部分参与相贯,相贯线为一组。

　　求两平面体相贯线的方法有两种。

　　(1)交点法。先作出各个平面体的有关棱线与另一平面体的交点,再将所有交点顺次连成折线,即组成相贯线。连点的规则是:只有当两个交点对每个立体来说都位于同一个棱面上时才能相连,否则不能相连。

　　(2)交线法。直接作出两平面体上两个相应棱面的交线,然后组成相贯线。

可见,求两平面体的相贯线,实质上归结为求直线与平面的交点和两平面的交线。具体作图时,以方便为原则,以上两种方法可灵活运用。

求出相贯线后,还要判断可见性。判断的原则是:只有位于两平面体都可见的棱面上的交线才是可见的,只要有一个棱面不可见,交线就不可见,应画成虚线。

例 5 - 11　如图 5 - 14 所示,求作直立的三棱柱和水平的三棱柱的相贯线。

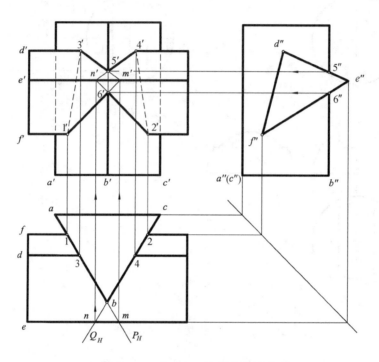

图 5 - 14　求两个三棱柱的相贯线

解　分析:根据相贯体的水平投影可知,直立棱柱部分地贯入水平棱柱,是互贯。互贯的相贯线为一组空间折线。因为直立棱柱垂直于 H 面,所以相贯线的水平投影必然积聚在该棱柱水平投影的轮廓线上。为此,求相贯线的正面投影最好是用交线法,即把直三棱柱左右两棱面作为截平面去截水平的三棱柱。

作图步骤如下:

① 用字母标记两棱柱各棱线的投影(这一步在初学时是不可缺少的)。

② 用平面 P 表示扩大后的 AB 棱面,求出它与水平棱柱的截交线 M Ⅰ Ⅲ。由水平投影 $m13$ 求出正面投影 $m'1'3'$。

③ 用 Q 平面表示扩大后过 BC 的棱面,求出它与水平棱柱的截交线 N Ⅱ Ⅳ。由水平投影 $n24$ 求出正面投影 $n'2'4'$。

④ 截交线 M Ⅰ Ⅲ 和 N Ⅱ Ⅳ 必相交于 B 棱线上的 Ⅴ、Ⅵ 两点。也可利用三棱柱 DEF 侧面投影的积聚性,很容易找出折点 Ⅴ、Ⅵ 的侧面投影 $5''$、$6''$,利用投影关系求出 Ⅴ、Ⅵ 的正面投影 $5'$、$6'$。

⑤ 按连点规则连接折线 $1'-3'-5'-4'-2'-6'-1'$。

⑥ 判断可见性。相贯线的水平投影积聚在直立棱柱棱面的水平投影上。正面投影 $1'3'$ 和 $2'4'$ 因位于水平三棱柱不可见的棱面上,所以画成虚线。

由于此题已给出两个相贯体的水平和侧面投影,所以这些折点可直接利用两个棱柱在水平面上和侧面上投影的积聚性而求出,这样更为简单。

例 5-12 如图 5-15 所示,求作四棱柱和三棱锥的相贯线。

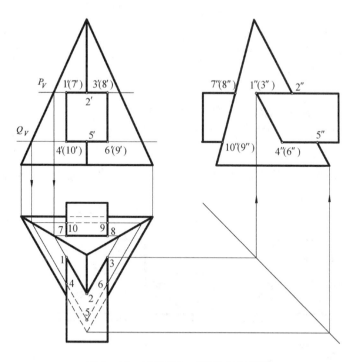

图 5-15 四棱柱与三棱锥的相贯线

解 分析:根据相贯体的正面投影可知,长方体整个贯入三棱锥,是全贯,应有两组相贯线。因为长方体的正面投影有积聚性,所以相贯线的正面投影是已知的,积聚在这个长方体正面投影的轮廓线上。剩下的问题仅仅是根据相贯线的正面投影补画出相贯线的水平投影和侧面投影。

作图步骤如下:

① 在正面投影上标出各贯穿点的投影;

② 作水平面 P、Q,求出全部折点的水平投影,进一步求出其侧面投影;

③ 连点并判别可见性,水平投影中线段 45、56、910 不可见,画成虚线。

二、平面体与曲面体的表面交线

平面体与曲面体相交时,相贯线是由若干段平面曲线或平面曲线和直线所组成。各段平面曲线或直线,就是平面体上各棱面截切曲面体所得的截交线。每一段平面曲线或直线的折点,就是平面体的棱线与曲面体表面的交点。作图时,应先求出这些转折点,再根据求曲面体上截交线的方法,求出每段曲线或直线。

例 5-13 如图 5-16 所示,求四棱锥与圆柱的

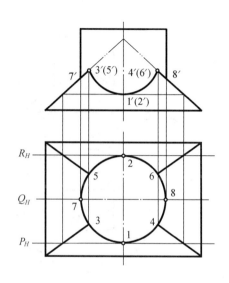

图 5-16 四棱锥与圆柱的相贯线

相贯线。

　　解　分析:根据四棱锥各棱面与曲面立体轴线的相对位置,确定相贯线的空间形状。四棱锥的四个棱面与圆柱轴线倾斜,其截交线各为椭圆的一部分,即截交线为四段椭圆弧线的组合,四条棱线与圆柱面的四个交点是连接点。

　　根据四棱锥圆柱与投影面的相对位置确定相贯线的投影。由于圆柱面的水平投影有积聚性,所以相贯线的水平投影是已知的,只需求正面投影。

　　作图步骤如下:

　　① 求连接点。由 3、4、5、6 求出正面投影 3′(4′)、5′(6′)。

　　② 求特殊点。7、8 和 1、2 是最左、最右和最前、最后素线与四棱锥四个棱面交点的水平投影,7′、8′可直接得到,1′(2′)可以利用辅助平面作出。

　　③ 判断可见性并连线。不可见的投影轮廓线与可见的投影轮廓线重合,因此所有线段均为实线。

　　例 5-14　如图 5-17 所示,给出圆锥薄壳基础的主要轮廓线,求作相贯线。

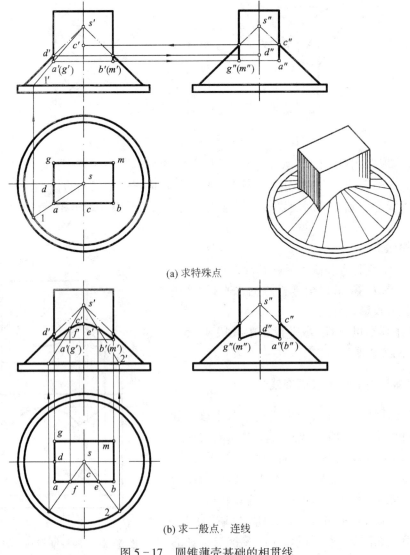

图 5-17　圆锥薄壳基础的相贯线

解　分析:根据四棱柱各棱面与曲面立体轴线的相对位置,确定相贯线的空间形状。由于四棱柱的四个侧面平行于圆锥的轴线,所以相贯线是由四条双曲线组成的空间闭合折线。四条双曲线的连接点,就是四棱柱的四条棱线与圆锥的交点。

根据四棱柱、圆柱与投影面的相对位置确定相贯线的投影。由于四棱柱的水平投影有积聚性,所以相贯线的水平投影已知,只需求其正面及侧面投影。

作图步骤如下:

① 求特殊点。先求相贯线的折点,即四条双曲线的连接点 A、B、M、G。可根据已知的四个点的 H 面投影,用素线法求出其他投影。再求前面双曲线和左面双曲线最高点 C、D,如图 5 – 17a 所示。

② 求一般点。用素线法求出两对称的一般点 E、F 的正面投影 e'、f' 及侧面投影 e''、f''。

③ 连点。正面投影连接顺序 $a'-f'-c'-e'-b'$,侧面投影连接顺序 $a''-d''-g''$,如图 5 – 17b 所示。

④ 判断可见性。所有线段均可见,画为实线。

三、两曲面体表面的交线

两曲面体表面的相贯线,一般是封闭的空间曲线,特殊情况下可能为平面曲线和直线。组成相贯线的点,均为两曲面体表面的共有点。因此,求相贯线时,要先求出一系列的共有点,然后依次连接各点,即得相贯线。

求相贯线的方法通常有以下两种:

(1)积聚投影法。相交两曲面体,如果有一个表面的投影具有积聚性,就可利用该曲面体投影的积聚性作出两曲面的一系列共有点,然后依次连成相贯线。

(2)辅助平面法。根据三面共点原理,作辅助平面与两曲面相交,求出两辅助截交线的交点,即为相贯线的点。

选择辅助平面的原则是:辅助截平面与两个曲面的截交线的投影都应是最简单易画的直线或圆。因此,在实际应用中往往多采用投影面的平行面作为辅助截平面。

在解题过程中,为了使相贯线的作图清楚、准确,在求共有点时,应先求特殊点,再求一般点。相贯线上的特殊点包括:可见性分界点、曲面投影轮廓线上的点、极限位置点(最高、最低、最左、最右、最前、最后)等。根据这些点不仅可以掌握相贯线投影的大致范围,而且还可以比较恰当地设立求一般点的辅助截平面的位置。

例 5 – 15　如图 5 – 18 所示,求作两轴线正交的圆柱体的相贯线。

解　分析:根据两立体轴线的相对位置,确定相贯线的空间形状。由图可知,两个直径不同的圆柱垂直相交,大圆柱为铅垂位置,小圆柱为水平位置。小圆柱由左至右完全贯入大圆柱,所得相贯线为一封闭的空间曲线。

根据两立体与投影面的相对位置确定相贯线的投影。相贯线的水平投影积聚在大圆柱面的水平投影上(即小圆柱水平投影轮廓之间的一段大圆弧)。相贯线的侧面投影积聚在小圆柱面的侧面投影上(整个圆)。因此,余下的问题只是根据相贯线的已知两投影求出它的正面投影。

作图步骤如下:

① 求特殊点。正面投影中两圆柱投影轮廓相交处的 $1'$、$2'$ 两点分别是相贯线上的最高、最低点(同时也是最左点)的投影,它们的水平投影落在大圆柱的最左素线的水平投影 1(2)

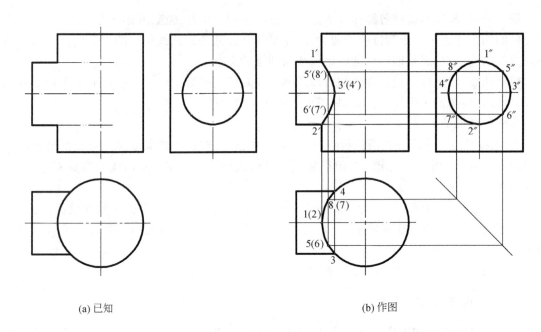

| (a) 已知 | (b) 作图 |

图 5-18　两圆柱相贯

上。

3、4 分别位于小圆柱的两条水平投影轮廓线上,它们是相贯线上的最前点和最后点的水平投影,也是相贯线上的最右点的投影。由 3、4 作出 3′(4′)。

② 求一般点。在小圆柱侧面投影(圆)上的几个特殊点的投影之间,选择适当的位置取几个一般点的投影,例如 5″、6″、7″、8″ 等,再按投影关系找出各点的水平投影 5、6、7、8,最后作出它们的正面投影 5′、6′、7′、8′。

③ 连点并判别可见性。连接各点时,应沿着相贯线所在的某一曲面上相邻排列的素线(或纬圆)顺序光滑连接。题中相贯线的正面投影可根据侧面投影中小圆柱面的各素线排列顺序依次连接 1′-5′-3′-6′-2′-(7′)-(4′)-(8′)-1′ 各点。由于两圆柱前、后完全对称,故相贯线前、后相同的两部分在正面投影中重影(可见者为前半段)。

例 5-16　如图 5-19a 所示,求圆柱与圆锥的相贯线。

解　分析:根据两立体轴线的相对位置,确定相贯线的空间形状。圆柱与圆锥的轴线皆为铅垂线,因此相贯线为一空间曲线。

根据两立体与投影面的相对位置,确定相贯线的投影。圆柱体的水平投影积聚为圆,相贯线的水平投影与其重合,只需求出相贯线的正面投影。

辅助平面的选择。若以水平面为辅助平面,得到与两立体的辅助截交线为两个水平圆,圆柱的辅助截交线圆始终不变,而圆锥的辅助截交线圆随位置高低不同而大小不同;若以过锥顶的铅垂面为辅助平面,与圆柱面和圆锥面所得辅助截交线均为素线。

作图步骤如下:

① 求特殊点,如图 5-19b 所示。

求最低点,直接在水平投影中找出两底圆的交点的投影 1、2,并作出它们的正面投影。

求最高点,在水平投影中,以圆锥轴线的投影(大圆十字中心线的交点)为圆心作小圆并与圆柱面的水平投影圆相切,切点 3 就是相贯线的最高点的水平投影,进一步求出 3′。

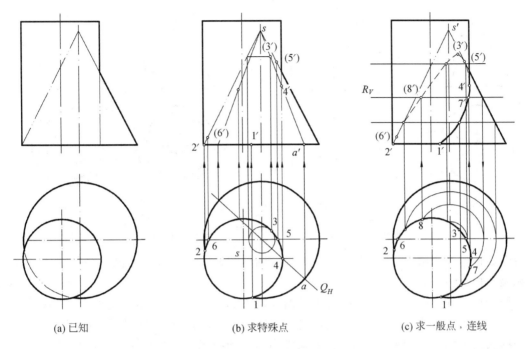

图 5 - 19 　圆柱与圆锥相贯

(a) 已知　　　　　　　　(b) 求特殊点　　　　　　　(c) 求一般点，连线

求最右点，圆柱面的最右素线与圆锥面的交点是相贯线的最右点。过锥顶包含圆柱最右素线作铅垂面 Q，Q_H 与圆锥底圆的水平投影圆交于 a，然后依据投影关系先求出 a'，再在 $s'a'$ 上求出 $4'$。

求圆锥正面投影轮廓线上的点 $5'$、$6'$，因水平投影已知，只需作出正面投影，可直接利用投影规律求出。

② 求一般点，如图 5 - 19c 所示。作水平辅助平面 R，它与两立体截交线的水平投影圆相交于 7、8，进一步求出其正面投影。应用此法，求出其他的一般位置点。

③ 连线并判别可见性。依水平投影顺序连接各点的正面投影。相贯线 $1'-7'-4'$ 可见，画成实线；其余不可见，画成虚线。

四、曲面体表面交线的特殊情况

（一）相贯线为直线

（1）两圆锥体共顶时，其相贯线为过锥顶的两条直素线，如图 5 - 20a 所示。

（2）两圆柱体的轴线平行，其相贯线为平行于轴线的直线，如图 5 - 20b 所示。

（二）相贯线为平面曲线

（1）两同轴回转体，其相贯线为垂直于轴线的圆。

图 5 - 21a 为圆锥与圆球相贯，其相贯线为圆，正面投影积聚为直线；图 5 - 21b 为圆柱、圆台和圆球相贯，其相贯线为圆，正面投影积聚为直线，其中，圆柱与球体相贯线的水平投影积聚在圆柱的水平投影上，圆台与球体相贯线的水平投影为虚线圆。

（2）具有公共内切球的两回转体相交时，其相贯线为平面曲线。

两圆柱直径相等且轴线相交（即两圆柱面内切于同一球面）时，如果轴线是正交的，它们的相贯线是两个大小相等的椭圆，如图 5 - 22a；如果轴线是斜交的，它们的相贯线为两个长轴

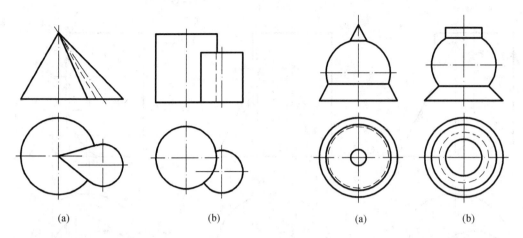

|（a）|（b）| |（a）|（b）|
|图 5 - 20　相贯线为直线| |图 5 - 21　相贯线为平面曲线（一）|

不等但短轴相等的椭圆,如图 5 - 22b。由于两圆柱的轴线均平行于 V 面,故两椭圆的 V 面投影积聚为相交的两直线。

圆柱与圆锥内切于同一球面时,如果轴线是正交的,它们的相贯线是两个大小相等的椭圆,如图 5 - 22c;如果轴线是斜交的,它们的相贯线是两个大小不等的椭圆,如图 5 - 22d。由于圆柱和圆锥的轴线均平行于 V 面,故两椭圆的 V 面投影积聚为相交的两直线,其 H 面投影一般仍为两椭圆。

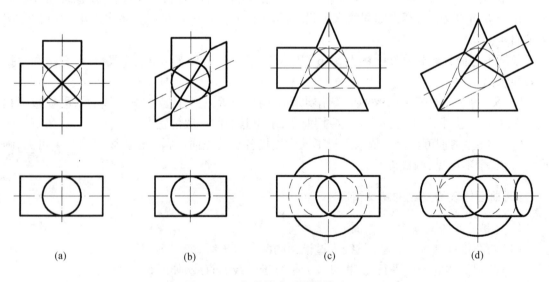

（a）　　　　　（b）　　　　　（c）　　　　　（d）

图 5 - 22　相贯线为平面曲线 （二）

第6章　建筑形体的表达方法

第1节　组合体投影图的画法

建筑工程中的各种形体,大多以组合体的形式出现。组合体是由若干基本几何体(如棱柱、棱锥、圆柱、圆锥、圆球等),经叠加或切割或两者兼有的方式组合而成。因此,在画组合体的投影图时,一般应先进行形体分析,然后选择适当的投影,再进行画图。

一、形体分析

绘制和阅读组合体的投影图时,应首先分析它是由哪些基本几何体组成的,再分析这些基本几何体的组合形式、相对位置和表面连接关系,最后根据以上分析,按各个基本几何体,逐步作出组合体的投影图。这种把一个物体分解成若干基本几何体的方法,称为形体分析法,它是画图、读图和标注尺寸的基本方法。

（一）组合体的组合形式

组合体按其组合方式,一般分为叠加型、切割型和综合型三种。

(1)叠加型是由若干个基本形体叠加而成的形体,如图6-1a所示。

(2)切割型是由一个基本形体经过若干次切割而成的形体,如图6-1b所示。

(3)综合型指在组合体的组合过程中,既有叠加又有切割的形体,如图6-1c所示。

（二）组合体中各基本形体间的相对位置关系

组合体中各基本形体之间有一定的相对位置,如果以某一基本形体为参照物,另一基本形体与参照物之间的位置就有上下、前后、左右和中间等几种位置关系,如图6-2所示。

（三）组合体的表面连接关系

组合体本是一整体,人们主观地将组合体分解成若干基本形体。初学者在作图时,必须搞清楚各基本形体之间的位置关系,才能确定是否画出各形体之间的表面交线。组合体表面的连接关系可以归纳为以下四种情况:

(1)形体表面不平齐,则两表面投影之间画线,如图6-3a所示。

(2)形体表面平齐,则两表面投影之间不画线,如图6-3b所示。

(3)两形体表面相交,则两表面投影之间画线,如图6-3c所示。

(4)两形体表面相切,则两表面投影之间不画线,如图6-3d所示。

（四）形体分析举例

例6-1　分析图6-4所示台阶。

分析:此台阶可以看作是由三块踏步板、两块栏板叠靠形成。三块踏步板是由三个四棱柱由大到小自下而上叠加放在一起,两块棱柱体的栏板紧靠在踏步板的左右两侧,组合而成的台阶底面平齐、后侧面平齐。

例6-2　分析图6-5所示肋式杯形基础。

分析:此基础可以看作由底板、杯口和肋板组成。底板为一四棱柱,杯口为四棱柱中间挖

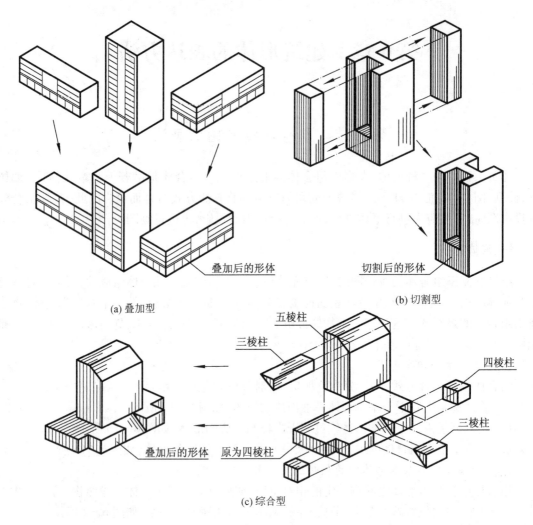

(a) 叠加型

(b) 切割型

(c) 综合型

图 6-1 组合体的组合方式

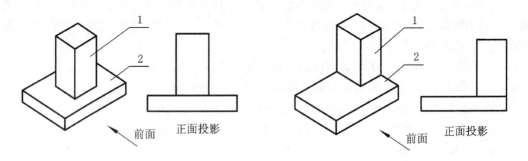

图 6-2 基本形体间的相对位置关系

去的一楔形块,肋板为六块梯形肋板。各基本体之间既有叠加,又有切割、相交;杯口在底板中央,前后肋板的左、右侧面分别与中间四棱柱的左、右侧面平齐,左、右两块肋板分别在四棱柱左、右侧面的中央。

综上所述,分析构成组合体的各基本形体之间的组合方式、表面连接关系及相对位置关

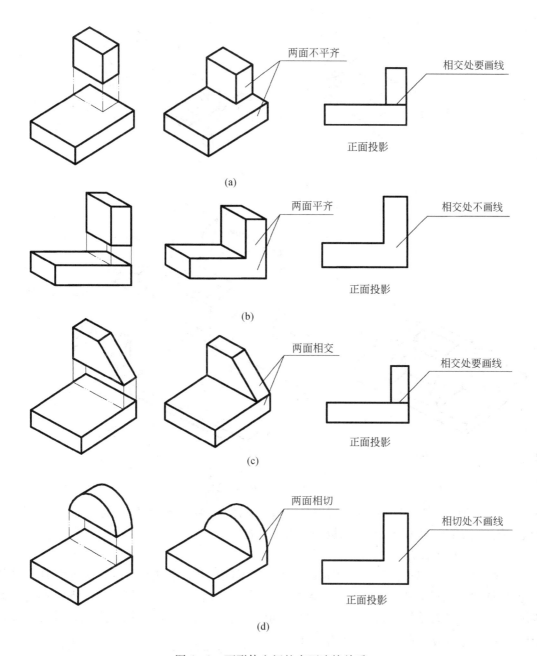

图 6-3　两形体之间的表面连接关系

系,对组合体投影的画图和识读都是很有帮助的。

二、组合体投影图的选择

组合体投影图选择的原则是用较少的投影图把物体的形状完整、清晰和准确地表达出来。投影图选择包括确定形体的放置位置、选择形体的正面投影和确定投影图的数量等。

(一)确定形体的放置位置

在作图以前,需对组合体在投影体系中的安放位置进行选择、确定,以便清晰、完整地反映形体。形体在投影体系中的位置,应重心平稳,其在各投影面上的投影应尽量反映形体实形,

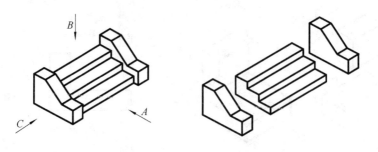

图6-4　台阶的形体分析

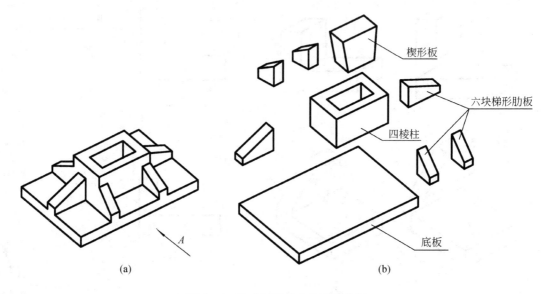

(a)　　　　　　　　　　　　　　　(b)

图6-5　肋式杯形基础的形体分析

应和形体的使用习惯及正常工作位置保持一致。如图6-4、图6-5所示的台阶、肋式杯形基础等,应使它们的底板在下,并使底板处于水平位置。

(二)选择正面投影

形体的放置位置确定以后,应使正面投影尽量反映出物体各组成部分的形状特征及其相对位置,同时还应尽量减少投影图中的虚线。如图6-4所示的台阶,如果选C向投影为正面投影图,它能较清楚地反映台阶踏步与栏板的形状特征;而若从A向投影,则能很清楚地反映台阶踏步与两栏板的位置关系,即结构特征。但为了能同时满足虚线少的条件,选A向则更为合理。图6-5所示肋式杯形基础,A向最能反映物体各组成部分的形状特征及其相对位置,可作为正面投影图的方向。

(三)确定投影图数量

当正面投影选定以后,组合体的形状和相对位置还不能完全表达清楚,因为一个投影只能反映物体长、宽、高三个向度中的两个,往往需要增加其他投影进行补充。在实际作图时,

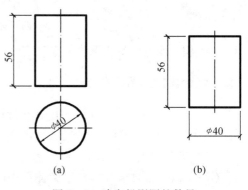

(a)　　　　　　(b)

图6-6　确定投影图的数量

有些形体用两面投影就可以表示完整,如图 6-6a 所示的圆柱体;有些形体在加注尺寸以后,用一个投影就能表示清楚,如图 6-6b 所示的圆柱体,仅用一个投影图加注直径尺寸也能表达清楚。

为了便于看图,减少画图工作量,在保证完整、清楚地表达物体形状、结构的前提下,应尽量减少投影图的数量。

图 6-7 所示为图 6-4 中台阶的三面投影图,在侧面投影中可以比较清楚地反映出台阶的形状特征,因此用正面投影和侧面投影即可将台阶表达清楚,但用正面投影和水平投影就不能清楚地反映出其形状特征。而图 6-8 所示的肋式杯形基础,因前后左右四个侧面都有肋板,则需要画出三个投影图才能确定它的形状,如图 6-8 所示。

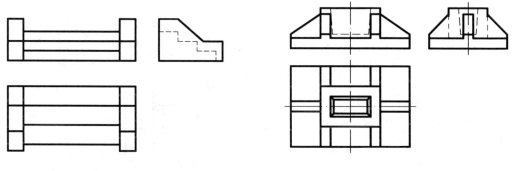

图 6-7　台阶的三面投影图　　　　　　　　图 6-8　肋式杯形基础投影图

三、组合体投影图的画图步骤

现以图 6-5 所示的肋式杯形基础为例,说明组合体投影图画图的一般步骤。

(1)选取画图比例、确定图幅。根据组合体尺寸的大小确定绘图比例,再根据投影图的大小及数量所占的面积,在投影图之间留出标注尺寸的位置和适当的间距,选用合适的标准图幅。

(2)布图,画基准线。先固定图纸,画出图框和标题栏。然后根据投影图的大小和标注尺寸所需的位置,合理布置在图面。应先画出各投影图中用于长、宽、高定位的基准线、对称线,如图 6-9a 所示,并依此均匀布图。

(3)画投影图的底稿。根据物体投影规律,逐个画出各基本形体的三面投影图,画图的一般顺序是:先画实形体,后画虚形体(挖去的形体);先画大形体,后画小形体;先画整体形状,后画局部形状。画每个形体时,要三个投影图联系起来画,并从反映形体特征的投影图画起,再根据投影关系画出其他两个投影图,如图 6-9b、c 所示。画底稿时,底稿线要浅细、准确。

(4)检查、加深图线。底稿画完后,用形体分析法逐个检查各组成部分的基本形体的投影,以及它们之间的相互位置关系;对各基本形体之间连接表面处于相切、共面或相交时产生的线、面的投影,用线、面的投影特性予以重点校核,纠正错误,补充遗漏。检查无误后,擦去多余线条,再按规定的线型进行加深,如图 6-9d 所示。

图线加深的顺序为:先曲线后直线;先水平线后铅垂线,最后斜线;水平线从上到下,铅垂线从左到右。完成后的投影图应做到布图均衡、内容正确、线型分明、线条均匀、图面整洁、字体工整、符合制图国家标准。

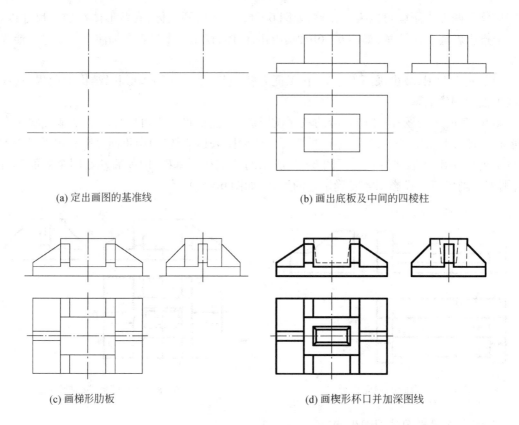

(a) 定出画图的基准线　　　　　　　(b) 画出底板及中间的四棱柱

(c) 画梯形肋板　　　　　　　(d) 画楔形杯口并加深图线

图 6-9　肋式杯形基础画图步骤

第 2 节　组合体的尺寸标注

组合体的投影图,虽然已经清楚地表达了组合体的形状,但不能确定其真实大小。形体的真实大小和各部分的相互位置关系,必须通过标注尺寸来确定。在实际工程中,没有尺寸的投影图不能用来指导施工和制作。

一、基本形体的尺寸标注

任何基本形体都有长、宽、高三个方向上的大小,在投影图上,通常要把反映这三个方向的大小尺寸都标注出来,图 6-10 所示是几种常见的基本形体的尺寸注法示例。

对于回转体,可在其非圆视图上注出直径方向尺寸"ϕ",因为"ϕ"具有双向尺寸功能,它不仅可以减少一个方向的尺寸,而且还可以省略一个投影。球的尺寸标注要在直径数字前加注"$S\phi$",如图 6-10e、f、g、h 所示。

尺寸一般标注在反映实形的投影上,并尽可能集中注写在一两个投影的下方或右方,必要时才注写在上方或左方。一个尺寸只需标注一次,尽量避免重复。正多边形的大小,可标注其外接圆的直径尺寸。

对于被切割的基本形体,除了要注出基本形体的尺寸外,还应注出截平面的位置尺寸,而不必注出截交线的尺寸,如图 6-11 所示。

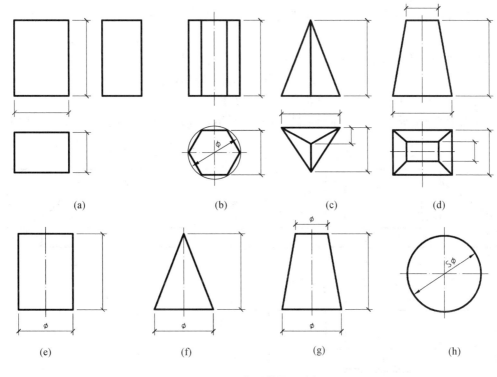

图 6 - 10　基本形体的尺寸标注

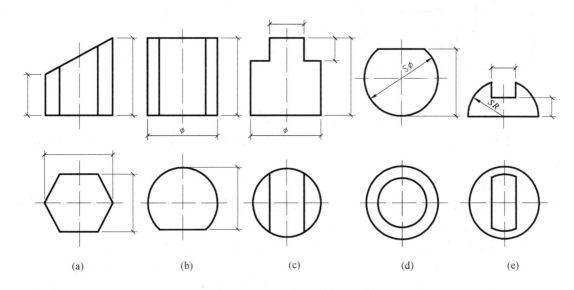

图 6 - 11　被切割的基本形体及尺寸标注

二、组合体的尺寸标注

组合体的投影图。虽然已经清楚地表达了物体的形状和各部分的相互关系，但还必须标注出足够的尺寸，才能明确物体的实际大小和各部分的相对位置。组合体尺寸标注的基本要求是完整、清晰、合理。

（一）尺寸标注的方法

标注组合体的尺寸时,应先对物体进行形体分析,然后依次标注出其定形尺寸、定位尺寸和总尺寸。

定形尺寸——确定物体各组成部分的形状、大小的尺寸。

定位尺寸——确定物体各组成部分之间的相对位置的尺寸。

总尺寸——确定物体的总长、总宽和总高的尺寸。

下面以图6-8所示的肋式杯形基础为例,说明组合体尺寸标注的步骤,如图6-12所示。

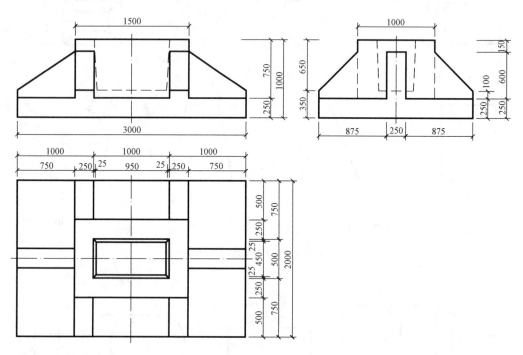

图6-12　肋式杯形基础的尺寸标注

（1）形体分析:肋式杯形基础,可以把它看成是由底板四棱柱、中间四棱柱挖去的一楔形块和六块梯形肋板组成。

（2）标注定形尺寸:底板四棱柱的长3 000、宽2 000、高250;中间四棱柱长1 500、宽1 000、高750;前后肋板长250、宽500、高600和100;左右肋板长750、宽250、高600和100;楔形块(即楔形杯口)上底1 000×500、下底950×450、高650和杯口厚度250等。

（3）标注定位尺寸:中间四棱柱在底板四棱柱上,沿底板四棱柱的长、宽、高的定位尺寸是750、500、250;杯口距离中间四棱柱的左右侧面250,距离前后侧面250;楔形块的高650;左右肋板的定位尺寸沿底板四棱柱宽度方向为875、高度方向为250,长度方向因左右肋板的端面与底板的左右端面对齐,不用标注。同理,前后肋板的定位尺寸是750、250。

（4）标注总尺寸:肋式杯形基础的总长和总宽即底板的长3 000与宽2 000,不用另加标注,总高尺寸为1 000。

（二）尺寸标注应注意的几个问题

（1）尺寸一般宜标注在反映形体特征的投影图上。

（2）尺寸应尽可能标注在图形轮廓线外面,不宜与图线、文字及符号相交;但某些细部尺寸允许标注在图形内。

（3）表达同一几何形体的定形、定位尺寸，应尽量集中标注。

（4）尺寸线的排列要整齐。对同方向上的尺寸线，组合起来排成几道尺寸，从被注图形的轮廓线由近至远整齐排列，小尺寸线离轮廓线近，大尺寸线应离轮廓线远些，且尺寸线间的距离应相等。

（5）尽量避免在虚线上标注尺寸。

在建筑工程中，通常从施工生产的角度来标注尺寸，只是将尺寸标注齐全、清晰还不够，还要保证读图时能直接读出各个部分的尺寸，到施工现场不需再进行计算等。

第 3 节　视　图

前面介绍了用正投影原理绘制三面投影图表达物体的方法，工程上常把表达形体的投影图称为视图。在建筑工程图样中，仅用三视图有时难以将复杂物体的外部形状和内部结构简便、清晰地表示出来。为此，制图标准规定了多种表达方法，绘图时可根据具体情况适当选用。

一、基本视图

在原有三个投影面 V、H、W 的对面再增设三个分别与它们平行的投影面 V_1、H_1、W_1，可得到六面投影体系，这样的六个投影面称为基本投影面，六个投影面的展开方法如图 6-13 所示。

建筑形体的视图，按正投影法并用第一角画法绘制。投影时将形体放置在基本投影面之中，按观察者→形体→投影面的关系，从形体的前、后、左、右、上、下六个方向，向六个投影面投影，如图 6-14a 所示，所得的视图分别称为：

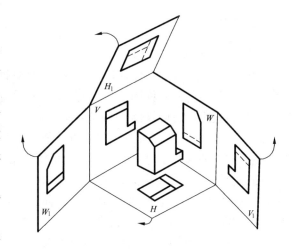

图 6-13　六个投影面的展开方法

正立面图——由前向后（A 向）作投影所得的视图；

平面图——由上向下（B 向）作投影所得的视图；

左侧立面图——由左向右（C 向）作投影所得的视图；

右侧立面图——由右向左（D 向）作投影所得的视图；

底面图——由下向上（E 向）作投影所得的视图；

背立面图——由后向前（F 向）作投影所得的视图。

以上六个视图称为基本视图。如在同一张图纸上绘制若干个视图时，各视图的位置宜按图 6-14b 所示的顺序进行配置。

画图时，可根据物体的形状和结构特点，选用其中必要的几个基本视图。每个视图一般均应标注图名，图名宜标注在视图的下方或一侧，并在图名下用粗实线绘一条横线，其长度应以图名所占长度为准，如图 6-14b 所示。

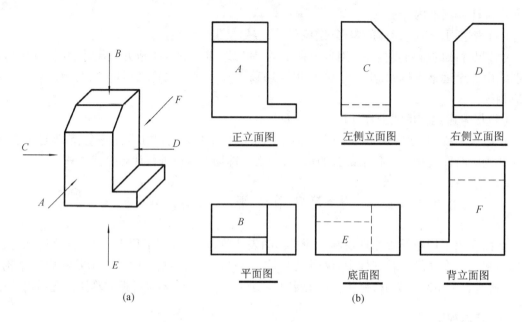

(a)　　　　　　　　　　　　　　(b)

图 6 - 14　六个基本视图的投影方向及配置

二、辅助视图

（一）局部视图

如图 6 - 15 所示的形体，有了正立面图和平面图，物体形状的大部分已表示清楚，这时可不画出整个物体的侧立面图，只需画出没有表示清楚的那一部分。这种只将形体某一部分向基本投影面投影所得的视图称为局部视图。

画局部视图时，要用带有大写字母的箭头指明投影部位和投影方向，并在相应的局部视图下方注上同样的大写字母，如"A"、"B"作为图名。

局部视图一般按投影关系配置，如图 6 - 15 中的 A 向视图。必要时也可配置在其他适当位置，如图 6 - 15 中的 B 向视图。

局部视图的范围应以视图轮廓线和波浪线的组合表示，如图 6 - 15 中的 A 向视图；当所表示的局部结构形状完整，且轮廓线成封闭时，波浪线可省略，如图 6 - 15 中的 B 向视图。

（二）展开视图

有些形体的各个面之间不全是互相垂直的，某些面与基本投影面平行，而另一些面则与基本投影面成一个倾斜的角度。与基本投影面平行的面，可以画出反映实形的投影图，而与基本投影面倾斜的面则不能画出反映实形的投影图。为了同时表达出倾斜面的形状和大小，可假想将倾斜部分展至（旋转到）与

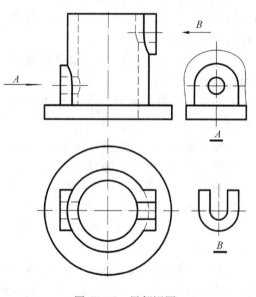

图 6 - 15　局部视图

某一选定的基本投影面平行后,再向该投影面作投影,这种经展开后向基本投影面投影所得到的视图称为展开视图,又称旋转视图。

如图 6-16 所示房屋,中间部分的墙面平行于正立投影面,在正面上反映实形,而右侧面与正立投影面倾斜,其投影图不反映实形,为此,可假想将右侧墙面展至和中间墙面在同一平面上,这时再向正立投影面投影,则可以反映右侧墙面的实形。

展开视图可以省略标注旋转方向及字母,但应在图名后加注"展开"字样。

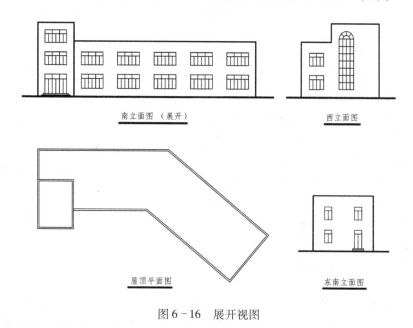

图 6-16　展开视图

(三)镜像视图

当视图用第一角画法所绘制的图样虚线较多,不易表达清楚某些工程构造的真实情况时,对于这类图样可用镜像投影法绘制,但应在图名后注写"镜像"两字。

如图 6-17a 所示,把镜面放在物体的下方,代替水平投影面,在镜面中反射得到的图像,

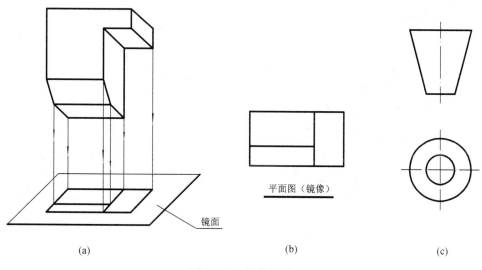

图 6-17　镜像视图

称为镜像投影图。该镜像投影图的图面要写成"平面图(镜像)",如图 6 - 17b 所示。也可以按图 6 - 17c 所示,画出镜像投影识别符号。

在室内设计中,镜像投影常用来反映室内顶棚的装修、灯具,或古代建筑中殿堂室内房顶上藻井(图案花纹)等的构造情况。

三、第三角画法简介

如图 6 - 18 所示,互相垂直的 V、H、W 三个投影面向空间延伸后,将空间划分成八个部分,每一部分称为一个"分角",共计八个分角。在 V 面之前 H 面之上 W 面之左的空间为第一分角;在 V 面之后 H 面之上 W 面之左的空间为第二分角;在 V 面之后 H 面之下 W 面之左的空间为第三分角;其余依此类推。

通常把形体放在第一分角进行正投影,所得的投影图称为第一角投影。国家制图标准规定,我国的工程图样均采用第一角画法,但欧美一些国家以及日本等则采用第三角画法,即将形体放置在第三分角进行正投影。我国已加入WTO,国际技术合作与交流将不断增加,有必要对第三角画法作简单介绍。

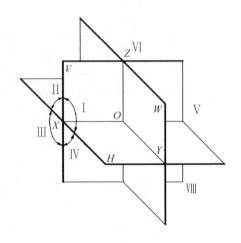

图 6 - 18　八个分角的形成

如图 6 - 19a 所示,将形体放在第三分角内进行投影,这时投影面处于观察者和形体之间,假定投影面是透明的,投影过程为观察者→投影面→形体,就像隔着玻璃看形体一样。展开第三角投影图时,V 面不动,H 面向上旋转 90°,W 面向前旋转 90°,视图的配置如图 6 - 19b所示。

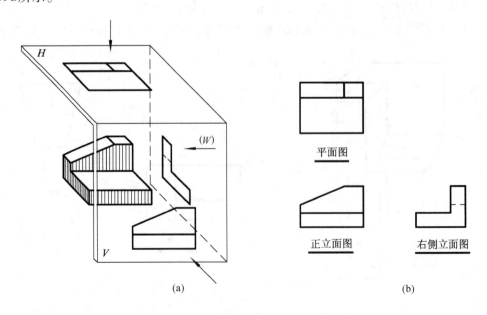

(a)	(b)

图 6 - 19　第三角投影的形成和视图配置

第一角和第三角投影都采用正投影法,所以它们有共性,即投影的"三等"对应关系对两者都完全适用。第三角画法在读图时,注意平面图和右侧立面图轮廓线的内边(靠近投影轴的边)代表形体的前面,轮廓线的外边(远离投影轴的边)代表形体的后面,与第一角投影正好相反,如图 6-19b 所示。

国际标准 ISO 规定,在表达形体时,第一分角和第三分角投影法同等有效。我国一般不采用第三角画法,只有在涉外工程中才使用第三角画法。

第 4 节　剖面图、断面图与简化画法

在工程图中,形体上可见的轮廓线用实线表示,不可见的轮廓线则用虚线表示。当形体的内部结构比较复杂时,投影图就会出现很多虚线,使图面上实线和虚线纵横交错,混淆不清,给画图、读图和标注尺寸均带来不便,也容易产生差错。另外,工程上还常要求表示出建筑构件的某一部分形状和所用材料。为解决以上问题,常选用剖面图来表达。

一、剖面图的形成与标注

(一)剖面图的形成

假想用一个剖切平面在形体的适当部位剖切开,移走观察者与剖切平面之间的部分,将剩余部分投影到与剖切平面平行的投影面上,所得到的投影图称为剖面图。

图 6-20 所示为一钢筋混凝土杯形基础的投影图,由于这个基础有安装柱子用的杯口,因而它的正立面图和侧立面图中都有虚线,使图不清晰。假想用一个通过基础前后对称面的正平面 P 将基础切开,移走剖切平面 P 和观察者之间的部分,如图 6-21a 所示,将留下的后半个基础向 V 面作投影,所得投影即为基础剖面图,如图 6-21b 所示,显然,原来的虚线,在剖面图上已变成实线,不可见轮廓线变为可见轮廓线。

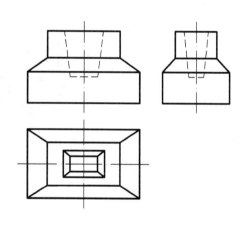

图 6-20 　杯形基础投影图

剖切平面与形体交线所围成的平面图形称为断面。从图 6-21b 可以看出,剖面图是由两部分组成的,一部分是断面图形,另一部分是沿投影方向未被切到但能看到部分的投影。形体被剖切后,剖切平面切到的实体部分,其材料被"暴露出来"。为了更好地区分实体与空心部分,制图标准规定,应在剖面图上的断面部分画出相应建筑材料的图例,常用建筑材料图例见表 6-1 所示。

表 6-1　常用建筑材料图例

名　称	图　例	说　明
自然土壤		包括各种自然土壤
夯实土壤		
沙、灰土		靠近轮廓线绘较密的点

续表 6-1

名　称	图　例	说　明
粉　刷		绘以较稀的点
普通砖		1. 包括砌体、砌块 2. 断面较窄、不易画出图例线时,可涂红
饰面砖		包括铺地砖、马赛克、陶瓷锦砖、人造大理石等
混凝土		1. 本图例仅适用于能承重的混凝土及钢筋混凝土 2. 包括各种强度等级、骨料、添加剂的混凝土
钢筋混凝土		3. 在剖面图上画出钢筋时,不画图例线 4. 断面较窄,不易画出图例线时,可涂黑
毛　石		
木　材		1. 上图为横断面,左上图为垫木、木砖、木龙骨 2. 下图为纵断面
		1. 包括各种金属 2. 图形小时,可涂黑

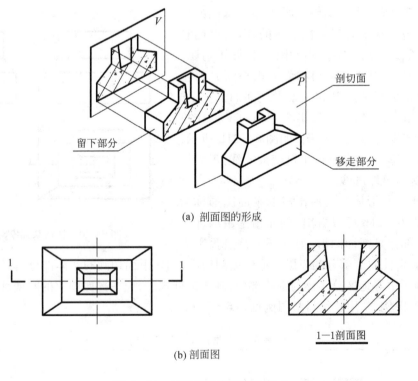

(a) 剖面图的形成

(b) 剖面图

1—1剖面图

图 6-21　杯形基础剖面图的形成

(二)剖面图的标注

用剖面图配合其他投影图表达形体时,为了读图方便,需要在投影图上把所画剖面图的剖切位置和投射方向表示出来,同时,还要给每一个剖面图加上编号,以免产生混乱。对剖面图的标注方法有如下规定：

（1）用剖切位置线表示剖切平面的位置。剖切位置线实质上就是剖切平面的积聚投影。按规定只用两小段长度为 6～10mm 的粗实线表示，并且不宜与图面上的图线相接触，如图 6-22 所示。

（2）用剖切方向线表示剖切后的投射方向。剖切方向线垂直于剖切位置线，用长度为 4～6mm 的短粗线来表示。如画在剖切位置线的左边表示向左边投射，如图 6-22 所示。

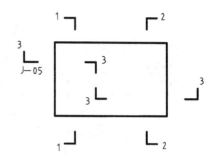

图 6-22　剖切符号和编号

（3）剖切符号的编号，宜采用阿拉伯数字，按顺序由左至右，由下至上连续编排，并注写在投射方向线的端部。剖切位置线需转折时，应在转角的外侧加注与该符号相同的编号，如图 6-22 中的"3—3"所示。

（4）剖面图如与被剖切图样不在同一张图纸内，可在剖切位置线的另一侧注明其所在图纸的图纸号，如图 6-22 中的 3—3 剖切位置线下侧注写"J-05"，即表示 3—3 剖面图画在"建筑施工图"第 5 号图纸上。

（5）对习惯使用的剖切符号（如画房屋平面图时通过门、窗洞的剖切位置），以及通过构件对称平面的剖切符号，可以不在图上作任何标注。

（6）在剖面图的下方或一侧，写上与该图相对应的剖切符号编号，作为该图的图名，"1—1"、"2—2"，并应在图名下方画上一等长的粗实线，如图 6-23c 所示。

（三）剖面图的画法

以图 6-23 的水池为例，说明剖面图的画法。

（1）确定剖切平面的位置。为了更好地反映出形体的内部形状和结构，所取的剖切平面应是投影面平行面，以便使断面的投影反映实形；剖切平面应尽量通过形体的孔、槽等结构的轴线或对称面，使得它们由不可见变为可见，并表达得完整、清楚，如图 6-23a 所示，取通过水池底板上圆孔轴线的正平面为剖切平面。

（2）画剖面剖切符号并进行标注。剖切平面的位置确定以后，应在投影图上的相应位置画上剖切符号并进行编号，如图 6-23c 中的投影图所示。这样做既便于读者读图，同时又为下一步作图打下基础。

（3）画断面和剖开后剩余部分的轮廓线。按剖切平面的剖切位置，假想移去形体在剖切平面和观察者之间的部分，如图 6-23a 所示移去剖切平面 P 前面的部分形体，根据剩余的部分形体作出投影。

对照图 6-23c 中的 1—1 剖面图和图 6-23b 中的 V 面投影图，可以看出水池在同一投影面上的投影图和剖面图既有共同点，又有不同点。共同点是外形轮廓线相同；不同点是虚线在剖面图中变成实线，这就是依据投影图作相应剖面图的方法。

必须注意，按此法作图时，先要想像出形体的完整形象和剖切后剩余部分的形象，并且在作图过程中不断将所绘制的剖面图与形体进行对照，才能画出正确的剖面图。

（4）填绘建筑材料图例。在断面轮廓线内填绘建筑材料图例，当建筑物的材料不明时，可用同向、等距的 45°细实线来表示。

（5）标注剖面图名称。

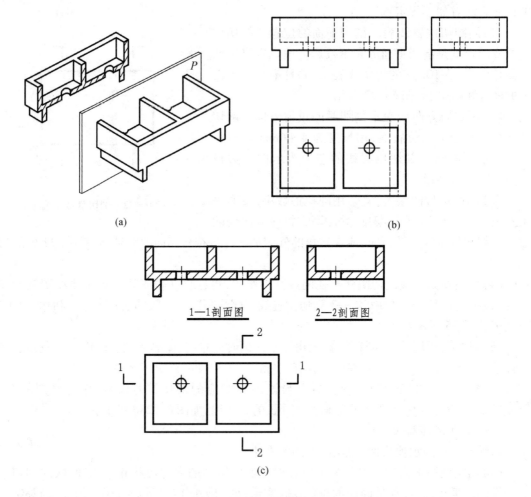

图 6-23　剖面图的画法

(四)应注意的几个问题

(1)剖切是假想的,形体并没有真的被切开和移去了一部分。因此,除了剖面图外,其他视图仍应按原先未剖切时完整地画出。

(2)在绘制剖面图时,被剖切面切到部分(即断面)的轮廓线用粗实线绘制,剖切面没有切到,但沿投射方向可以看到的部分(即保留部分),用中实线绘制。

(3)剖面图中一般不画虚线。没有表达清楚的部分,必要时也可画出虚线。

二、剖面图的种类

根据不同的剖切方式,剖面图有全剖面图、半剖面图、阶梯剖面图、局部剖面图和旋转剖面图。

(一)全剖面图

假想用一个剖切平面将形体全部"切开"后所得到的剖面图称为全剖面图,如图 6-24 所示。

全剖面图一般用于不对称或者虽然对称但外形简单内部比较复杂的形体。

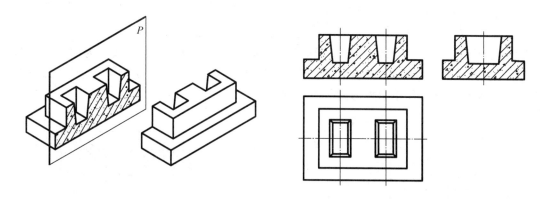

图 6 - 24　双柱杯型基础的全剖面图

（二）半剖面图

当形体具有对称平面时,在垂直于对称平面的投影面上的投影,以对称线为分界,一半画剖面图,另一半画视图,这种组合的图形称为半剖面图。

图 6 - 25 所示的杯型基础形体,若用投影图表示,其内部结构不清楚;若用全剖面图表示,则外部形状没有表达清楚;将投影图和全剖面图各取一半合成半剖面图,则形体的内部结构和外部形状都能完整、清晰地表达出来。

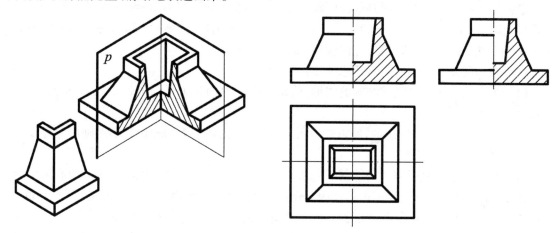

图 6 - 25　杯型基础的半剖面图

半剖面图适用于表达内外结构形状对称的形体,在绘制半剖面图时应注意以下几点:

（1）半剖面图中视图与剖面应以对称线（细单点长画线）为分界线,也可以用对称符号作为分界线,而不能画成实线。

（2）由于被剖切的形体是对称的,剖切后在半个剖面图中已清楚地表达了内部结构形状,所以在另外半个视图中一般不画虚线。

（3）习惯上,当对称线竖直时,将半个剖面图画在对称线的右边;当对称线水平时,将半个剖面图画在对称线的下边。

（4）半剖面图的标注与全剖面图的标注相同。

（三）阶梯剖面图

当用一个剖切平面不能将形体上需要表达的内部结构都剖切到时,可用两个或两个以上相互平行的剖切平面剖开物体,所得到的剖面图称为阶梯剖面图。

如图 6-26 所示,该形体上有两个前后位置不同、形状各异的孔洞,两孔的轴线不在同一正平面内,因而难以用一个剖切平面(即全剖面图)同时通过两个孔洞轴线。为此应采用两个互相平行的平面 P_1 和 P_2 作为剖切平面,P_1 和 P_2 分别过两个不同形状的圆孔轴线,并将形体完全剖开,其保留部分的正面投影就是阶梯剖面图。

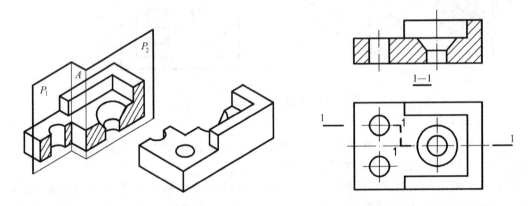

图 6-26 形体的阶梯剖面图

阶梯剖面图的标注与前两种剖面图略有不同。阶梯剖面图的标注要求在剖切平面的起止和转折处均应进行标注,画出剖切符号,并标注相同数字编号,如图 6-26 所示。当剖切位置明显,又不致引起误解时,转折处允许省略标注数字。

在绘制和阅读阶梯剖面图时还应注意:

(1) 为反映形体上各内部结构的实形,阶梯剖面图中的几个平行剖切平面必须平行于某一基本投影面。

(2)由于剖切平面是假想的,所以在阶梯剖面图上,剖切平面的转折处不能画出分界线。

(四)局部剖面图

用一个剖切平面将形体的局部剖开后所得到的剖面图称为局部剖面图。如图 6-27 所示为一钢筋混凝土杯形基础,为了表示其内部钢筋的配置情况,平面图采用了局部剖面,局部剖切的部分画出了杯形基础底板内部钢筋的布置情况,其余部分仍画外形视图。

局部剖面图只是形体整个投影图中的一部分,其剖切范围用波浪线表示,是外形视图和剖

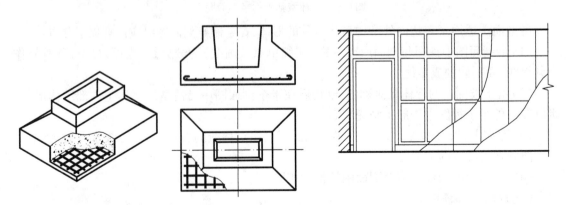

图 6-27 基础的局部剖面图   图 6-28 墙面的分层局部剖面图

面的分界线。波浪线不能与轮廓线重合,也不应超出视图的轮廓线,波浪线在视图孔洞处要断开。

局部剖面图一般不再进行标注,它适合用来表达形体的局部内部结构。

在建筑工程和装饰工程中,为了表示楼面、屋面、墙面及地面等的构造和所用材料,常用分层剖切的方法画出各构造层次的剖面图,称为分层局部剖面图。如图 6－28 所示,是墙面的分层局部剖面图。

（五）旋转剖面图

用两个相交的剖切平面(交线垂直于基本投影面)剖开物体,把两个平面剖切得到的图形,旋转到与投影面平行的位置,然后再进行投影,这样得到的剖面图称为旋转剖面图。

在绘制旋转剖面图时,常选其中一个剖切平面平行于投影面,另一个剖切平面必定与这个投影面倾斜,将倾斜于投影面的剖切平面整体绕剖切平面的交线(投影面垂直线)旋转到平行于投影面的位置,然后再向该投影面作投影。如图 6－29 所示的检查井,其两个水管的轴线是斜交的,为了表示检查井和两个水管的内部结构,采用了相交于检查井轴线的正平面 P_1 和铅垂面 P_2 作为剖切面,沿两个水管的轴线把检查井切开;再将右边铅垂剖切平面剖到的投影(断面及其相联系的部分),绕检查井铅垂轴线旋转到正平面位置,并与右侧用正平面剖切得到的图形一起向 V 面投影,便得到 1—1 旋转剖面图。

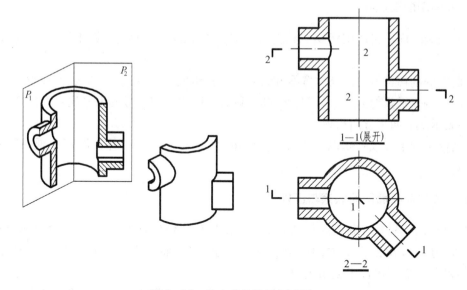

图 6－29　检查井的旋转剖面图

2—2 剖面图是通过检查井上、下水管轴线作两个水平剖切平面而得到的阶梯剖面图。

旋转剖面图的标注与阶梯剖面图相同。制图国标规定,旋转剖面图应在图名后加注"展开"字样。

绘制旋转剖面图时也应注意:在断面上不应画出两相交剖切平面的交线。

三、断面图的形成

假想用一剖切平面把物体剖开后,仅画出剖切平面与物体接触部分即截断面的形状,称为断面图,如图 6－30c 中所示的钢筋混凝土牛腿柱断面图。

断面图常用来表示建筑及装饰工程中梁、板、柱等某一部位的断面实形,需单独绘制。

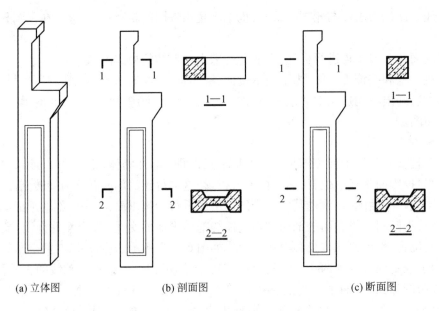

(a) 立体图　　　　　　(b) 剖面图　　　　　　(c) 断面图

图 6 - 30　牛腿柱的断面图与剖面图

四、断面图的表示方法

断面图的断面轮廓线用粗实线绘制,断面轮廓线范围内也要绘出材料图例,画法同剖面图。

断面图的剖切符号由剖切位置线和编号两部分组成,不画投射方向线,而以编号写在剖切位置线的一侧表示投射方向。如图 6 - 30c 所示,断面图剖切符号的编号注写在剖切位置线的下侧,则表示从上向下方向投射。

在断面图的下方或一侧也应注写相应的编号,如 1—1、2—2,并在图名下画一粗实线,如图 6 - 30c 所示。

五、剖面图与断面图的联系与区别

(1)剖面图中包含着断面图。剖面图是画剖切后物体保留部分"体"的投影,除画出断面的图形外,还应画出沿投射方向所能看到的其余部分;而断面图只画出物体被剖切后截断"面"的投影,断面图包含于剖面图中。

(2)剖面图与断面图的标注方法不同。剖面图的剖切符号要画出剖切位置线及投射方向线,而断面图的剖切符号只画剖切位置线,投射方向用编号所在的位置来表示,如图6 - 30b、c 所示。

(3)剖面图中的剖切平面可转折,断面图中的剖切平面则不可转折。

六、断面图的种类及应用

断面图主要用来表示物体某一部位的截断面形状。根据断面图在视图中的位置不同,分为移出断面图、中断断面图和重合断面图。

(一)移出断面图

画在视图轮廓线以外的断面图称为移出断面图。如图 6 - 31 所示为鱼腹式钢筋混凝土吊车梁的平面图、正立面图和移出断面图。

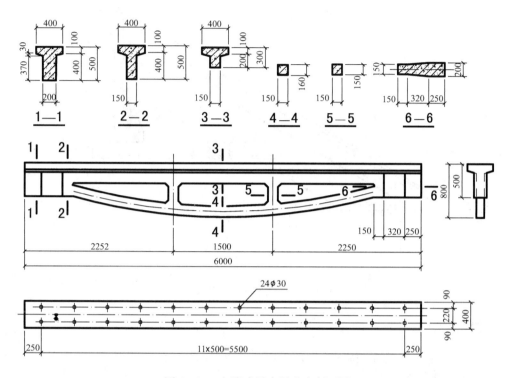

图 6-31 鱼腹式吊车梁移出断面图

移出断面图的轮廓线用粗实线画出,可以画在剖切平面的延长线上或其他适当的位置。

移出断面图一般应标注剖切位置、投射方向和断面名称,如图 6-31 所示。

(二)重合断面图

画在投影图轮廓线内的断面图称为重合断面图。重合断面图的轮廓线用粗实线画出。当投影图的轮廓线与断面图的轮廓线重叠时,投影图的轮廓线仍需要完整地画出,不可间断,如图 6-32 所示。

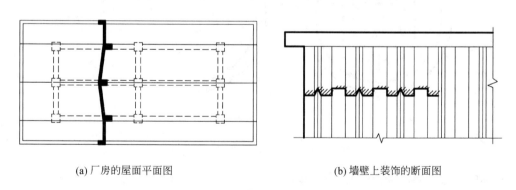

(a)厂房的屋面平面图   (b)墙壁上装饰的断面图

图 6-32 屋面与墙壁的重合断面图

(三)中断断面图

有些构件较长,如各种型钢等,可以将断面图画在构件投影图的中断处。画在投影图中断处的断面图称为中断断面图。中断断面图的轮廓线用粗实线绘制,投影图的中断处用波浪线或折断线绘制,如图 6-33 所示。此时不画剖切符号,图名仍用原图名。

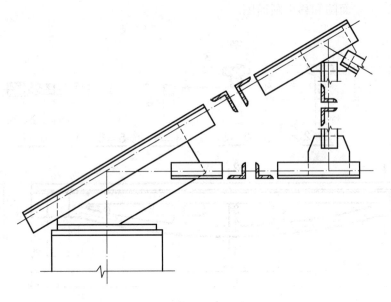

图 6 - 33　屋架的中断断面图

七、简化画法

为了减少绘图的工作量,按国标规定可以采用下列的简化画法。

(一)对称图形的简化画法

如果图形具有对称性,可只画该图形的一半或四分之一,并画出对称符号,如图 6 - 34 所示。也可稍超出图形的对称线,此时不宜画对称符号,如图 6 - 35 所示。

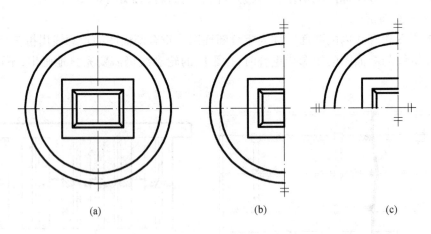

| (a) | (b) | (c) |

图 6 - 34　画出对称符号的对称图形

对称的图形需要画剖面图时,也可以用对称符号为界,一边画外形图,一边画剖面图。这时需要加对称符号,如图 6 - 36 所示。

对称符号是用细实线绘制的两条平行线,其长度为 6 ~ 10mm,平行线间距 2 ~ 3mm,画在对称线的两端,且平行线在对称线两侧的长度相等。

(二)相同要素的省略画法

如果物体上具有多个完全相同而且连续排列的构造要素,可仅在两端或适当位置画出其

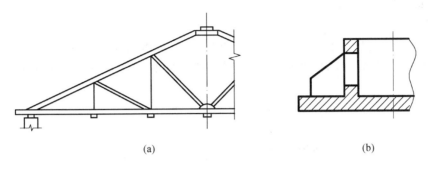

(a) (b)

图 6－35 不画对称符号的对称图形

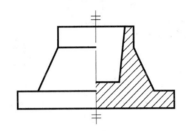

图 6－36 视图与剖面图各半的对称图形

完整形状,其余部分以中心线或中心线交点表示,如图 6－37a、b、c 所示。如果相同构造要素数量少于中心线交点数,则其余相同构造要素位置用小圆点表示,如图 6－37d 所示。

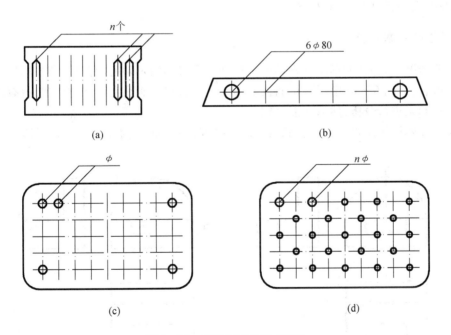

(a) (b)

(c) (d)

图 6－37 相同要素的省略画法

（三）折断简化画法

对于较长的构件,如果沿长度方向的形状相同或按一定规律变化,可断开省略绘制,只画构件的两端,而将中间折断部分省略不画。在断开处,应以折断线表示。其尺寸应按折断前原长度标注,如图 6-38 所示。

（四）局部省略画法

一个形体如果与另一个形体仅有部分不相同,该形体可只画出不同的部分,但应在两个形体的相同部分与不同部分的分界处,分别绘制连接符号,两个连接符号应对准在同一线上,如图 6-39 所示。

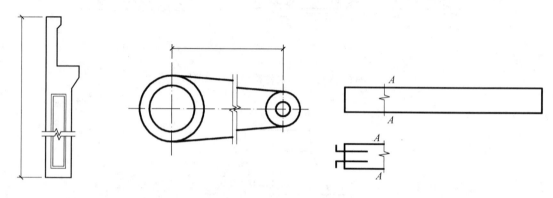

图 6-38　较长构件的折断简化画法　　　　　　图 6-39　构件局部不同的简化画法

第 5 节　识读建筑形体投影图

识读建筑形体的投影图,也称为读图,就是根据图纸上的投影图和所注尺寸,想像出形体的空间形状、大小、组成方式和构造特点。

一、读图的基本知识

在一般情况下,物体的形状通常不能只根据一个投影图来确定,有时两个投影图也不能确定物体的形状,如图 6-40 中仅有正面投影和水平投影并不能确定物体的形状,只有把所给的投影图联系起来进行分析,然后才能确定。

读图时应熟练运用投影规律,明确各投影图的投影方向,投影图之间的度量对应、位置对

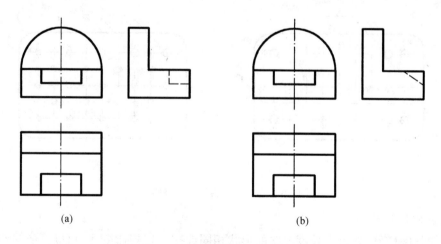

(a)　　　　　　　　　　　　　　(b)

图 6-40　两投影相同的两形体

应关系,熟悉并掌握简单形体的投影特性,才能较快地由给定的投影图想像出物体的空间形状,如图 6‑41 所示。

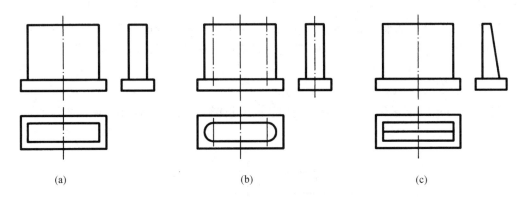

图 6‑41　简单形体的投影

如图 6‑42 所示,投影图上的一条直线或曲线,可能表示物体上一个具有积聚性的平面或曲面,也可能表示两个面的交线,还可能表示曲面的投影轮廓线。如线 1′表示一个水平面,线 2′表示一个正垂面,线 3′表示一个水平面,线 4 表示一个正平面。

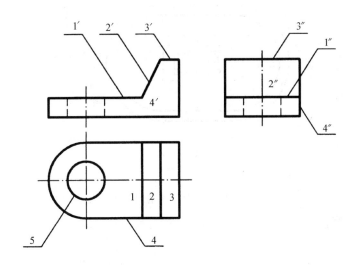

图 6‑42　分析线与线框的含义

投影图上一个封闭线框可能表示一个平面或曲面,也可能表示一个孔洞。如线框 1、2、3 分别表示一个平面,线框 5 表示一个圆柱面。平面相邻两线框,可能表示两个不同的面,它们可能相交或者平行,只有对照相应的投影图,才能判断它们的相互位置。

二、读图的基本方法和步骤

读图的基本方法,主要是形体分析法,对于投影图中某些投影比较复杂的部分,辅以线面分析法。

1. 形体分析法

根据基本形体的投影特点,在投影图上分析建筑形体各个组成部分的形状和相对位置,然后综合起来确定建筑形体总的形状。

2. 线面分析法

从形体分析获得该形体的大致整体形象之后,如有局部投影的意义弄不清楚时,可对该部分投影的线段和线框加以分析,从而明确该部分的形状,弥补形体分析之不足。

读图的步骤,总的说来一般是先概略后细致,先形体分析后线面分析,先外部后内部,先整体后局部,再由局部回到整体。最后加以综合,以获得对该建筑形体的完整形象。

三、识读示例

试识读图 6-43 所示倒长圆形薄壳基础的两面投影,补绘带半剖面的 W 面投影。

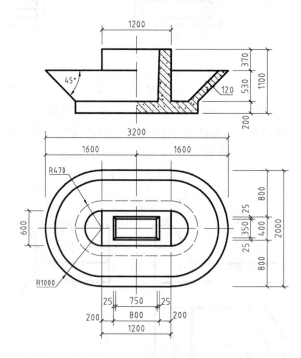

图 6-43 倒长圆形薄壳基础的两面投影

先要分析确定倒长圆形薄壳基础的形状,才能补作 W 面投影。

（一）形体分析

现从下至上进行形体分析,可知这个基础由三个主要部分组成:

1. 长圆形基础底板

把 V 投影下方的矩形线框,与 H 投影中用虚线表示的长圆形相对应。该部分的形体是由左右两个半圆柱和中间一个四棱柱所组成的长圆形基础底板。向 H 面投影时,这个底板被上面的倒长圆形壳体挡住,所以 H 投影画成虚线。单独画出的底板投影和立体图如图 6-44 所示。

2. 倒长圆台形壳体

把 V 投影中底板上方的梯形线框及表示其内部形状的半剖面,与 H 投影中四个同一对中心线的长圆形相对应。该部分形体是一个倒长圆台,左右两部分是两个倒半圆台,中间部分是一个以梯形为左右端面的四棱柱(倒侧棱垂直于 W 面)然后又在内部挖去一个相似的倒长圆台,最后形成一个厚度为 120 的倒长圆台形壳体,其投影图与立体图如图 6-45 所示。

3. 中间的四棱柱及楔形杯口

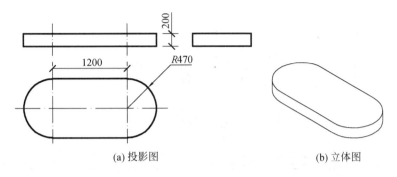

(a) 投影图　　　　　　　(b) 立体图

图 6 - 44　长圆形基础底板

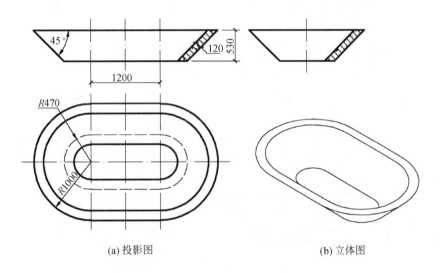

(a) 投影图　　　　　　　(b) 立体图

图 6 - 45　倒长圆台形壳体

　　把 V 投影中间的矩形线框及表示其内部形状的半剖面,与 H 投影中三个具有相同中心线的矩形相对应。可知该部分形体是一个四棱柱,并在内部挖去一个楔形杯口,其投影图与立体图如图 6 - 46 所示。

　　(二)补绘 W 投影

　　把以上的分析加以综合,可想像出这个倒长圆台形薄壳基础的形体,并完成带半剖面的 W 投影,如图 6 - 47 所示。

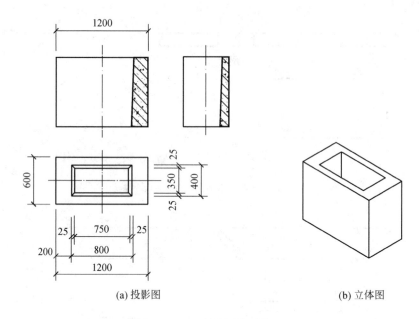

(a) 投影图 　　　　　　　(b) 立体图

图 6 - 46　四棱柱及楔形杯口

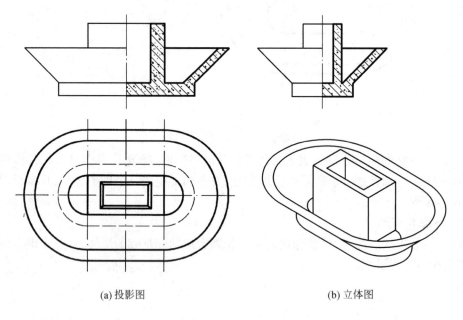

(a) 投影图 　　　　　　　(b) 立体图

图 6 - 47　倒长圆形薄壳基础投影图和立体图

第7章 轴测投影

正投影图的优点是能够完整地、准确地表示形体的形状和大小,而且作图简便,所以在工程实践中被广泛采用。但这种图缺乏立体感,要有一定的读图能力才能看懂。例如图7-1a所示的房屋正投影图,采用了三面投影,由于每个投影只反映出形体的长、宽、高三个向度中的两个,所以缺乏立体感,不易看出形体的形状。如果画出该房屋的轴测投影图,如图7-1b所示,这虽然是一幅单面的平行投影图,但由于投影方向不平行于任一坐标轴和坐标面,所以能在一个投影中同时反映出形体的长、宽、高和不平行于投影方向的平面,因而具有较好的立体感,较易看出房屋各部分的形状,并可沿图上的长、宽、高三个向度量度尺寸。

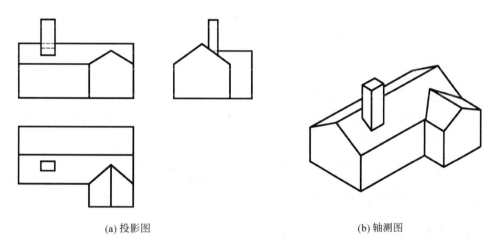

(a) 投影图   (b) 轴测图

图7-1 房屋的正投影图和轴测投影图

轴测投影图简称轴测图,有立体感是它的优点,但它也存在着缺点。首先是对形体表达不全面,如图中的房屋,它后面和右面的形状没有表示清楚;其次,轴测图没有反映出形体各个侧面的实形,如房屋正面的墙面,其形状为矩形,但在轴测图中却变成了平行四边形。由于轴测图对形体表达不全面,因变形使得度量性差,而且作图比较麻烦,因此,工程上仅用来作为辅助图样。在给排水和暖通等专业图中,常用轴测投影图表达各种管道的空间位置及其相互关系。

第1节 轴测投影的基本知识

一、轴测投影图的形成

轴测投影属于平行投影的一种,它是用一组平行投射线,采用与形体的三个向度都不一致的投影方向,如图7-2所示,将空间形体以及确定其位置的直角坐标系一起投射在选定的一个投影面 P 上,所得到的投影图称为轴测投影图,简称轴测图。投影面 P 称为轴测投影面,空间直角坐标轴在投影面 P 上的投影 O_1X_1、O_1Y_1、O_1Z_1 称为轴测轴,S 方向称为轴测投影方向。

二、轴间角及轴向伸缩系数

（一）轴间角

在轴测投影面 P 上，三个轴测轴 O_1X_1、O_1Y_1、O_1Z_1 之 间 的 夹 角 $\angle X_1O_1Y_1$、$\angle Y_1O_1Z_1$、$\angle X_1O_1Z_1$ 称为轴间角，三个轴间角之和为360°。

（二）轴向伸缩系数

在轴测图中平行于轴测轴 O_1X_1、O_1Y_1、O_1Z_1 的线段，与对应的空间物体上平行于

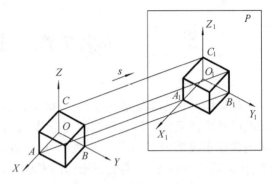

图7-2　轴测投影图的形成

坐标轴 OX、OY、OZ 的线段的长度之比，称为轴向伸缩系数，也称轴向变形系数。轴向伸缩系数分别用 p、q、r 来表示，即

$$p = \frac{O_1X_1}{OX}; \qquad q = \frac{O_1Y_1}{OY}; \qquad r = \frac{O_1Z_1}{OZ}$$

三、轴测投影的特性

轴测投影仍是平行投影，所以它具有平行投影的一切属性。

（1）空间平行的两条直线在轴测投影中仍然平行，所以凡与坐标轴平行的直线，其轴测投影必然平行于相应的轴测轴。

（2）空间与坐标轴平行的直线，其轴测投影具有与该相应轴测轴相同的轴向伸缩系数。与坐标轴不平行的直线，其轴测投影具有不同的伸缩系数，求这种直线的轴测投影，应该根据直线端点的坐标，分别求得其轴测投影，再连接成直线。

四、轴测投影图的分类

1. 按投射方向与轴测投影面之间的关系分类

（1）正轴测投影。当投射方向 S 与轴测投影面 P 垂直时所形成的轴测投影称为正轴测投影。

（2）斜轴测投影。当投影方向 S 与轴测投影面 P 倾斜时所形成的轴测投影称为斜轴测投影。

2. 按轴向伸缩系数的不同分类

（1）等测。三个轴向伸缩系数相同，即 $p = q = r$。

（2）二测。任意两个轴向伸缩系数相同，即 $p = q \neq r$ 或 $p = r \neq q$ 或 $q = r \neq p$。

（3）三测。三个轴向伸缩系数不相同，即 $p \neq q \neq r$。

建筑制图的国家标准推荐房屋建筑的轴测图，宜采用以下四种轴测投影绘制：正等测；正二测；正面斜等测和正面斜二测；水平斜等测和水平斜二测。

第 2 节　正 轴 测 图

一、正等测

（一）轴间角和轴向伸缩系数

正等测图是最常用的一种轴测图。正等测图三个轴间角 $\angle X_1O_1Y_1 = \angle Y_1O_1Z_1 =$

$\angle X_1O_1Z_1 = 120°$。在画图时,通常将 O_1Z_1 轴画成竖直位置,O_1X_1 轴和 O_1Y_1 轴与水平线的夹角都是 30°,因此可直接用丁字尺和三角板作图,如图 7−3a 所示。

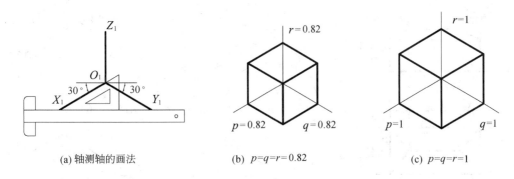

(a) 轴测轴的画法　　　　　　(b) $p=q=r=0.82$　　　　　　(c) $p=q=r=1$

图 7−3　正等测的轴间角和轴向伸缩系数

正等测三个轴的轴向伸缩系数都等于 0.82,即 $p = q = r = 0.82$。在画形体的轴测投影图时,根据形体上各点的直角坐标,乘以相应的轴向伸缩系数,得到轴测坐标值后,才能进行画图,因而画图时需要进行繁琐的计算工作。当用 $p = q = r = 0.82$ 的轴向伸缩系数绘制形体的轴测图时,需将每一个轴向尺寸都乘以 0.82,这样画出的轴测图为理论的正等测图,如图 7−3b 所示。为了简化作图,常将三个轴的轴向伸缩系数取为 $p = q = r = 1$,以此代替 0.82,把系数 1 称为简化的轴向伸缩系数。运用简化的轴向伸缩系数画出的轴测图与按理论的轴向伸缩系数画出的轴测投影图,形状无异,只是图形在各个轴向上放大了 $1/0.82 \approx 1.22$ 倍,如图 7−3c 所示。

(二)轴测图的基本画法

画轴测图的基本方法是坐标法。但实际作图时,还应根据形体的形状特点不同而灵活采用其他作图方法,下面举例说明不同形状特点的平面体轴测图的几种具体作法。

1. 坐标法

坐标法是根据形体表面上各顶点的空间坐标,画出它们的轴测投影,然后依次连接成形体表面的轮廓线,即得该形体的轴测图。

例 7−1　图 7−4a 所示为四坡顶房屋的投影图,作出其正等测图。

解　分析:首先要看懂三视图,想像出房屋的形状。由图 7−4a 可以看出,该房屋是由四棱柱和四坡屋面所围成的平面体所构成。四棱柱的顶面与四坡屋面形成的平面体的底面相重合。因此,可先画四棱柱,再画四坡屋顶。

作图步骤:

①在正投影图上确定坐标系,选取房屋背面右下角作为坐标系的原点 O,如图 7−4a 所示。

②画正等轴测轴,如图 7−4b 所示。

③作四坡屋面的屋脊线 A_1B_1。根据 x_1、y_1 先求出 a_1,过 a_1 作 O_1Z_1 轴的平行线并向上量取高度 z_1,则得屋脊线上右顶点 A 的轴测投影 A_1;过 A_1 作 O_1X_1 的平行线,从 A_1 开始在此线上向左量取 $A_1B_1 = X_3$,则得屋脊线的左顶点 B_1,如图 7−4b 所示。

④根据 x_2、y_2、z_2 作出下部四棱柱的轴测图,如图 7−4c 所示。

⑤由 A_1B_1 和四棱柱顶面 4 个顶点,作出 4 条斜屋脊线,如图 7−4d 所示。

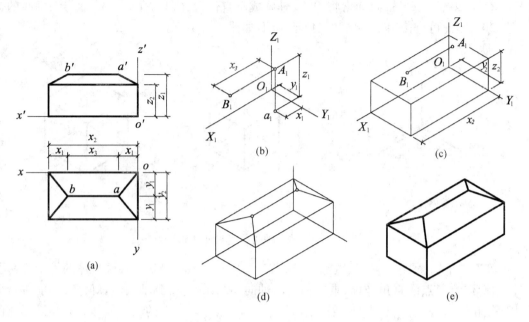

图 7-4　用坐标法画四坡顶房屋的正等测图

⑥擦去多余的作图线,加深可见图线即完成四坡顶房屋的正等测图,如图 7-4e 所示。

2. 叠加法

叠加法是将叠加式的组合体,通过形体分析,分解成多个基本形体,再依次按其相对位置逐个画出,最后完成组合体的轴测图。

例 7-2　图 7-5a 所示为某形体的投影图,作出其正等测图。

解　分析:该形体可以看作是由下面两个四棱柱与上面一个三棱柱叠加而成。画轴测图时,可以由下而上,也可以取两基本形体的结合面作为坐标面,逐个画出每一个四棱柱和三棱

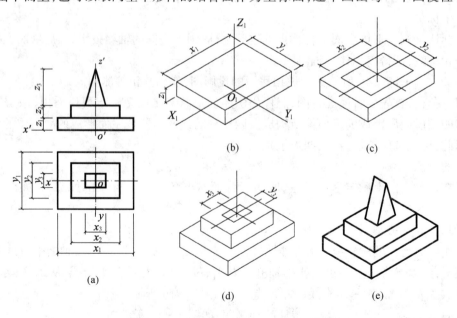

图 7-5　用叠加法画某形体的正等测图

柱。

作图步骤：

①在正投影图上确定坐标系,坐标原点选在基础底面的中心,如图 7 - 5a 所示。

②画轴测轴,根据 x_1、y_1、z_1 作出底部四棱柱的轴测图,如图 7 - 5b 所示。

③将坐标原点移至底部四棱柱上表面的中心位置,根据 x_2、y_2 作出中间四棱柱底面的四个顶点,如图 7 - 5c 所示,然后可根据 z_2 向上作出中间四棱柱的轴测图。

④将坐标原点再移至中间四棱柱上表面的中心位置,根据 x_3、y_3 作出上部三棱柱棱面的 4 个顶点,如图 7 - 5d 所示,然后可根据 z_3 向上作出上部三棱柱的轴测图。

⑤擦去多余的作图线,加深可见图线即完成该形体的正等测,如图 7 - 5e 所示。

3. 切割法

切割法适合于画由基本形体经切割而得到的形体。它是以坐标法为基础,先画出基本形体的轴测投影,然后把应该去掉的部分切去,从而得到所需的轴测图。

例 7 - 3　根据图 7 - 6 所示某形体的投影图,用切割法绘制其正等测图。

解　分析:通过对图 7 - 6a 所示的某形体进行形体分析,可以把该形体看作是由一长方体斜切左上角,再在前上方切去一个四棱柱而成。画图时可先画出完整的长方体,然后再切去一斜角和一个四棱柱。

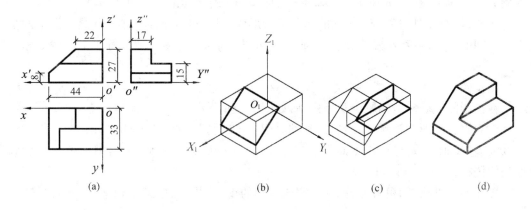

(a)　　　　　　　(b)　　　　　　　(c)　　　　　　　(d)

图 7 - 6　用切割法画某形体的正等测图

作图步骤：

①在投影图上确定坐标原点及坐标轴,如图 7 - 6a 所示。

②画轴测轴,根据给出的尺寸作出长方体的轴测图,然后再根据尺寸 8 和 22 作出斜面的投影,如图 7 - 7b 所示。

③根据尺寸 17 和 15 切去一角,如图 7 - 6c 所示。

④擦去多余的图线,加深可见图线,即得物体的正等轴测图,如图 7 - 6d 所示。

二、正二测

当选定 $p = r = 2q$ 时所得的正轴测投影,称为正二测投影,此时,OZ 为铅垂线,OX 轴与水平线的夹角 φ 为 $7°10'$,OY 轴与水平线夹角 σ 为 $41°25'$。在实际作图时,无须用量角器来画轴间角,可用近似方法作图。即 OX 轴采用 $1:8$,OY 轴采用 $7:8$ 的直角三角形,其斜边即为所求的轴测轴,如图 7 - 7a 所示。

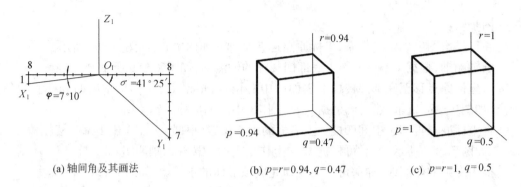

图 7 - 7　正二测图的轴间角和轴向伸缩系数

正二测的轴向伸缩系数 $p=r=0.94, q=0.47$，如图 7 - 7b 所示。为了作图方便，习惯上把 p 和 r 简化为 1，q 简化为 0.5，这样画出的图形略比实际大些，各轴向长度的放大比例为 1.06∶1，如图 7 - 7c 所示。

正二测图的画法和正等测图画法相似，方法相同，只是在量度 O_1Y_1 轴方向的长度时，应注意其轴向伸缩系数为 0.5，即 O_1Y_1 轴向长度是实际长度的一半。

例 7 - 4　根据图 7 - 8 所示某基础形体的投影图，绘制其正二测图。

解　分析：通过对图 7 - 8a 所示的基础进行形体分析，可以把该基础看作是由上下两个四棱柱与中间的一个四棱台叠加而成的。画图时可以由下而上，逐个画出每一个四棱柱和三棱台。

作图步骤：

①在投影图上确定坐标原点及坐标轴，如图 7 - 8a 所示。

②建立正二测图的轴测轴，画出该基础底面的正二测图，如图 7 - 8b 所示。

③沿 O_1Z_1 轴截取高度，由下而上，首先画出下面的四棱柱，再画中间的四棱台，然后画出上面的四棱柱，如图 7 - 8c、d 所示。

④擦除不可见线，加粗可见轮廓线，完成基础的正二测图，如图 7 - 8d 所示。

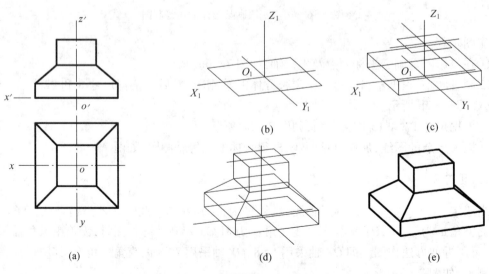

图 7 - 8　形体的正二测图

三、圆的正等测图

如图 7 - 9 所示,在正方体的正等测图中,正面、侧面及顶面均发生了变形,三个正方形都变成了边长为 a 的菱形,正方体表面上的三个圆变成了三个平行于坐标面的相等的椭圆。由此可见,平行于坐标面的圆的正等测投影都是椭圆。

绘制平行于坐标面的圆的正等测图常见的方法有两种:坐标法和四心扁圆法。

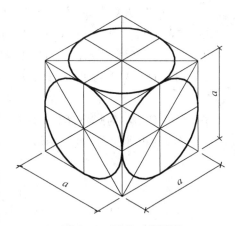

图 7 - 9　圆的正等测图

1. 坐标法

坐标法是轴测图作椭圆的真实画法,作图步骤如图 7 - 10。首先通过圆心在轴测投影轴上作出两直径的轴测投影,定出两直径的端点 A、B、C、D,即得到了椭圆的长轴和短轴;再用坐标法作出平行于直径的各弦的轴测投影,如 1、2 的轴测投影为 Ⅰ、Ⅱ,用圆滑曲线逐一连接各弦端点即求得圆的轴测图。此法又称为平行弦法,这种画椭圆的方法适合于圆的任何轴测投影作图。

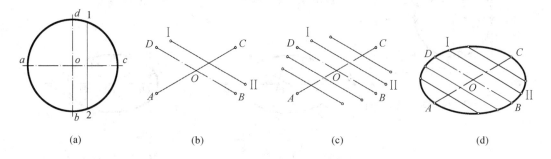

| (a) | (b) | (c) | (d) |

图 7 - 10　坐标法绘制轴测图的椭圆

2. 四心扁圆法

由于椭圆在正等测图中内切于菱形,可用四心扁圆法来绘制。四心扁圆法简称四心法,是一种椭圆的近似画法。画椭圆的关键有以下几点:

①分辨平行于哪个坐标面的圆;

②确定圆心的位置;

③画出与椭圆相切的菱形;

④确定椭圆长轴与短轴的方向;

⑤用四心法分别求四段圆弧。

具体做法见例题 7 - 5。

例 7 - 5　根据图 7 - 11a 所示水平圆的投影图,绘制其正等测图。

解　分析:该圆平行于 XOY 坐标面,为水平面,可先画出圆的外切正方形的正等测,确定椭圆的长轴与短轴,用四心法完成其正等测图。

作图步骤:

①在投影图上建立坐标轴及坐标原点 O,画出圆的外切正方形,如图 7 - 11a 所示。

②画轴测轴,画出外切正方形的正轴测投影,即菱形,如图 7 - 11b 所示。具体画法为:在 O_1X_1、O_1Y_1 轴上分别截取 O_1A_1、O_1B_1、O_1C_1、O_1D_1 等于已知圆的半径,过 A_1、B_1 作 O_1Y_1 轴的平行线,过 C_1、D_1 作 O_1X_1 轴的平行线,从而得到菱形。

③找出菱形短对角线的端点 O_2、O_3,连接 O_3A_1、O_3C_1、O_2B_1、O_2D_1,它们分别垂直于菱形相应的边,并与长对角线相交于 O_4、O_5,如图 7 - 11c 所示。

④分别以 O_2、O_3 为圆心,O_2B_1、O_3A_1 为半径,作出两段圆弧 A_1C_1、B_1D_1,如图7 - 11d 所示。

⑤分别以 O_4、O_5 为圆心,O_4A_1、O_5B_1 为半径,作出两段圆弧 A_1D_1、B_1C_1。四段圆弧平滑相接,即求得圆的正等测图,如图 7 - 11e 所示。

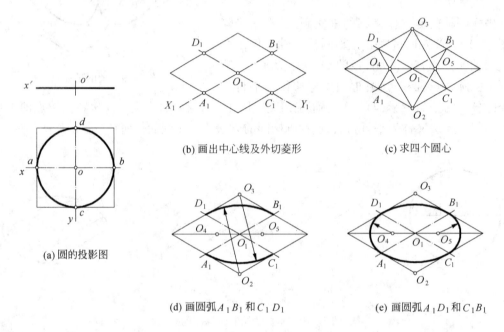

(a) 圆的投影图

(b) 画出中心线及外切菱形

(c) 求四个圆心

(d) 画圆弧 A_1B_1 和 C_1D_1

(e) 画圆弧 A_1D_1 和 C_1B_1

图 7 - 11　四心法近似绘制正等测的椭圆

四、曲面体的正等测图

掌握了坐标平面上圆的正等测画法,就不难画出各种轴线垂直于坐标平面的圆柱、圆锥及其组合体的正等测图。

例 7 - 6　根据图 7 - 12a 所示圆木榫的投影图,绘制其正等测图。

解　分析:该形体由圆柱体切割而成,可先画出切割前圆柱的轴测投影,然后根据切口宽度 b 和深度 h,画出槽口轴测投影。为作图方便和尽可能减少作图线,作图时选顶圆的圆心为坐标原点,连同槽口底面在内该形体共有 3 个位置的水平面,在画轴测图时要注意定出它们的正确位置。

作图步骤:

①在正投影图上确定坐标系,如图 7 - 12a 所示。

②作顶圆的轴测轴,确定椭面的中心位置 O_1,用四心法画出顶面椭圆。根据圆柱的高度尺寸 H 定出底面椭圆的中心位置 O_2。将各连接圆弧的圆心下移 H,圆弧与圆弧的切点也随之

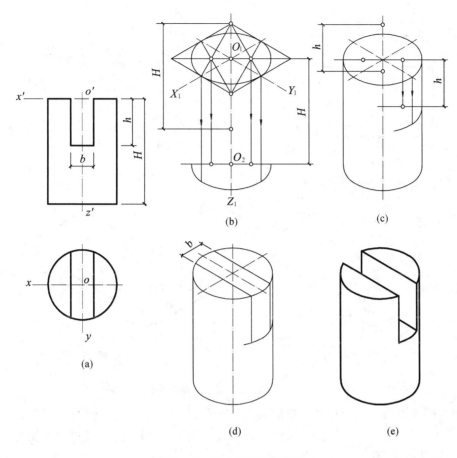

图 7－12　圆木榫的正等测图

下移,然后作出底面近似椭圆的可见部分,如图 7－12b 所示。

③作出上述两椭圆相切的圆柱面轴测投影的外形线。再由 h 定出槽口底面的中心,并按上述的移心方法画出槽口椭圆的可见部分,如图 7－12c 所示。作图时注意这一段近似椭圆可能由两段圆弧组成。

④根据宽度 b 画出槽口,如图 7－12d 所示。

⑤整理加深,即完成圆木榫的正等测图,如图 7－12e 所示。

例 7－7　根据图 7－13a 所示带圆角矩形板的投影图,绘制其正等测图。

解　分析:该矩形板上的两个圆角,实际分别为两个四分之一的圆,因此关键是作出四分之一圆的正等测图。

作图步骤:

①首先画出矩形板的正等测图。从正投影图中量得圆的半径 R,并用 R 值、以 1_1 及 2_1 为基准点,在矩形板顶面棱线上定出 A_1、B_1、C_1、D_1 四点。过 A_1、B_1 作相应棱线的垂线,垂线交于点 O_1,过 C_1、D_1 作相应棱线的垂线,垂线交于点 O_2,如图 7－13b 所示。

②以 O_1 为圆心,以 O_1A_1 为半径画出 A_1B_1 段圆弧。再以 O_2 为圆心,以 O_2C_1 为半径画出 C_1D_1 段圆弧,这样就画出了矩形板顶面圆角圆弧的轴测投影,如图 7－13c 所示。

③用同样的方法画出矩形板底面之圆角的轴测投影圆弧。为了简化作图,可采用平移法,

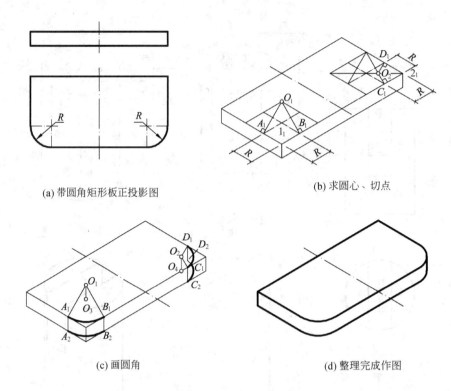

(a) 带圆角矩形板正投影图 (b) 求圆心、切点

(c) 画圆角 (d) 整理完成作图

图 7 – 13 带圆角的正等测图画法

即分别将两圆弧的圆心 O_1、O_2 及圆弧切点 A_1、B_1、C_1、D_1 向下平移一段距离,该距离为矩形板的厚度,得 O_3、O_4 及 A_2、B_2、C_2、D_2。有了圆弧圆心、起始点和终止点,就可以方便地画出这两段圆弧,如图 7 – 13c 所示。

④右边圆角的轴测投影有上下两段圆弧,这两段圆弧应该用一条公切线相连。擦除多余和不可见部分的图线,最后将轮廓线加粗描黑,完成带圆角矩形板的正等测图,如图7 – 13d 所示。

第 3 节 斜 轴 测 图

投射方向 S 倾斜于轴测投影面时所得的投影,称为斜轴测投影。以 V 面或 V 面平行面作为轴测投影面,所得的斜轴测投影,称为正面斜轴测投影。若以 H 面或 H 面平行面作为轴测投影面,则得水平斜轴测投影。画斜轴测图与画正轴测图一样,也要先确定轴间角,轴向伸缩系数以及选择轴测类型和投射方向。

一、正面斜轴测

正面斜轴测是斜投影的一种,它具有斜投影的如下特性:

(1)不管投射方向如何倾斜,平行于轴测投影面的平面图形,它的斜轴测投影反映实形。也就是说,正面斜轴测图中 O_1X_1 和 O_1Z_1 之间的轴间角是90°,两者的轴向伸缩系数都等于1,即 $p = r = 1$。这个特性使得斜轴测图的作图较为方便,对只有一个较复杂的侧面形状或为圆形的形体,这个优点尤为显著。

（2）相互平行的直线，其正面斜轴测图仍相互平行；平行于坐标轴的线段的正面斜轴测投影与线段实长之比，等于相应的轴向伸缩系数。

（3）垂直于轴测投影面的直线，它的轴测投影方向和长度，将随着投影方向 S 的不同而变化。然而，正面斜轴测图的轴测轴 O_1Y_1 的位置和轴向伸缩系数 q 是各自独立的，没有固定的关系，可以任意选之。轴测轴 O_1Y_1 与 O_1X_1 轴的夹角一般取 $30°$、$45°$ 或 $60°$，常用 $45°$。

当轴向伸缩系数 $p = q = r = 1$ 时，称为正面斜等测；当轴线伸缩系数 $p = r = 1$、$q = 0.5$ 时，称为正面斜二测。

对于正面斜二测图，通过改变轴测轴 O_1Y_1 的位置，可以建立四种不同的轴测坐标系，得到不同的轴测效果，如图 7 - 14 所示。

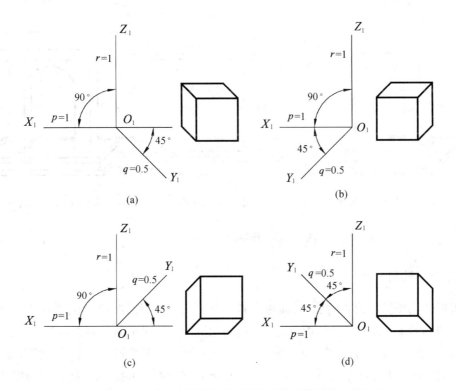

图 7 - 14 正面斜二测的轴间角、轴向伸缩系数及其四种方式

例 7 - 8 根据图 7 - 15a 所示某拱门的投影图，绘制其正面斜二测图。

解 分析：拱门由地台、门身及顶板三部分组成，作轴测图时必须注意各部分在 Y_1 方向的相对位置，如图 7 - 15a 所示。同时应注意在正面斜二测图中，Y_1 方向的轴向伸缩系数 q 为 0.5。

作图步骤：

①画地台正面斜二测，并在地台面的左右对称线上向后量取 $y_1/2$，定出拱门的墙面位置线，如图 7 - 15b 所示。

②按实形画出前墙面及 Y_1 方向线，量取 $y_2/2$ 为墙厚线，如图 7 - 15c 所示。

③完成圆拱门洞的斜二轴测图。注意后墙面半圆拱的圆心位置及半圆拱的可见部分，再在前墙面顶线中点作 Y_1 轴方向线，向前量取 $y_1/2$，定出顶板底面前缘的位置线，如图7 - 15d 所示。

④画出顶板，加粗图线，完成轴测图，如图 7 - 15e 所示。

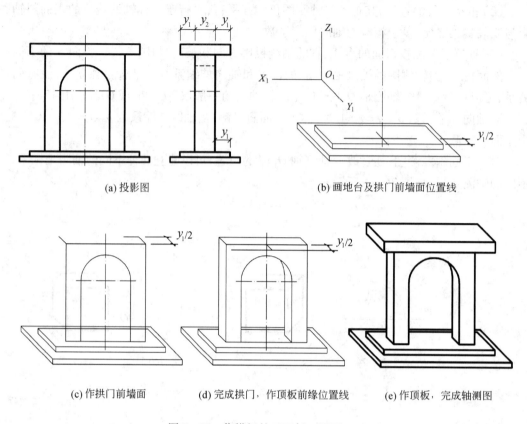

(a) 投影图　　　　　　　　　　　　(b) 画地台及拱门前墙面位置线

(c) 作拱门前墙面　　　(d) 完成拱门，作顶板前缘位置线　　　(e) 作顶板，完成轴测图

图 7 - 15　作拱门的正面斜二测图

二、水平斜轴测

如果形体仍保持正投影的位置，而用倾斜于 H 面的轴测投影方向 S，向平行于 H 面的轴测投影面 P 进行投影，如图 7 - 16a 所示，则所得斜轴测图称为水平斜等测图。

显然，在水平斜轴测投影中，空间形体的坐标轴 OX 和 OY 平行于水平的轴测投影面 P，所以变形系数 $p = q = 1$，轴间角 $\angle X_1 O_1 Y_1 = 90°$。至于 $O_1 Z_1$ 轴与 $O_1 X_1$ 轴之间轴间角以及轴向伸

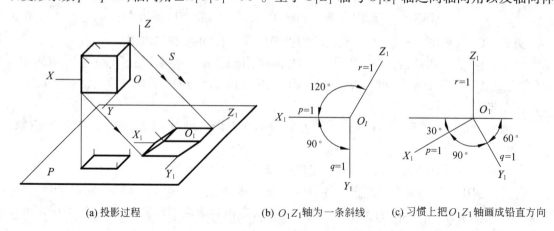

(a) 投影过程　　　(b) $O_1 Z_1$ 轴为一条斜线　　　(c) 习惯上把 $O_1 Z_1$ 轴画成铅直方向

图 7 - 16　水平斜等测图的轴间角和轴向伸缩系数

缩系数 r，同样可以单独任意选择，但习惯上取 $\angle X_1O_1Z_1=120°$，$r=1$。坐标轴 OZ 与轴测投影面垂直，由于投影方向 S 是倾斜的，所以 O_1Z_1 则成了一条斜线，如图 7－16b 所示。画图时，习惯将 O_1Z_1 轴画成铅直方向，这样 O_1X_1 和 O_1Y_1 轴相应偏转一角度，通常 O_1X_1 和 O_1Y_1 轴分别对水平线成 $30°$ 和 $60°$，如图 7－16c 所示。

例 7－9　根据图 7－17a 所示某房屋的投影图，绘制其水平斜等测图。

解　分析：该房屋由高、中、低三部分矩形组成，作轴测图时必须注意各部分的前后、左右和高低的关系，如图 7－17a 所示。

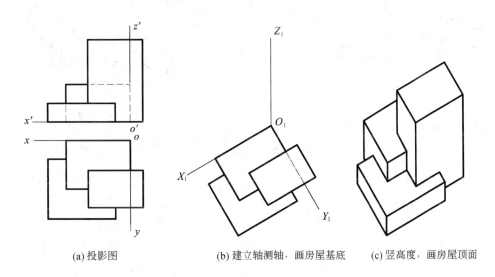

(a) 投影图　　　　　　　(b) 建立轴测轴，画房屋基底　　　　　　　(c) 竖高度，画房屋顶面

图 7－17　作房屋的水平斜等测图

作图步骤：

①坐标原点选择在房屋的右后下角，如图 7－17a。

②将房屋的水平投影图绕 O_1Z_1 轴逆时针旋转 $30°$，以 Z_1 轴为竖向，建立轴测轴，将房屋基底的投影图画出，如图 7－17b 所示。

③从基底的各个顶点向上引垂线，并在竖直方向，即沿 O_1Z_1 轴向量取相应的高度，画出房屋的顶面。

④擦除不可见线，加粗可见轮廓线，作出房屋的水平斜等测图，如图 7－17c 所示。

这种水平斜等测图，常用于绘制一个区域的规划图。如图 7－18a 所示为某小区总体规划图，图 7－18b 是该小区规划的水平斜等测图。

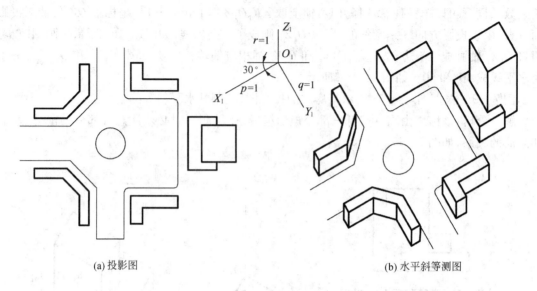

(a) 投影图　　　　　　　　　　　　　　(b) 水平斜等测图

图 7 – 18　某小区规划的水平斜等测图

第8章　阴影与透视投影

第1节　阴影的基本知识

正投影图的度量性强，但是立体感差。如果在正投影图中加绘出阴影，就可以增强其立体感。如图8-1所示，比较同一建筑物的立面图，可以明显地感觉到，加绘阴影的立面图增强了房屋的凹凸立体感，使图面生动逼真，丰富了立面图的表现能力。

(a) 未加阴影的建筑立面图

(b) 加绘阴影的建筑立面图

图8-1　阴影的效果

一、阴影的概念及常用光线

在光线的照射下,物体受光的表面称为阳面;背光的表面称为阴面,简称为阴;阳面和阴面的分界线称为阴线,如图 8-2 所示。通常情况下,形体的材料是不透光的,因此在地面或墙面上被该形体遮挡了光线的部分,就产生了阴暗区域,这一阴暗区域称为落影,简称为影。产生影的表面称为承影面,如墙面或地面等;物体上的阴面与承影面上的影称为阴影;影的边界线是形体的阴线在承影面上的影。由此可见,产生阴影要有光线、形体、承影面三要素。

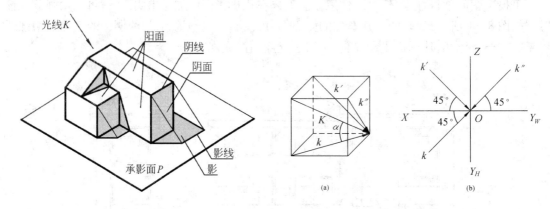

图 8-2 阴影的概念   图 8-3 常用光线

在投影图中求作阴影,一般采用平行光线。为了方便作图,选用一种特定方向的平行光线,称为常用光线。如图 8-3 所示,常用光线从左前上方射向右后下方,在投影图中常用光线的三面投影 k、k'、k'' 与坐标轴的夹角均为 45°,使作图十分简便。这时,常用光线对 H、V、W 投影面的倾角均为 $\alpha = \beta = \gamma = 35°15'53''$。

二、点的影

如图 8-4 所示,求点 B 的影,其实质是过点 B 作直线与常用光线平行,然后求出该直线与承影面的交点,即为点 B 的影 B_0。在投影图上的作法是:分别过 b、b' 作常用光线相应投影的平行线 k、k',k 与 X 轴的交点 b_0 即为影 B_0 的水平投影;过 b_0 作 X 轴垂直线与 k' 交于 b_0',即为影 B_0 的正面的投影,如图 8-4a 所示,由于点 B_0 位于 V 投影面上,所以,点 B 的影落在墙面上;当点 B 离地面较近时,k 先交 X 轴,则 B_0 落在地面上,如图 8-4b 所示。

三、直线的影

直线的影一般仍是直线。如果直线与常用光线平行时,直线的影积聚为一点,如图 8-5 中的 CD 直线。求直线段的影类似于求直线的正投影,即先求出直线段 AB 两端点在承影面上的影 A_0 和 B_0,然后连线 A_0B_0 即为所求。以下重点研究投影面垂直线的影。

（一）侧垂线的影

如图 8-6 所示,如果侧垂线的水平投影 ab 和正面投影 $a'b'$ 为已知,那么,先求出侧垂线两端点的影 A_0、B_0,则 A_0B_0 即为侧垂线 AB 的影。当 AB 离墙面较近时,A_0B_0 落在墙面上,如图 8-6a 所示;当 AB 离地面较近时,A_0B_0 落在地面上,如图 8-6b 所示。

由于侧垂线 AB 同时平行于墙面、地面,则其影 $A_0B_0 /\!/ AB /\!/ ab /\!/ a'b'$。

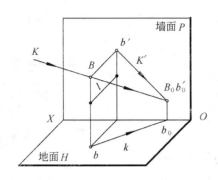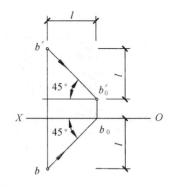

(a) 点落在墙面上的影

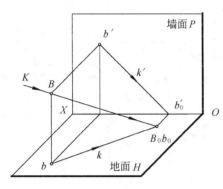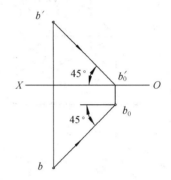

(b) 点落在地面上的影

图 8 - 4　点的影

（二）正垂线的影

如图 8 - 7 所示，CD 为正垂线，其中点 D 在墙面上，其影 D_0 即为点 D 本身，因而只需求出点 C 的影 C_0，连线 C_0D 即为所求。

图 8 - 7a 所示为正垂线落在墙面上的影，当直线 CD 与墙面垂直时，其 V 面投影 $c'd'$ 积聚成一点，则 CD 的影 C_0D_0 过 $c'(d')$ 且平行于 k'。

当正垂线 CD 离地面较近时，CD 的一部分影落在墙面上，另一部分影则落在地面上，如图 8 - 7b 所示。即 CD 的影落在两个不同的承影面上，并在两承影面的交线 X 上产生转折点（如图中 M_0），该转折点称为折影点。

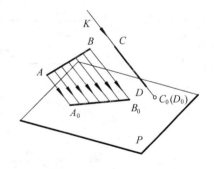

图 8 - 5　直线的影

由于正垂线与地面平行，当 M_0C_0 落在地面时，$M_0C_0 /\!/ CD /\!/ cd$；D_0M_0 落在墙面上的特性与图 8 - 7a 相同。

（三）铅垂线的影

如图 8 - 8 所示，EF 为铅垂线，其中点 F 在地面上，因而只需求出点 E 的影 E_0，连线 E_0F_0 即为所求。

如图 8 - 8a 所示为铅垂线落在地面的影，当直线 EF 与地面垂直时，ef 积聚成一点，则 EF

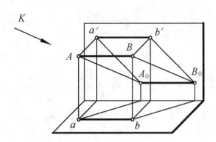
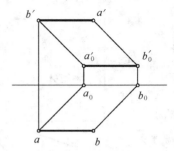

(a) 落在墙面的影

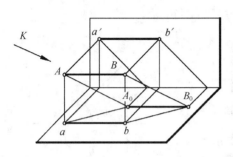
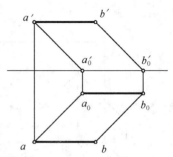

(b) 落在地面的影

图 8-6　侧垂线的影

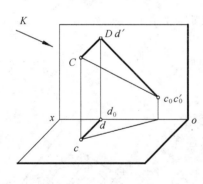
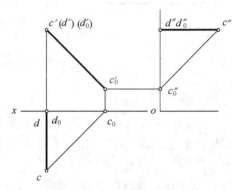

(a) 落在墙面的影

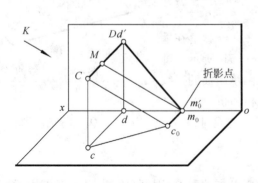
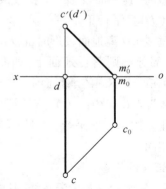

(b) 落在墙面及地面的影

图 8-7　正垂线的影

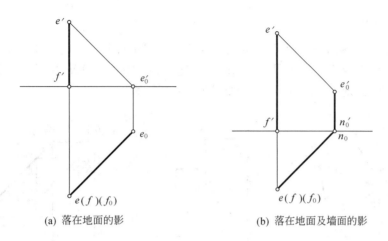

(a) 落在地面的影　　　　　　(b) 落在地面及墙面的影

图 8-8　铅垂线的影

的影 E_0F_0 过 $e(f)$，且平行 k。

当铅垂线 EF 离墙面较近时，也可能有一部分影落在地面上，另一部分落在墙面上，出现折影点 N_0，如图 8-8b 所示。

（四）一般位置直线的影

如图 8-9a 所示，一般位置直线段的影全部落在一个承影面上时，只要把端点 A 和 B 的影 A_0 和 B_0 连接起来，就是所求直线段 AB 的影。如果直线的影分别落在两个不同的承影面上，两段的影必交于两个承影面的交线上，这个交点 K 称为折影点。有三种方法可求出折影点 K：可利用端点 B 的虚影 B_H 取得，如图 8-9b 所示；也可利用在直线上任取一点 C 的方法取得，如图 8-9c 所示；还可以通过直线与承影面的交点 N，求出在同一承影面上的一段影后，延长与两承影面交线相交，交点即为折影点 K，如图 8-9d 所示。

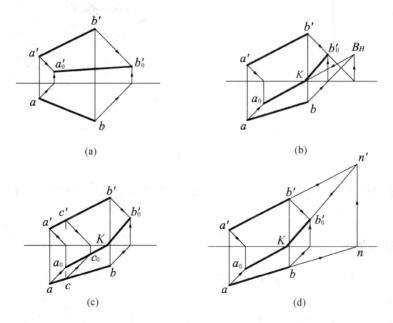

图 8-9　一般位置直线的影

四、平面图形的影

平面图形的影是由平面图形各边线的影所围成。平面图形为多边形时,只要作出多边形各顶点的影,并以直线相应连接即为所求的影的轮廓线,如图 8－10a、b、c、d 所示。如其影落在两相交承影面时,则就会出现折影线,如图 8－10e 所示。

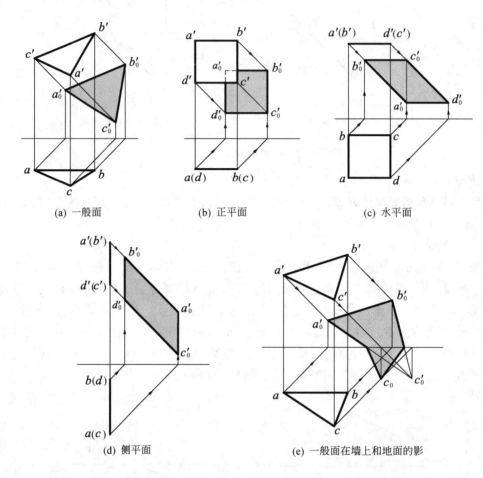

(a) 一般面　　　　　(b) 正平面　　　　　(c) 水平面

(d) 侧平面　　　　　(e) 一般面在墙上和地面的影

图 8－10　平面图形的影

第 2 节　建筑形体的阴影

根据上述求阴影的基本方法,下面结合建筑形体中的平面体和曲面体,介绍其阴影的求法。

一、平面体的阴影

建筑形体中常见的平面体有阳台、门窗洞、雨篷等。

（一）阳台的影

求立体的影时,应先判断该立体的阳面及阴面,然后把阴面及其落影求出并涂黑即为所求。如图 8－11a 所示,由于常用光线的方向是由左前上方指向右后下方,故阳台的阳面应是

左侧面 *ABDC*、前立面 *CDFE* 和上底面 *ACEG*，其余的为阴面。由此得阴线为 *BD*、*DF*、*FE* 和 *EG*。从图中可判断，其影均落在墙面上。结果如图 8 - 11b 所示。

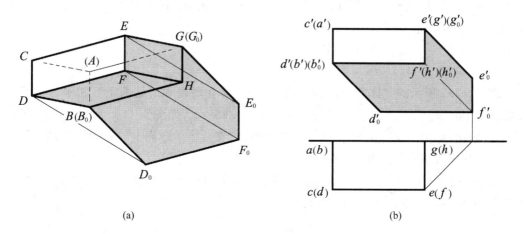

(a)　　　　　　　　　　　　　　　(b)

图 8 - 11　阳台的影

由上述的作图过程可见，求立体的影，其实质是求阴面的影，但相邻两阴面交线的影不用表示，如果解题需要时也可用细实线表示，如图 8 - 11b 所示的 $F_0H_0(f_0'h_0')$。

（二）窗洞与窗台的影

从图 8 - 12a 所示的立体图可以看出，窗洞边框的影落在窗扇上，窗台的影落在墙面上。窗洞边框的阴线是 *EFG*，窗台的阴线是 *HABCD*。其中 *EG*、*BC* 是铅垂线，*EF*、*AB* 是侧垂线，*AH*、*CD* 是正垂线。用交点法作图如图 8 - 12b 所示。

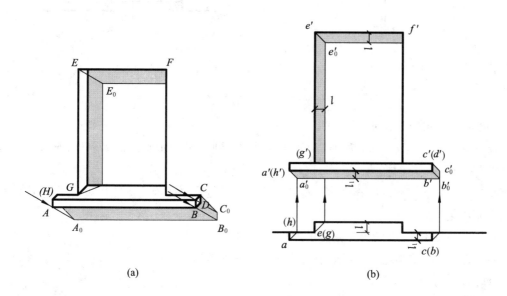

(a)　　　　　　　　　　　　　　　(b)

图 8 - 12　窗洞与窗台的影

1. 窗洞的影

① 求出窗洞边框阴线上点 *E* 的影的 *V* 投影 e_0'。

② 过 e_0' 作水平线与 *e'f'* 平行，又作铅直线与 *e'g'* 平行。所作两直线即为所求窗洞边框在窗扇上的影线。影的宽度 *l* 与窗洞边框到窗扇的深度相等。

2. 窗台的影

① 分别求出窗台阴线上点 A、B、C 的影的 V 投影 a_0'、b_0' 和 c_0'。

② 连接折线 (h')、a_0'、b_0'、c_0' 和 (d')，即为所求窗台在墙面上的影的影线。影的宽度 l_1 等于窗台凸出墙面的深度。

窗洞和窗台的影，也可以直接用度量法作出。

（三）雨篷与门洞的影

从图 8-13a 所示的立体图可以看出：雨篷的影落在墙面和门扇两个互相平行的承影面上，其中 AB 是正垂线，它的影的 V 投影是一段 45°线 $(b')a_0'$，如图 8-13b 所示。点 A 和 E 的影的 V 投影 a_0'、e_0' 可用交点法作出。AE 是侧垂线，它在两个承影面上的影的 V 投影分别是通过 a_0' 和 e_0' 的两段水平线，距门洞深度为 l_3。

另外，门扇上还有门洞边框的落影。但其中一部分影落在雨篷的影线范围之内，作图时只需作出阴线 GH 的影，如图 8-13b 所示。

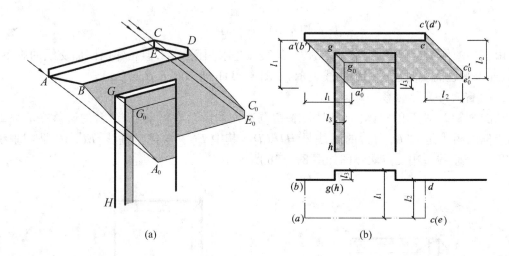

图 8-13　雨篷与门洞的影

用度量法作图的步骤如下：

① 求 a_0'，使 a_0' 与 a' 的纵横距离都等于阴线 AE 到门扇的水平距离 l_1。连 $(b')a'$，然后过 a_0' 向右作一水平线至门框边线。

② 求 e_0'，使 e_0' 与 e' 的纵横距离都等于 AE 与墙面的水平距离 l_2。然后过 e_0' 向左作一水平线至门框边线。

③ 作铅直线 $e_0'c_0'$，高度等于雨篷的厚度，然后连 $d'c_0'$。

④ 作门框边线的影，使宽度等于门扇凹入墙面的深度 l_3。

（四）台阶的影

如图 8-14a 所示台阶的阴线为左栏板的 AB、BC 和右栏板的 DE、EF。

作图过程如图 8-14b 所示：

① 由于左栏板阴线的影落在步级的踏面、踢面等，因此具有多承影面。其求解关键是点 B 的影 B_0，可由侧面投影中求出 b_0''，从 b_0'' 的位置可以判断影 B_0 落在第一级的踏面上，然后根据投影特性求得 b_0、b_0'。至于阴线 BC、BA 的影，可分别求出其折影点后连线而成。也可根据

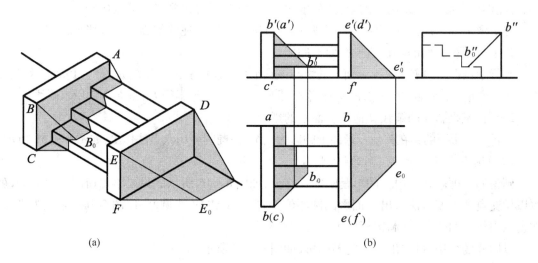

(a)　　　　　　　　　　　(b)

图 8-14　台阶的影

BC、BA 与台阶的踏面、踢面的平行、垂直关系求解。

② 右栏板阴线的影落在地面和墙面两个承影面上,同样先求出点 E 的影 E_0,然后再求阴线 EF、ED 的影。由于承影面少,其作图过程显得比求左栏板的影要简单。

二、曲面体的阴影

建筑形体为曲面体时,如圆形窗洞、拱形门洞和圆柱等,其阴影的轮廓线既有曲线也有直线。

(一)圆的影

圆是平面曲线中最规整的几何图形,它的落影问题也是较具代表性的。对于平面曲线的

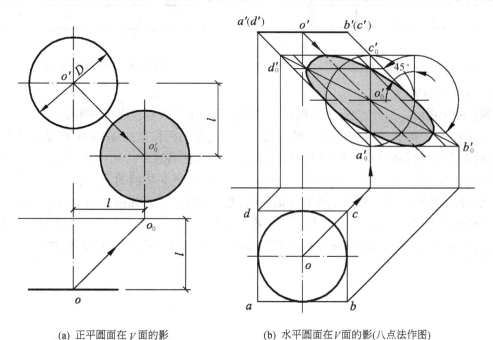

(a) 正平圆面在 V 面的影　　　　　(b) 水平圆面在 V 面的影(八点法作图)

图 8-15　圆的影

影,可先作出曲线上一系列点的影,然后依次光滑相连,即可得到平面曲线的影。

建筑形体中常用的平面曲线为圆或圆弧,且圆或圆弧所在的平面常为投影面的平行面。

1. 平行于投影面的圆在该投影面上的影

平行于投影面的圆在该投影面上的影与该圆平行且反映实形。作法如图 8-15a 所示:先用交点法或度量法,将圆心 O 的影的 V 投影 o_0 求出,然后以同等半径 D 画圆,即为所求影线。

2. 平行于投影面的圆在其他投影面上的影

平行于投影面的圆在其他投影面上的影为椭圆,该椭圆可用八点法作出,如图 8-15b 所示。

(二)圆形窗洞和拱形门洞的影

圆窗洞边框落在窗扇上的影是圆的一部分,如图 8-16 所示。只要给出窗洞的深度 m,就可以用交点法或度量法求出 V 面影的圆心位置 o_0',然后以 o_0' 为圆心,以圆窗洞的半径为半径,在窗洞内作一圆弧,与窗洞边框的 V 投影围成新月形的影。

以同样的方法,可求出拱形门洞的影,如图 8-17 所示。

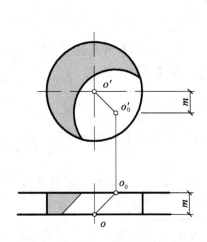

图 8-16　圆形窗洞的影

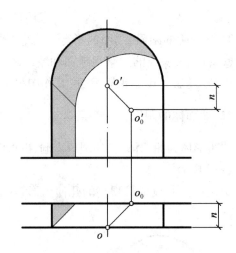

图 8-17　拱形门洞的影

(三)圆柱的阴影

圆柱的阴影由两部分组成,包括圆柱在承影面上的影和圆柱表面上的阴面。

如图 8-18a 所示,圆柱面上与光线平面 P_1、P_2 相切的两根素线 AB、CD,就是圆柱面的阴线,这两条阴线的影必与圆柱上、下底的影相切,围成圆柱的影。当圆柱轴线垂直于 H 面时,作光线的 H 投影与圆柱的 H 投影相切,切点 $a(b)$ 和 $c(d)$ 就是阴线的 H 投影。

当圆柱上底的影落在 H 面上或正立面上时,整个圆柱的落影如图 8-18b、c 所示。

圆柱表面上阴线的投影,可以直接在 V 投影上作出。在圆柱底作一辅助半圆,由圆心作45°斜线与圆周交于点 m,过点 m 在圆柱面上作铅直线,即所求阴线的 V 投影,如图 8-18b、c 所示。

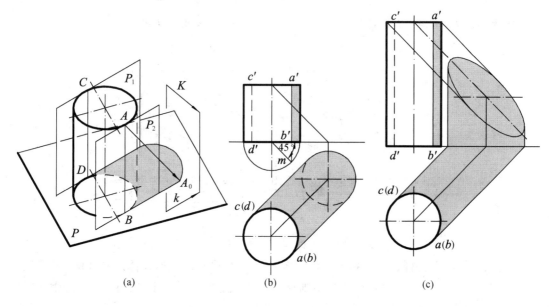

图 8-18　圆柱的阴影

第 3 节　透视投影的基本知识

一、透视投影的形成

当我们站在公路上向远处眺望时,就会看到一个很明显的特点,就是公路旁的建筑物上原本等长的墙面、公路上原本等宽的路面以及公路边原本等高的电杆,变得近宽远窄或近大远小,如图 8-19 所示。这是一种透视现象,是人类视觉印象的特征。

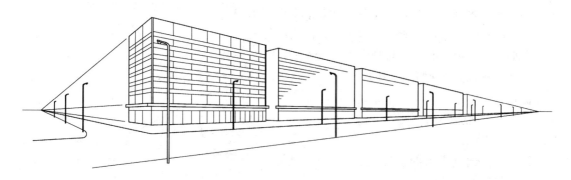

图 8-19　透视投影的特征

透视投影是用中心投影法将物体投射在单一投影面上所得到的具有立体感的图形,也称透视图,简称透视。如图 8-20 所示,从投射中心 S(相当于人的眼睛)发出视线,透过一个画面 P 与物体轮廓各点相连,视线与画面的交点所组成的图形就成了透视图。图中所示是某大楼的透视图,它逼真地反映了这座建筑物庄重、雄伟的外貌,使观者看图如目睹实物一样。由于透视图是符合人的视觉印象的真实图画,在建筑设计过程中,常常需要绘制建筑物的透视图,用于研究建筑物的空间造型和立面处理;在道路工程中,也常利用透视图进行选线规划。此外,透视图也被广泛地应用于工业设计、艺术造型和广告展览等方面。

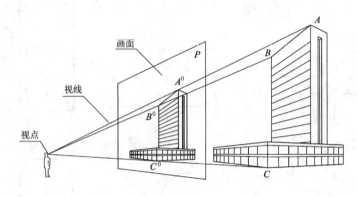

图 8-20　透视投影的形成

透视图和轴测图一样,都是一种单面投影,即用一个投影面表达物体的立体图。不同之处在于轴测图是用平行投影法画出,透视图则是用中心投影法画出。透视图的立体感比轴测图强,但作图较繁琐,度量性差。透视图和轴测图在工程中一般只作为辅助图样。

二、透视投影中的常用术语

在透视投影中,常用到一些专用的术语,弄清它们的确切含义将有助于进一步学习透视作图。如图 8-21 所示,透视投影中的常用术语如下:

基面——建筑物所在的地平面,用 H 表示;

画面——绘制透视图的投影面,常用垂直于地面的平面做画面,用 P 表示;

基线——基面 H 与画面 P 的交线,用 OX 表示;

视点——投影中心,用 S 表示;

站点——视点 S 在基面 H 上的正投影,以 s 表示;

主点——视点 S 在画面 P 上的正投影,以 s' 表示;

视平面——过视点 S 所作的水平面,即 hSh 平面;

视平线——视平面 hSh 与画面 P 的交线,用 hh 表示;

视高——视点 S 到基面 H 的高度,用 Ss 表示;

视距——视点 S 到画面 P 的距离,用 Ss' 表示;

视线——通过视点的投影线,如视点 S 与空间点 A 的连线 SA。

此外,视线 SA 与画面 P 的交点 A^0,就是空间点 A 的透视。点 a 是空间点 A 在基面 H 上的正投影,称为点 A 的基点。基点 a 的透视 a^0,称为点 A 的基透视。

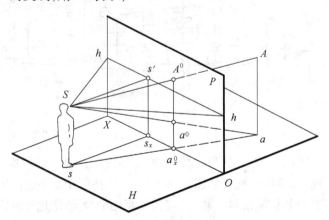

图 8-21　透视投影中的常用术语

三、点的透视

求连接空间点和视点的视线与画面的交点的作法,称为视线交点法。求出空间物体上各点透视后,连接这些交点即得物体的透视。故视线交点法是透视图的基本作法。如图 8-22a 所示,已知空间点 A 的正投影$(a'、a)$、视点 S 的正投影$(s'、s)$、画面 P 和基面 H,求点 A 的透视和基透视$(A^0、a^0)$,作图步骤如下:

(1)作视线 SA,即在画面上连 $s'a'$、$s'a'_x$(视线 SA、Sa 在画面 P 上的投影),在基面 H 上连 sa(视线 SA、Sa 在基面上的投影)。

(2)求视线 SA、Sa 与画面的交点 A^0、a^0。求出基面上 sa 与基线 OX 的交点 a^0_x。过此点 a^0_x 引铅垂线,与 $SA(s'a'、s'a'_x)$ 的交点 A^0、a^0 即为点 A 的透视与基透视。

具体作图时,为使图形清晰起见,投影面展开时,通常把基面 H 和画面 P 分开放置在一个平面上,基面 H 可以画在画面 P 的正上方或正下方,习惯上把基面放在正上方,画面放在正下方,左右对齐,使 s' 与 s、a' 与 a 符合正投影规律,如图 8-22b 所示。由于投影面$(P、H)$边框线与作图无关,故可省略不画,如图 8-22c 所示。图中 ox 线表示画面 P 在基面 H 上的水平投影,$o'x'$线表示基面 H 在画面上的投影。

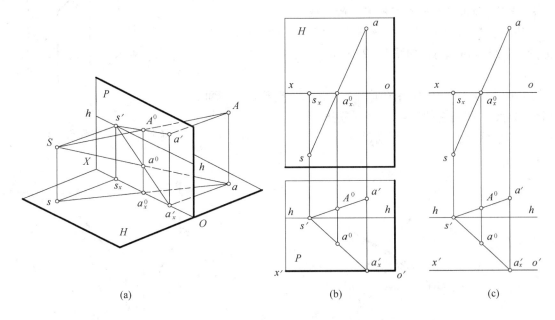

(a)　　　　　　　　　(b)　　　　　　　　　(c)

图 8-22　视线交点法作点的透视和基透视

四、直线的透视

(一)直线的迹点和灭点

直线与画面的交点称为直线的画面迹点,简称迹点。如图 8-23 中两条相互平行且与画面相交的直线 AB 与 CD,其迹点分别是 M 与 N。

直线上离画面无穷远点的透视,称为该直线的灭点。如图 8-23 所示,求直线 AB 无穷远点的透视,应先通过视点 S 作视线与 AB 平行,该视线与画面的交点 F 称为直线 AB 的灭点。

从几何学知道,两平行直线交于无限远点,因而,相互平行的直线有一个共同的灭点,该灭点就是直线上无穷远点的透视,图中点 F 是相互平行的直线 AB 与 CD 的共同灭点。

（二）画面平行线的透视

画面平行线与画面无交点。如图 8-23 中 EG 直线和图 8-24 中反映高度方向的铅垂线 HI 均平行于画面,故与画面无交点,过视点 S 且分别与 EG 直线和 HI 铅垂线平行的两条视线与画面也无交点。由此可得:平行于画面的平行线没有迹点和灭点,它们的透视与线段本身平行,其透视长度长短不等,符合近大远小的规律。位于画面上的直线,其透视就是直线本身。即所有平行于高度方向的铅垂线,它们的透视仍是铅垂线。但应特别注意,只有当高度方向的铅垂线在画面上时,它的透视高度才等于实高(也称为真高线)。若该线段不在画面上,它的透视高度则变短或变长。

（三）基面上与画面相交的直线的透视

基面上与画面相交的直线有两种情况,一种与画面斜交,另一种与画面垂直,如图 8-25 所示。

1. 基面上与画面斜交的直线

基面上的直线 AB 倾斜于画面。将它的 A 端延长与画面相交,交点 M 就是它的迹点,它必在基线上。过视点 S 引与直线 AB 平行的视线,它与画面的交点 F 就是直线 AB 的灭

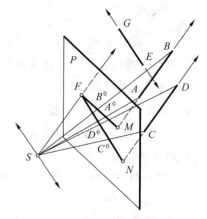

图 8-23　直线的迹点和灭点

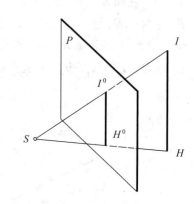

图 8-24　铅垂线的透视

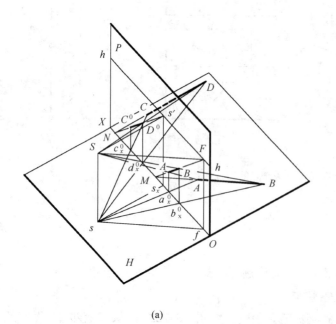

(a)

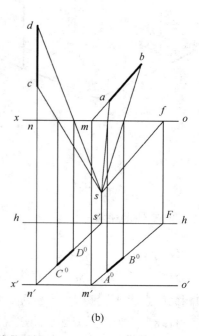

(b)

图 8-25　基面上与画面相交的直线的透视

点。该灭点在视平线上。由此可得：与画面相交的任何水平线的灭点都在视平线上。

2. 基面上与画面垂直的直线

直线 CD 为基面上的画面垂直线。将 C 端延长与画面相交，交点 N 为迹点。过视点 S 作平行于直线 CD 的视线，它就是主视线，主点 s' 就是 CD 的灭点。所以，任何画面垂直线的灭点就是主点 s'。

五、透视图的分类

建筑物具有长、宽、高三组主方向的棱线。与主方向棱线平行的视线和画面的交点，称为主向灭点。随着建筑物与画面相对位置的不同，主向灭点的数量也有所不同。建筑透视图由主向灭点的多少来分类。在图 8-26a 中，物体只有宽度方向的直线与画面相交，有一个灭点，即主点 s'，所得的透视称为一点透视，也称平行透视；在图 8-26b 中，物体长、宽两个主向直线与画面相交，有两个灭点 F_1、F_2，所得的透视称为两点透视，也称成角透视。在图 8-26c 中，画面倾斜于基面，物体上三主向直线都与画面相交，有三个灭点 F_1、F_2、F_3，所得的透视就称为三点透视，也称斜透视。图 8-27 为长方体的一点透视、两点透视和三点透视的三种透视图形，本章只介绍前两种透视的画法。

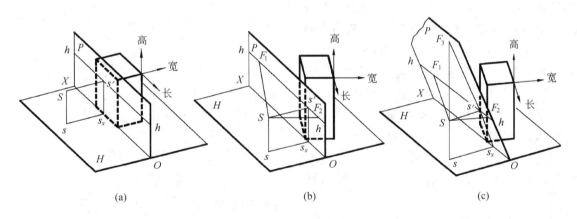

(a)　　　　　　　　　(b)　　　　　　　　　(c)

图 8-26　透视的分类

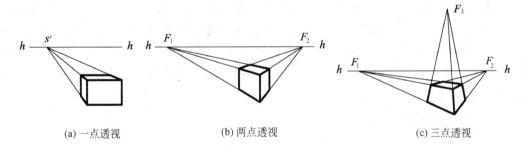

(a) 一点透视　　　　　　(b) 两点透视　　　　　　(c) 三点透视

图 8-27　三种透视图形

第4节 透视图的画法

一、绘制透视图的基本方法

（一）迹点灭点法

在图8-28a中有一长方体的正投影图。设视高为 H。为便于作图,使画面经过长方体的一条棱线 AB,并使其正面和侧面与画面的夹角为30°和60°。过站点作长方体两主向直线的平行线,得灭点的投影 f_1 和 f_2。将长方体底面边线 dc 和 de 延长至画面上,得到两个迹点1和2。由此量得三个迹点间的距离为 m、n。

在图8-28b中,先根据高度 H 确定基线 $o'x'$ 和视平线 hh。再根据图8-28a中 ox 线上各点的相对位置,确定灭点 F_1、F_2 和三个迹点的位置 $1'$、A^0、$2'$。由这三个迹点与相应的灭点相连,就得到长方体的基透视 $A^0C^0D^0E^0$,即长方体的透视平面图。过迹点 A^0 作高为 L 的真高线 A^0B^0,连 B^0F_1、B^0F_2,它们与过 $1'$、$2'$ 两点的竖直线相交,得到长方体的透视。这种利用直线的迹点和灭点来作出形体透视的方法,就称为迹点灭点法。

（二）视线迹点法

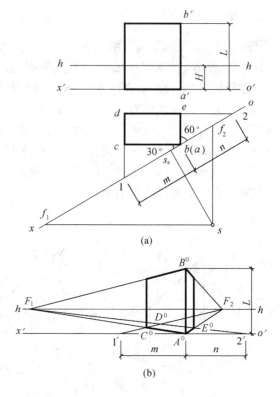

图8-28 迹点灭点法作长方体的透视

如图8-29a所示,基面上有一条直线 AB,作其迹点 N、灭点 F,直线段 AB 的透视就包含在 N 和 F 点的连线 NF 内。为了作出 A、B 两点的透视,过站点 s 作辅助线 sA、sB,它们与基线相交得 a_x^0、b_x^0。由于 Ss 为铅垂线,所以,平面 SAs 和 SBs 都是铅垂面,它们与画面的交线 $A^0a_x^0$、$B^0b_x^0$ 为铅垂线。所以在图8-29b中,由 a_x^0、b_x^0 向上作竖直线与 NF 相交,就可得出直线 AB 的透视 A^0B^0。这种在基面上以过站点的直线作为辅助线,求得基面上各点透视的方法称为视线迹点法,俗称建筑师法。

二、绘画一点透视

当画面同时平行于建筑物的高度方向和长度方向时,宽度方向的直线有一个灭点,所得的透视称为一点透视。由于一点透视可以同时看到观看者前面和左右侧面的情况,一般用于画室内装饰、庭园、长廊和街景等。

例8-1 如图8-30所示,已知门厅的平面图和立面图,求作室内一点透视图。

解 建筑图中的平面图为建筑物的 H 投影,立面图则为 V 投影。图8-30将作图过程分成四个步骤,进行如下:

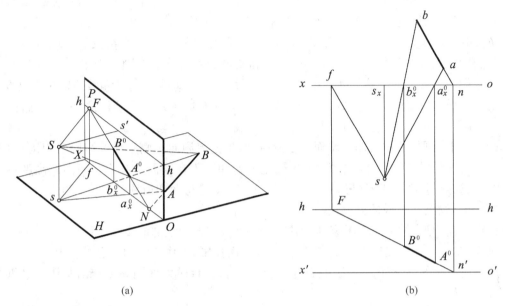

(a)　　　　　　　　　　　　　　　　　　(b)

图 8-29　视线迹点法作直线的透视

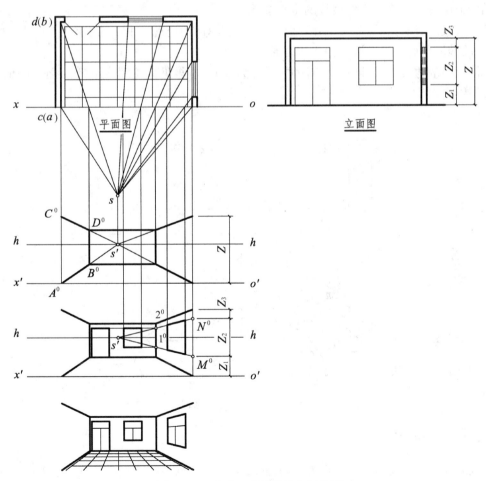

图 8-30　室内一点透视的作图步骤

（1）布局。画面平行于正墙面，视角一般取 60°～80°。站点可稍偏于一侧，使构图不至于因太正而显得呆板。视点高度一般取人眼平均高 1.6m 左右。画好视平线后，求宽度方向的灭点 F。由于宽度方向垂直于画面，所以主点 s′ 就是所求灭点 F，它必在视平线 hh 上。

（2）作墙角线等的透视。左侧墙角线 AB 和墙顶线 CD，分别与画面交于 A^0 和 C^0，即画面交点。它们的透视方向分别是 $A^0s′$ 和 $C^0s′$。用视线迹点法即可求得墙角线 BD 的透视 B^0D^0。同样的方法作出右墙的透视。最后连接正墙的墙脚线和墙顶线。必须注意，由于它们在空间是平行于画面的水平线，它们的透视仍然是水平线。

（3）作门窗洞的透视。作正墙面的窗洞时，假想把窗洞向右侧延伸至与墙面相接，利用墙面与画面的交线反映真实高度的特性，先确定窗台和窗顶在墙面与画面交线上的高度点 M^0、N^0，再连接灭点得 $M^0s′$、$N^0s′$，与墙角线的交点 1^0、2^0 就是窗台和窗顶的透视高度点。

（4）作门窗洞与地板的分隔线的透视，完成全图。

值得一提的是，如果还需画家具，则按先画其外框、再画细部的步骤进行。

例 8 - 2 如图 8 - 31 所示，已知台阶的 H、V 面投影，求作台阶的一点透视图。

解 使台阶的前立面在画面上，确定站点 s，并根据台阶立面图高度定出基线 0′x′ 和视平线 hh 的位置。

因为台阶的前立面在画面上，故其透视与前立面重合。将立面图上的各点与主点 s′ 相连，即为踏步上所有与画面垂直的棱线的全长透视。

利用视线迹点法按顺序画出台阶踏步各踏面和踢面的透视。由于踏步前后立面均为画面平行面，故踏步前后立面的透视为相似图形。

台阶侧板的透视，可用同样的方法画出。透视图上看得见的轮廓线用粗实线画出，看不见的轮廓线不必画出。

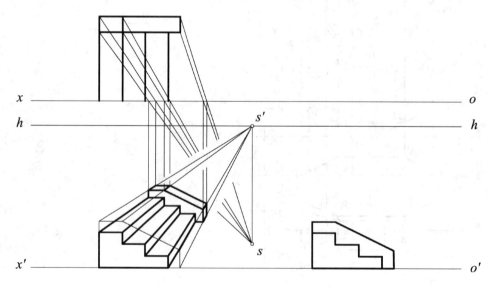

图 8 - 31 台阶的一点透视

三、两点透视的画法

当画面仅平行于建筑物的高度方向时，长度方向和宽度方向的直线各有一个灭点，所得的透视称为两点透视。两点透视符合人们平时观察物体时的视角印象，透视效果真实自然，广泛应用于表达单体建筑物,是常用的一种透视图。

例 8 - 3　绘画图 8 - 32a 所示两坡顶房屋的两点透视。

解　该房屋轮廓由下方长方体和上方人字坡屋面所组成,作图的方法和步骤如下。

(1)布局

着手画一个建筑物的透视时,首先要进行合理的布局,如图 8 - 32b 所示。铅垂的画面 P 习惯上与长方体的一根侧棱(建筑物的墙角线)接触,并且与长方体的正立面成 30°左右的夹角。

确定视平线。实际上也就是确定视点的高度,一般视平线的高度取 1.6m 左右,在画面上以建筑图同样的比例画出,如图 8 - 32b 中的 hh。

确定视角。对于两点透视,一般视角取 30°左右,而且主视线应大致是视角的分角线,见图 8 - 32b 所示,这样所画出的透视图的效果较好。

(2)求水平线的灭点

长方体共有四条平行于长度方向的水平线 AB、ab、CD、cd,见图 8 - 32c。如前所述,它们的透视的延长线,必相交于一个灭点 F_1。如果先把灭点 F_1 求出,作图就非常方便了。由此,在透视图上过站点 s 引直线平行于建筑物的长度方向,即 $sf_1 /\!/ ab$,与 ox 轴相交于 f_1,得灭点的水平投影。过 f_1 引铅直线与画面 P 上的视平线 hh 相交,即得灭点 F_1。用同样的方法可求出宽度方向的灭点 F_2。

(3)绘画房屋下方长方体的透视

用迹点灭点法作长方体的透视,见图 8 - 32c。作图方法可参阅图 8 - 28,这里不再重述。其中长方体的侧棱 Aa 与画面重合,因而它的透视 A^0a^0 等于真高 Z_1。

在竖高度的同时,作出 AB 和 AC 的透视 A^0B^0 和 A^0C^0。长方体背后其他线条都看不见,不必画出。

(4)作屋檐线的透视

如图 8 - 32d 所示,由于布局时已设置画面与墙角接触,因此前屋檐线就有一段 GN 凸出画面。作图时可如前所述,先求屋檐线的水平投影 ge 的透视,然后由竖高度求出 GE。但不难看出,与墙角线 Aa 一样,直线 Nn 也位于画面上,可直接从点 n^0 截取檐口高度 Z_2,求得点 N 的透视 N^0。然后连 N^0F_1,就是前屋檐线的透视方向,最后用视线迹点法求出两端点 G 和 E 的透视,即得 G^0E^0。

(5)作屋脊线的透视

屋脊线 IJ 也是平行于长度方向的水平线,它与画面没有现成的交点。作图时,先将屋脊线延长,与画面相交于点 M,见图 8 - 32e。点 M 的水平投影 m,就是 IJ 的水平投影 ij 延长后与 ox 轴的交点。作图时,先延长 ij 交 ox 轴得 m,过 m 引竖直连线交 o'x' 于 m^0,从 m^0 起在竖直线上量取 M^0m^0 等于屋脊高度 Z_3,得屋脊的画面交点 M^0。连 M^0F_1,就是屋脊线的透视方向。最后用视线迹点法求出两端点 I 和 J 的透视,即得屋脊线的透视 I^0J^0。

(6)作人字屋檐线的透视

求出了前屋檐和屋脊的透视之后,只要分别连接 I^0G^0 和 J^0E^0。就得前坡面两侧人字屋檐的透视,见图 8 - 32f。用同样的方法求出后屋檐线一个端点 K 以及屋脊线与山墙的交点 L 后,连接 J^0K^0,完成后坡面人字屋檐的透视,过 L^0 与墙角线 Dd 中的 D^0 点相连,可求出坡屋面与山墙的交线,完成全图。

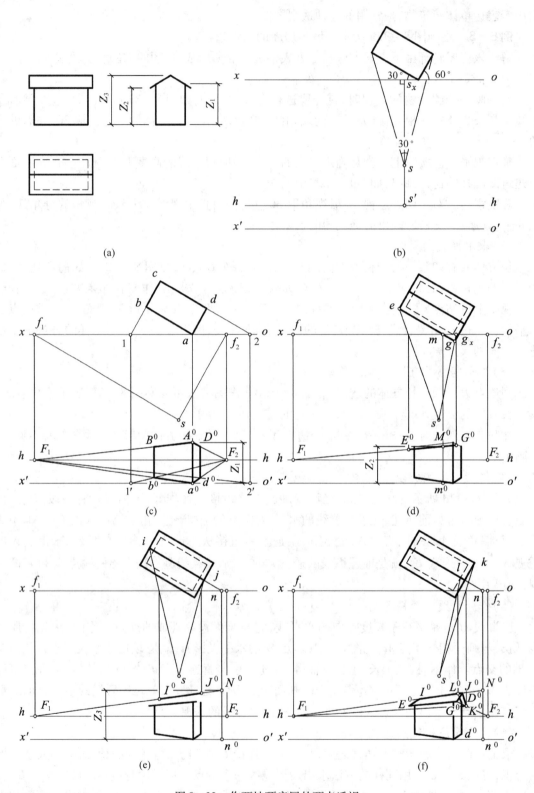

图 8-32　作两坡顶房屋的两点透视

例 8－4　如图 8－33 所示,已知门洞的平面图、剖面图、站点和画面,作两点透视图。

解　图中求出灭点 F_1、F_2 之后,站点 s 就用不着了。因点的透视不再是用视线迹点的基面投影求得,而是用过该点的两组全长透视相交求得该点的透视,作图步骤如下:

(1)在平面图上过 s 作 sf_1∥bc,作 sf_2∥ab,它们与 ox 轴线相交得 f_1、f_2,过 f_1、f_2 引铅垂线与视平线 hh 相交得 F_1、F_2。

(2)在平面图中求得各直线迹点的基面投影 m、n、p、r、t,再根据剖面图中各部分高度求得相应直线的画面迹点 M^0m^0、Q^0q^0、A^0a^0。

(3)求雨篷的透视:

① 连 A^0F_2,a^0F_2 并延长,连 Q^0F_1,q^0F_1 并延长,此两组全长透视相交得角点 B、b 的放大透视 B^0b^0;

② 连 M^0F_2 与 m^0F_2 相交得 C^0、c^0,a^0F_x 与 m^0F_2 相交得 D^0。

(4)求门洞的透视:

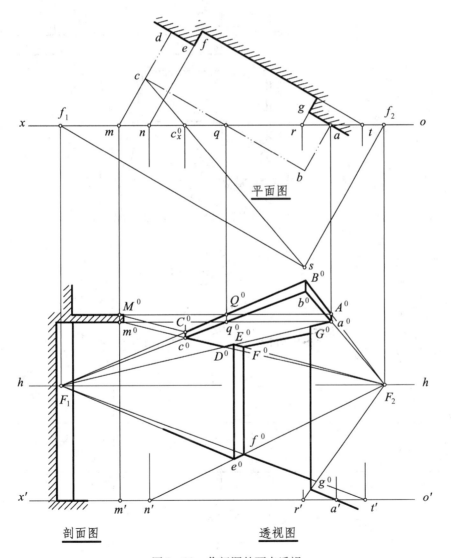

图 8－33　作门洞的两点透视

① 连 Fxa' 即得地平线(墙面与地面的交线);

② 连 $n'F_2$、$r'F_2$ 与 F_xa' 相交得 e^0、g^0,过 e^0、g^0 竖高度与 a^0F_1 相交得门洞的透视高度 E^0e^0、G^0g^0,再连 $t'F_1$ 与 $n'F_2$ 相交得 f^0;

③ 由于雨篷底面与门洞顶面在同一水平面上,所以连 $E^0F_y^0$ 与过 f^0 的铅垂线相交得 F^0,再连 F^0F_x,并延长到 G^0g^0 相交止。至此门洞的透视全部作完。

在工程实践中,往往需要根据小比例的建筑平面图和立面图,在画面上画出放大几倍后的透视图。如图 8-34a 所示的设计图的比例为 1:100,现要求按设计图放大一倍($n=2$),即比例为 1:50 绘制两点透视。绘画透视图时,确定画面基点 a' 后、定墙角线点 b' 时,只要使 $a'b'=2ab$ 即可,其他点的确定以此类推,如 $a'c'=2ac$、$a'd'=2ad$ 等。必须注意的是,视平线和各部分的真高线也应放大同样的倍数。详细作图过程如图 8-34 所示。

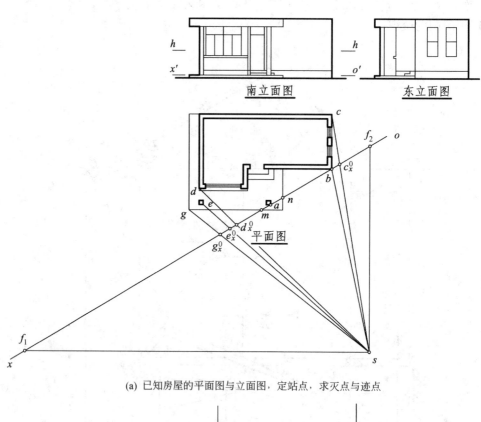

(a) 已知房屋的平面图与立面图,定站点,求灭点与迹点

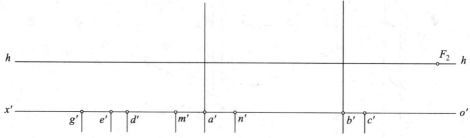

(b) 定画面,按相应倍数确定真高线及各迹点

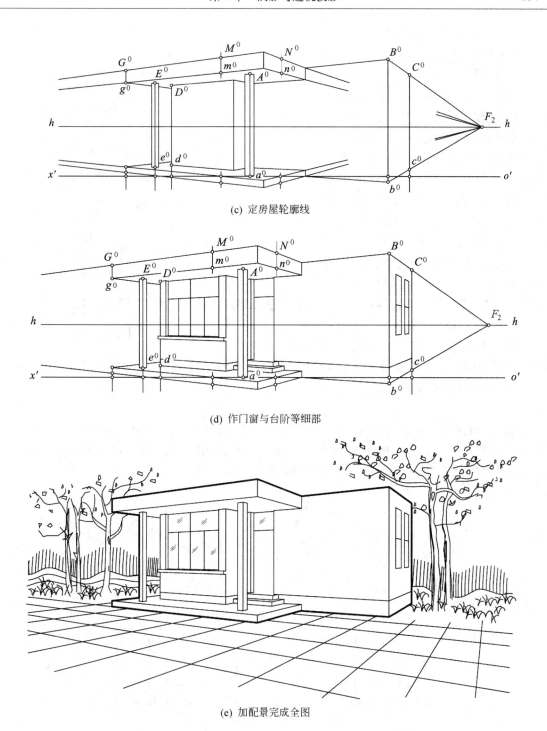

(c) 定房屋轮廓线

(d) 作门窗与台阶等细部

(e) 加配景完成全图

图 8-34　放大绘画建筑物透视图步骤

四、视点、视高和画面位置的选择

视点、物体和画面是透视成图的三要素。它们之间的相对位置关系决定了透视图的形象。为了使所绘的透视图既能反映出设计意图,又能使图面达到最佳效果,必须注意以下几方面的选择。

（一）视点和视角的选择

从实际经验可知，当视点过偏，视距过近时，视角就会增大，透视易产生失真现象。因此，在绘画形体的透视图时，视线应在一定范围内才感舒适，这个范围可近似地作为一个以视点为顶点、主视线为轴线的圆锥。该圆锥称为视锥，其顶角称为视角。视角一般应在20°～90°的范围内，而绘室外透视一般采用30°左右，画室内透视可略大于60°，但不宜超过90°，否则会失真。

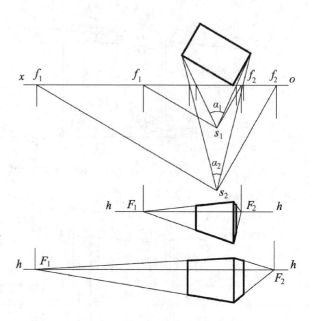

若建筑物与画面的位置已确定，视点的选择是很重要的。如图 8-35 中，视点 S_1 与建筑物距离较近，视角 α_1 稍大，由于两灭点相距过近，图像变形较大。如果将视点移至 S_2，此时，视角减小，两灭点相距较远，图像看起来较开阔舒展。可见视角的大小，对透视形象的影响甚大。

图 8-35　视点与视角的关系

选择视点还应反映建筑物的全貌。如图 8-36 所示，形体由三个体块组合。当视点位于 S_1 处，透视图仅能表达两个体块，严重失真，如图 8-36a 所示。如将视点选在 S_2 处，则透视图能完整地表达建筑物的形体特征，如图 8-36b 所示。

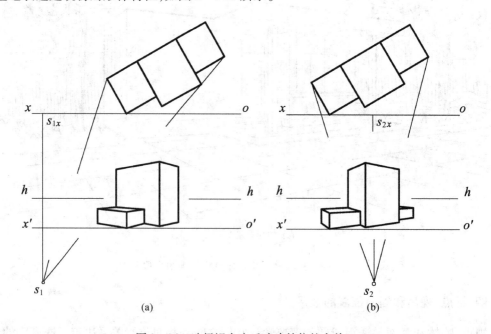

(a)　　　　　　　　　　　　　　(b)

图 8-36　选择视点应反映建筑物的全貌

（二）视高的选择

视高的选择就是指确定视平线高度,在室外透视中,通常按一般人的眼睛到地面的高度来作视高,约1.6m。具体作图时应根据建筑物的性质、用途来决定视平线的高低,如绘制纪念碑透视图时视平线应低,以显示它的高大雄伟;绘建筑群的鸟瞰透视时视平线应选择得高,看得广阔,尽可能反映全貌;对平房则视平线可选择低接近于地面,或高接近于檐口线,切忌选在房屋高的正中,避免呆板,对于绘高层建筑外形透视,视平线可提高到二层门窗洞之间。尽量减少透视图产生失真。

如图 8 - 37 所示,同样表达一幢建筑物,由于视高不同,其透视效果就不一样。升高视点可获得俯视的效果,给人以舒展、开阔、居高临下的远视感觉;降低视点可获得仰视的效果,它可使所绘物体的图形给人以高耸、雄伟、挺拔的感觉。

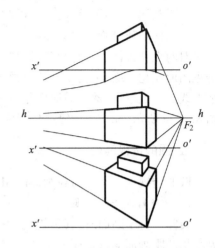

图 8 - 37　视高不同的不同透视效果

（三）画面位置的选择

1. 画面与建筑物前后位置的变化

画建筑物的一点透视时,为了作图方便,通常将画面与建筑物的主要立面重合。在视点位置不变时,前后平移画面,所得的透视图形状不变,而大小发生变化。

画建筑物的两点透视时,如果视点与建筑物的相对位置不变,仅使画面前后移动,则所得透视图形状相似,但大小不同。当画面在建筑物之前时,所得的透视为缩小透视,如图 8 - 38a

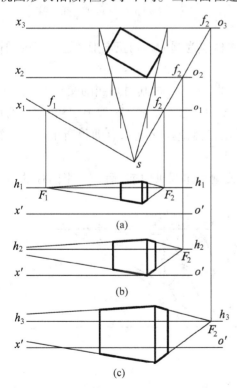

图 8 - 38　画面与建筑物的前后位置

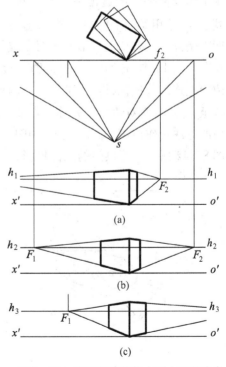

图 8 - 39　画面与建筑物主要立面的夹角

所示;当画面位于建筑物之后时,所得的透视为放大透视,如图8-38c所示;一般常使建筑物一角位于画面上,便于反映真高,以利作图,如图8-38b所示。

2. 画面与建筑物主要立面的夹角

对两点透视而言,画面与建筑物主要立面之间的夹角越小,该立面上水平线的灭点越远,透视图形变化平缓,主要立面的透视轮廓越宽阔,如图8-39a所示;反之,夹角越大,主立面上水平线的灭点越近,透视图形变化急剧,主立面的透视轮廓越窄小,甚至与侧立面主次不分,如图8-39c所示。因而,一般选择画面与建筑物主要立面的夹角为20°～40°,以30°左右为宜。

五、圆的透视画法

圆的透视根据圆平面与画面的相对位置不同,一般情况下可得到圆或椭圆。

（一）平行于画面的圆

当圆平行于画面时,其透视仍为一个圆。圆的透视的大小依圆距画面的远近而定。图8-40为轴线垂直于画面的水平圆管的透视。圆管的前端面位于画面上,其透视就是它本身,后端面在画面之后,与画面平行,其透视则是半径缩小的圆。为此,先求出后端面圆心 C_2 的透视 C_2^0,再求出后端面两同心圆的半径 $A_2^0 C_2^0$、$B_2^0 C_2^0$ 的透视 $A_2^0 C_2^0$ 和 $B_2^0 C_2^0$,然后分别以此为半径画圆,得到后端面两个圆的透视。最后,画出圆管上与前后两外圆相切的轮廓素线,完成圆管的透视图。

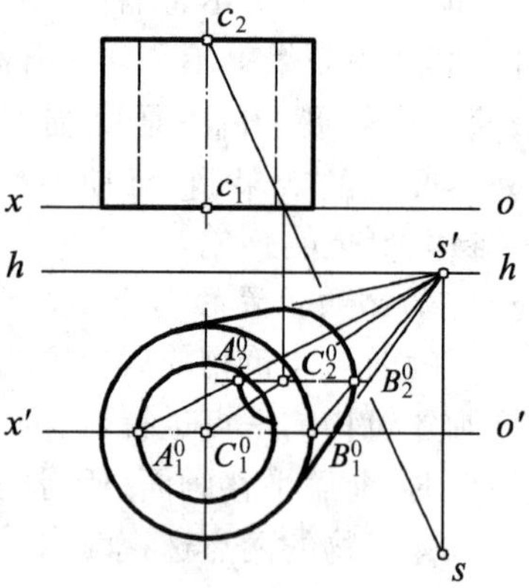

图8-40　圆管的透视

（二）水平圆及侧平圆

水平圆及侧平圆的透视在一般情况下是椭圆。为了画出其透视,采用类似于轴测投影中的八点法。其中四点为圆的外切正方形各边中点的透视,另外四点是圆与其外切正方形两条对角线的交点。

在图8-41a中,先作出圆的外切正方形的透视 $A^0 B^0 C^0 D^0$,过其对角线的交点 O^0,作正方形对边中点连线的透视,得 1^0、3^0、5^0、7^0 四点。再按图中作法在基线 $o'x'$ 线上定出9、10两点,并引线至主点 s',交对角线于另外四点 2^0、4^0、6^0、8^0。光滑地连接这八点即得所求圆的透视。用类似的方法可作出侧平圆的透视,如图8-41b所示。

图8-42所示为圆拱门的三面投影,作透视图关键是作圆拱门前、后两个半圆弧的透视。

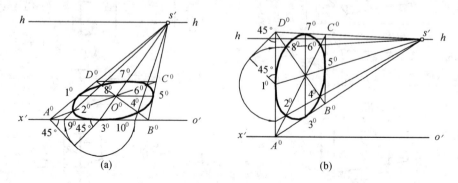

(a)　　　　　　　　　　　　　　　(b)

图8-41　八点法作透视图的椭圆

作半圆弧的透视可采用图 8－41 八点法作透视图椭圆的方法,将半圆弧纳入半个正方形中,作出半个正方形的透视,如作出前半圆弧所在的半个正方形的透视后,可得到前半圆弧上三个点的透视 1^0、3^0、5^0,再作出对角线与半圆弧交点的透视 2^0 和 4^0,将这五点光滑地连接起来,就得到前半圆弧的透视。用同样的方法可求出后半圆弧的透视,图中是利用过前后两个半圆弧上对应点连线的透视指向共同灭点 F_2 的特性,使作图简化,作图过程这里不再详述。

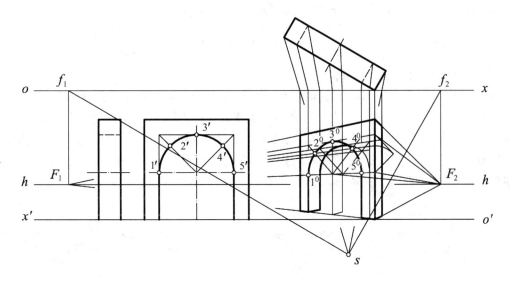

图 8－42　圆拱门的透视

第 5 节　透视图中建筑细部的简捷画法

一、线段的分割

对于平行于画面的直线,直线上各段之比等于其透视各段之比。如图 8－43a 所示,已知与画面平行的线段 AB 上的 C、D 两点把 AB 分为 $AC:CD:DB = 2:1:3$。则其透视 $A^0C^0:C^0D^0:D^0B^0$ 及其基透视 $a^0c^0:c^0d^0:d^0b^0$ 各段之比亦应为 $2:1:3$。

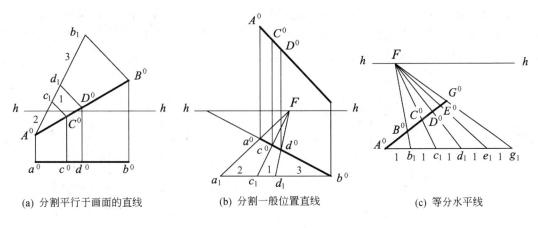

(a) 分割平行于画面的直线　　　　(b) 分割一般位置直线　　　　(c) 等分水平线

图 8－43　线段的分割

如图 8-43b 所示,如果要把一般位置线段 AB 分为 $AC:CD:DB=2:1:3$ 三段,则在透视图中应先将其基透视 a^0b^0 分为所需的三段,为此,经点 b^0 引水平线 b^0a^1,在其上截取 a_1、c_1、d_1 三点,使 $a_1c_1:c_1d_1:d_1b^0=2:1:3$。连 a_1 与 a^0,直线 a_1a^0 交视平线 hh 于辅助灭点 F,则 c_1F、d_1F 就可与 a^0b^0 交出分点 c^0、d^0。经分点 c^0、d^0 引竖直线,交 A^0B^0 于所需的分点 C^0、D^0。

显然,上述方法同样可用来作等分点的透视。图 8-43c 中,已知水平线 AD 的透视 A^0G^0,按上述方法利用灭点 F 作出了五等分点的透视 B^0、C^0、D^0、E^0。

二、矩形的分割

1.利用矩形的对角线进行分割

图 8-44a 是位于水平面内一组对边平行于画面的矩形的透视,由对角线的交点确定了其中点的透视 O^0。过 O^0 点引至主点 s' 及平行于视平线 hh 的直线,把矩形分成四等份。在图 8-44b 中的位于水平面内的矩形,其两组对边的灭点为 F_1 和 F_2,同样利用对角线作出其中心的透视 O^0,再经 O^0 引线至灭点 F_1 和 F_2,把矩形分为四等份。图 8-44c 则是把位于铅垂面内的矩形,在透视中分割为四等份的作法。

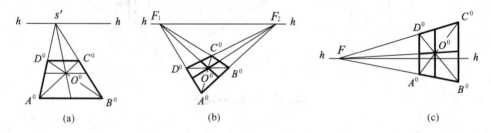

(a)　　　　　　　(b)　　　　　　　(c)

图 8-44　把矩形分割成四等份

2.利用矩形的一条对角线和一组平行线,将水平分割转换为垂直分割

在图 8-45 中,要将矩形沿水平方向按 1:3:2 的比例分割,可先在竖直线 A^0B^0 上以任一长度为单位按已知比例截量,得 I^0、G^0、E^0 点。以 $A^0I^0J^0D^0$ 作为矩形的透视,作对角线 D^0I^0,然后将 E^0、G^0 两点与灭点 F 相连,直线 G^0F、E^0F 与对角线 D^0I^0 相交于 M^0、N^0 两点,通过 M^0、N^0 两点作竖直线,就可得出矩形 $ABCD$ 按比例 1:3:2 在透视图中的竖直分割。

3.利用辅助灭点将矩形进行分割

如图 8-46 所示,将矩形 $ABCD$ 的透视 $A^0B^0C^0D^0$ 进行分割,首先按图 8-43b 中的方法,利用辅助灭点 F_3,把矩形的边分成所需的比例,然后通过各分点作竖直线就可将其分割。图 8-46 为建筑物的两个立面按所需的比例分割。

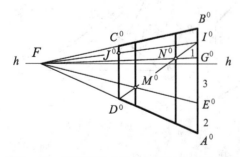

图 8-45　将矩形的水平分割转换为垂直分割

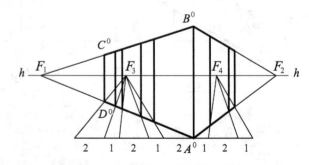

图 8-46　利用辅助灭点将矩形分割

第9章　建筑施工图

第1节　概　述

　　房屋是供人们日常生活、生产和工作的主要场所。建造房屋要经过设计与施工两个过程。把想像中的房屋,按照"国标"的规定,用正投影方法画出的图样,称为房屋建筑图。设计过程中用来研究、比较、审批等反映房屋功能组合、房屋内外概貌和设计意图的图样,称为房屋初步设计图,简称初设图。为施工服务的图样称为房屋施工图,简称施工图。

一、房屋的组成

　　构成房屋建筑的主要部分是基础、墙或柱、楼地面、屋面、楼梯和门窗等。此外,建筑物通常还有台阶、雨篷、阳台等各种构配件和装饰等。

　　现以图9-1所示的一幢三层住宅楼为例,将房屋各组成部分的名称及其作用作一简单介绍。楼房的第一层称为首层(也称底层),往上数,称二层、三层(或顶层)。房屋由许多构配件和装饰组成,从图中可知它们的名称和位置。其中钢筋混凝土基础承受上部建筑的荷载并传

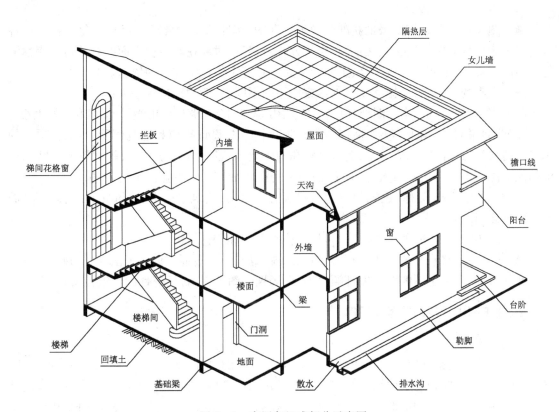

图9-1　房屋各组成部分示意图

递到地基;内外墙起着围护(挡风雨、隔热、保温)和分隔作用;楼面与地面是分隔建筑空间的水平承重构件;屋面是房屋顶部的围护和承重构件,由承重层、防水层和隔热层等组成;楼梯是楼房的垂直交通设施,供人们上下楼层之用;门主要用作交通联系和分隔房间,窗主要用作采光和通风,门窗是建筑外观的一部分,对建筑的立面造型和室内装饰产生影响。此外,天沟、女儿墙、雨篷、雨水管、勒脚、散水、明沟等起着排水和保护墙身的作用。阳台供远眺、晾晒之用,女儿墙在屋面上起遮拦的作用,它们同时也起到立面造型装饰的效果。

二、施工图的产生及分类

房屋建筑的设计一般分为两个阶段:初步设计阶段和施工图设计阶段。

(一)初步设计阶段

初步设计是根据该项目的设计任务,明确要求,收集资料,调查研究。对于建筑中的主要问题,如建筑的平面布置,水平与垂直交通的安排,建筑外形与内部空间处理的基本意图,建筑与周围环境的整体关系,建筑材料和结构形式的选择等进行初步的考虑,做出较为合理的设计方案。设计方案主要用平面图、立面图和剖面图等图样,把设计意图表达出来,以便于与建设方做进一步研究和修改。重要建筑常作多个方案以便比较选用。

设计方案确定后,需进一步去解决结构选型及布置,各工种之间的配合等技术问题,从而对方案作进一步修改,按一定的比例绘制初步设计图。初步设计图的内容包括建筑总平面图、建筑平面图、立面图、剖面图。此外,通常还加绘彩色透视图等表达建筑物外表面的颜色搭配及其立体造型效果,必要时还要做出小比例的模型,以表示建筑物竣工后的外貌。

(二)施工图设计阶段

施工图设计主要是依据报批获准的初步设计图,按照施工的要求予以具体化。各专业各自用尽可能详尽的图样、尺寸、文字、表格等方式,将工程对象在本专业方面的有关情况表达清楚。为施工安装、编制工程概预算、工程竣工后验收等工作提供完整的依据。

一套完整的施工图,根据其专业内容或作用的不同,一般的编排顺序为:

(1)图纸目录。列出本套图纸有几类,各类图纸有几张,每张图纸的编号、图名和图幅大小。

(2)设计总说明。内容包括本工程项目的设计依据、设计规模和建筑面积;本工程项目的相对标高与绝对标高的对应关系;建筑用料和施工要求说明;采用新技术、新材料或有特殊要求的做法说明等。以上各项内容,对于简单的工程,可分别在各专业图纸上表述。

(3)建筑施工图(简称"建施")。包括建筑总平面图、建筑平面图、建筑立面图、建筑剖面图及建筑详图。

(4)结构施工图(简称"结施")。包括结构平面图和构件详图。

(5)设备施工图(简称"设施")。包括给水排水施工图、暖通空调施工图、电气施工图等。

此外,各专业施工图的图纸编排顺序为:全局性的图纸在前,局部性的图纸在后。

三、施工图中常用的符号和图例

(一)定位轴线

定位轴线是用来确定建筑物主要结构及构件位置的尺寸基准线。凡承重构件如墙、柱、梁、屋架等位置都要画上定位轴线并进行编号,施工时应以此为定位的基准。定位轴线应用细单点长画线表示,在线的端部画一细实线圆,直径为 $8\sim10$ mm。圆内注写编号,如图 9-2a 所示。在建筑平面图上编号的次序是横向自左向右用阿拉伯数字编写,如图 9-9 中的横向编号为 1 到 4;竖向自下而上用大写拉丁字母编写,如图 9-9 中的竖向编号为 A 到 C。其中,拉丁字母中的 I、O、Z 不得用做轴线编号,以免与数字 1、0、2 混淆。定位轴线的编号一般注写在图形的下方和左侧。

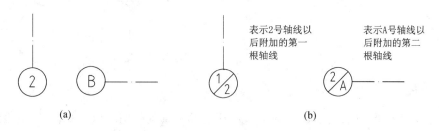

图 9-2 定位轴线

对于某些次要构件的定位轴线,可用附加轴线的形式表示,如图 9-2b 所示。附加轴线的编号以分数表示,其中分母表示前一根轴线的编号,分子表示附加轴线的编号,用数字依次编写。平面图上需要画出全部的定位轴线。立面图或剖面图上一般只需画出两端的定位轴线。

(二)标高符号

标高符号表示某一部位的高度。在图中用标高符号加注尺寸数字表示,见图 9-3a。当标注位置不够时,标高符号也可按图 9-3b 所示形式绘制。标高符号用细实线绘制,符号中的三角形为等腰三角形,高度为 3mm,标高符号画法应符合图 9-3c 的规定,长横线上下可用来注写尺寸,尺寸单位为 m,注写到小数点后三位(总平面图上可注到小数点后两位)。总平面图上室外地坪标高符号,用涂黑的三角形表示,见图 9-3d。标高符号的尖端指至被注高度,尖端宜向下,也可向上,见图 9-3e。

常以房屋的底层室内地面作为零点标高,注写形式为: ±0.000;零点标高以上为"正",标高数字前不必注写" +"号,如 3.200;零点标高以下为"负",标高数字前必须加注" -"号,如 -0.600。标高的注写形式可参见图 9-9。

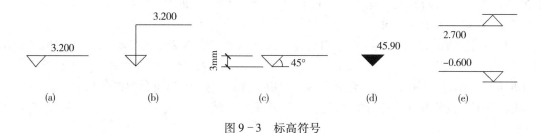

图 9-3 标高符号

(三)索引符号和详图符号

在房屋建筑图中某一局部或构配件需要另见详图时,应以索引符号索引。

1. 索引符号

用一细实线为引出线指出要画详图的地方,在线的另一端画一直径为 8~10mm 的细实线圆,圆内过圆心画一水平线。如索引出的详图与被索引的图样同在一张图纸内,应在索引符号的上半圆内用阿拉伯数字注明该详图的编号,并在下半圆内画一段水平细实线,见图 9-4a。如索引出的详图与被索引的图样不在同一张图纸内,应在索引符号的下半圆中用阿拉伯数字注明该详图所在图纸的图号,见图 9-4b,表示索引的 5 号详图在图号为 2 的图纸上。如索引出的详图采用标准图,应在索引符号水平直径的延长线上加注该标准图册的编号,见图 9-

4c,表示索引的 5 号详图在名为 J103 的标准图册、图号为 2 的图纸上。

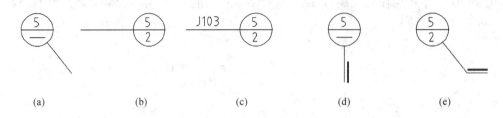

(a)　　　　　　　(b)　　　　　　　(c)　　　　　　　(d)　　　　　　　(e)

图 9-4　索引符号

　　索引符号如用于索引剖面详图,应在被剖切的部位绘制剖切的位置线,并以引出线引出索引符号,引出线所在的一侧应为投射方向。图 9-4d 表示剖切后向左投射。图 9-4e 表示剖切后向下投射。

　　2.详图符号

　　详图符号为一粗实线圆,直径为 14mm。图 9-5a 表示这个详图的编号为 5,被索引的图样与这个详图同在一张图纸内;图 9-5b 表示这个详图的编号为 5,与被索引的图样不在同一张图纸内,而在图号为 2 的图纸内。

(a)　　　　　　　(b)

图 9-5　详图符号　　　　　　　　　　　　　　　　图 9-6　指北针

　　(四)指北针

　　在首层建筑平面图上的左下角,均应画上指北针。如图 9-6 所示,指北针用细实线绘制,圆的直径为 24mm,指针尾部宽度为 3mm,指针头部应注"北"或"N"字样。

　　(五)建筑施工图常用图例

　　为了简化作图,建筑施工图中常用约定的图例表示建筑材料,见表 6-1。在房屋建筑图中,对比例小于或等于 1∶50 的平面图和剖面图,砖墙的图例不画斜线;对比例小于或等于 1∶100 的平面图和剖面图,钢筋混凝土构件(如柱、梁、板等)的建筑材料图例可简化为涂黑。

　　表 9-1 为建筑施工图中常用的建筑构造及配件图例。

四、阅读施工图的步骤

　　一套完整的房屋施工图,简单的有十几张,复杂的有几十张,甚至几百张。阅读这些图纸时,究竟应从哪里看起呢?

　　对于全套图纸来说,应先看图纸目录和设计总说明,再按建筑施工图、结构施工图和设备施工图的顺序阅读。对于建筑施工图来说,先平面图、立面图、剖面图(简称平、立、剖),后详图。对于结构施工图来说,先基础图、结构平面图,后构件详图。当然这些步骤不是孤立的,而是要经常互相联系并反复进行。

　　阅读图样时,还应注意按先整体后局部、先文字说明后图样、先图形后尺寸的原则依次进行。同时,还应注意各类图纸之间的联系,弄清各专业工种之间的关系等。

表 9－1　常用的建筑构造及配件图例

名称	图例	说明	名称	图例	说明
楼梯	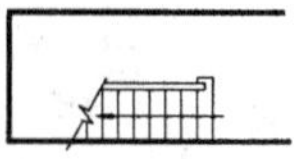 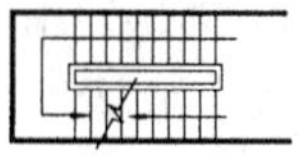 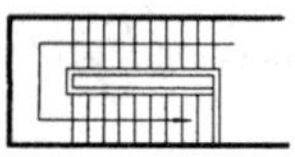	1. 上图为底层楼梯平面，中图为中层楼梯平面，下图为顶层楼梯平面 2. 楼梯的形式及步数应按实际情况绘制	单扇门（包括平开或单面弹簧）	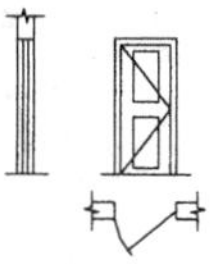	1. 门的名称代号用 M 表示 2. 剖视图上左为外，右为内，平面图上下为外，上为内 3. 立面图上开启方向线交角的一侧为安装合页的一侧，实线为外开，虚线为内开 4. 平面图上的开启弧线及立面图上的开启方向线，在一般设计图上不需表示，仅在制作图上表示 5. 立面形式应按实际情况绘制
			单扇双面弹簧门	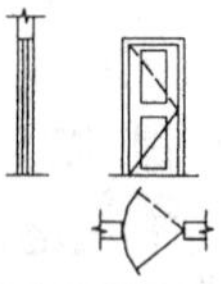	
			双扇门（包括平开或单面弹簧）	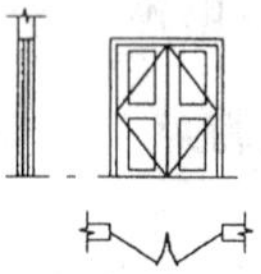	
坡度			双扇双面弹簧门	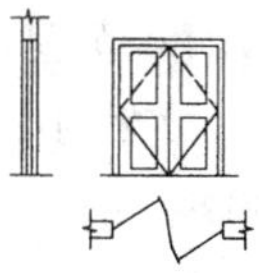	
检查孔		左图为可见检查孔 右图为不可见检查孔			
孔洞			对开折叠门	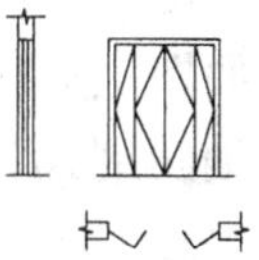	
坑槽			单层固定窗	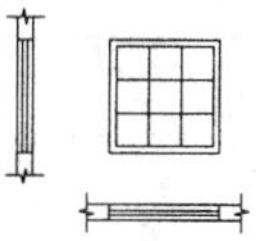	1. 窗的名称代号用 C 表示 2. 立面图中的虚线表示窗的开关方向，实线为外开，虚线为内开；开启方向，线交角的一侧为安装合页的一侧，一般设计图中可不表示 3. 剖视图上左为外、右为内，平面图上下为外，上为内 4. 平面图、剖视图上的虚线仅说明开关方式，在设计图中不需要表示 5. 窗的立面形式应按实际情况绘制
墙预留洞	宽×高×深 或 Φ		单层外开上悬窗	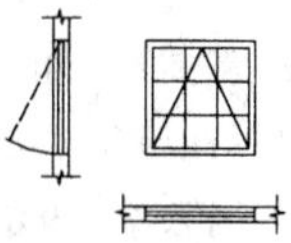	
墙预留槽	宽×高×深 或 Φ		单层中悬窗	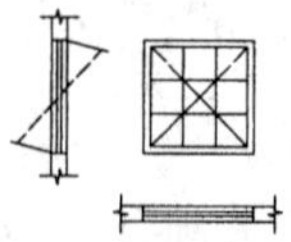	
烟道			单层外开平开窗	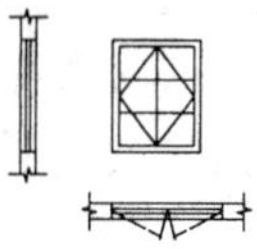	
通风道					
空门洞			左右推拉窗	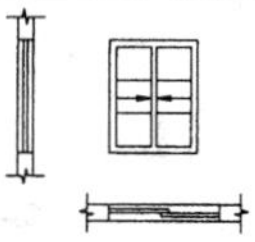	

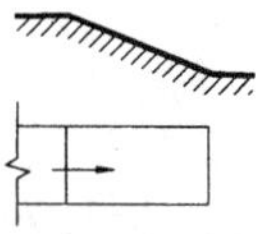

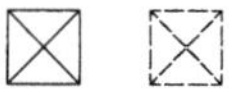

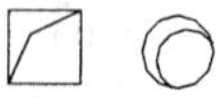

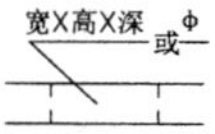

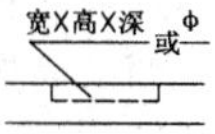

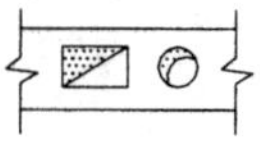

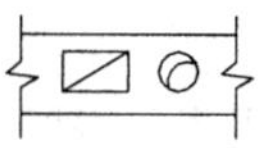

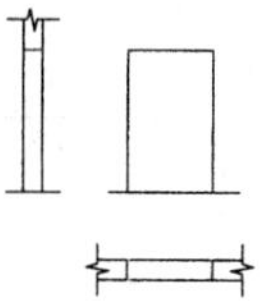

第 2 节　建筑总平面图

一、图示方法和内容

将新建建筑物以及在一定范围内的建筑物、构筑物连同其周围的环境状况,用水平投影方法和相应的图例所画出的图样,称为建筑总平面图,简称总平面图或总图。它表明了新建筑物的平面形状、位置、朝向、高程,以及与周围环境,如原有建筑物、道路、绿化等之间的关系。因此,总平面图是新建建筑物施工定位和规划布置场地的依据;也是其他专业(如水、暖、电等)的管线总平面图规划布置的依据。

二、有关规定和画法特点

(一)比例

建筑总平面图所表示的范围比较大,一般都采用较小的比例,常用的比例有 1∶500,1∶1000,1∶2000 等。工程实践中,由于有关部门提供的地形图一般采用 1∶500 的比例,故总平面图的比例常用 1∶500。

(二)图例与线型

由于比例很小,总平面图上的内容一般是按图例绘制的,常用图例见表 9 - 2。当标准所列图例不够用时,也可自编图例,但应加以说明。

表 9 - 2　总平面图常用图例

名称	图例	说明	名称	图例	说明
新建的建筑物	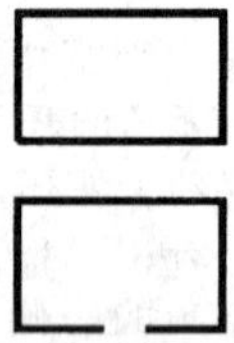	1. 上图为不画出入口图例,下图为画出入口图例 2. 需要时,可在图形内右上角以点数或数字(高层宜用数字)表示层数 3. 用粗实线表示	填挖边坡	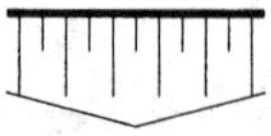	边坡较长时可在一端或两端局部表示
			护坡	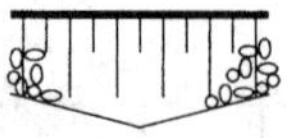	
原有的建筑物	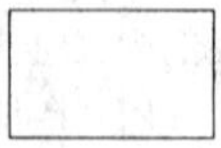	1. 应注明拟利用者 2. 用细实线表示	雨水井		
计划扩建的预留地或建筑地		用中虚线表示	消火栓井		
			室内标高	151.00	
拆除的建筑物		用细实线表示	室外标高	 ▼143.00	

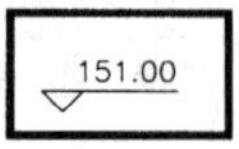

续表 9－2

名称	图例	说明	名称	图例	说明
新建的地下建筑物或构筑物		用粗虚线表示	新建道路		1. "R9"表示道路转弯半径为9m；"150.00"为路面中心标高；"6"表示6%，为纵向坡度；"101.00"表示变坡点距离 2. 图中斜线为道路端面示意，根据实际需要绘制
围墙及大门		1. 上图为砖石、混凝土或金属材料围墙 2. 下图为镀锌铁丝网、篱笆等围墙 3. 如仅表示围墙时不画大门	原有道路		
			计划扩建的道路	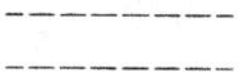	
露天桥式起重机			道路曲线段	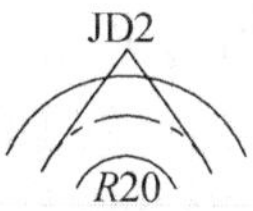 JD2 R20	1. "JD2"为曲线转折点编号 2. "R20"表示道路曲线半径为20m
架空索道		"I"为支架位置	桥梁	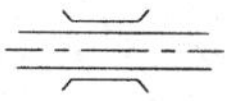 	1. 上图为公路桥 2. 下图为铁路桥 3. 用于焊桥时应注明
坐标	X105.00 Y425.00 / A131.51 B278.25	1. 上图表示测量坐标 2. 下图表示施工坐标	跨线桥	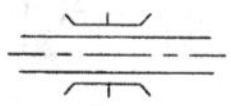	道路跨铁路
					铁路跨道路
					道路跨道路
方格网交叉点标高	-0.50 77.85 78.35	1. "78.35"为原地面标高 2. "77.85"为设计标高 3. "－0.50"为施工高度 4. "－"表示挖方，"＋"表示填方			铁路跨铁路
			管线	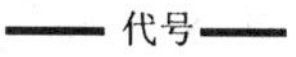 代号	管线代号按现行国家有关标准的规定标准

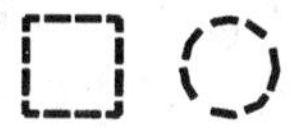

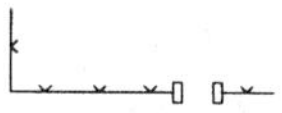

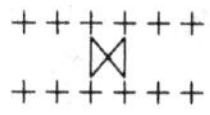

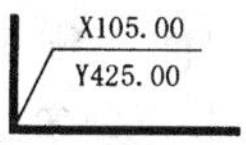

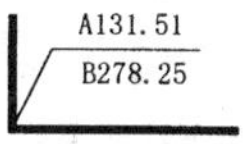

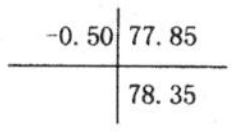

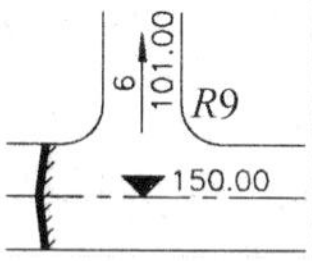

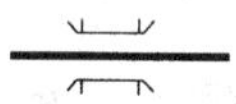

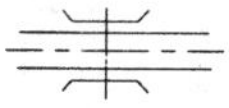

从图例可知,新建建筑物的外形轮廓线用粗实线绘制,新建的道路、桥涵、围墙等用中实线绘制,计划扩建的建筑物用中虚线绘制,原有的建筑物、道路及坐标网、尺寸线、引出线等用细实线绘制。

（三）注写名称与层数

总平面图上的建筑物、构筑物应注写名称与层数。当图样比例小或图面无足够位置注写名称时,可用编号列表编注。注写层数则应在图形内右上角用小圆黑点或数字表示。

（四）地形

当地形复杂时要画出等高线,表明地形的高低起伏变化。

（五）坐标网格

总平面图表示的范围较大时,应画出测量坐标网或建筑坐标网。测量坐标代号宜用"X、Y"表示,例如 X1200、Y700;建筑坐标代号宜用"A、B"表示,例如 A100、B200。

（六）尺寸标注与标高注法

总平面图中尺寸标注的内容包括：新建建筑物的总长和总宽；新建建筑物与原有建筑物或道路的间距；新增道路的宽度等。

总平面图中标注的标高应为绝对标高。所谓绝对标高，是指以我国青岛市外的黄海海平面作为零点而测定的高度尺寸。假如标注相对标高，则应注明其换算关系。新建建筑物应标注室内外地面的绝对标高。

标高及坐标尺寸宜以 m 为单位，并保留到小数点后两位。

（七）指北针或风玫瑰图

总平面图应按上北下南方向绘制。根据场地形状或布局，可向左或向右偏转，但不宜超过 45°。总平面图上应画出指北针或风玫瑰图。风玫瑰图也称风向频率玫瑰图，一般画出十六个方向的长短线来表示该地区常年风向频率。其中，粗实线表示全年风向频率，细实线表示冬季风向频率，虚线表示夏季风向频率，图 9-7 是广州市的风玫瑰图，表明该地区冬季北风发生的次数最多，而夏季东南风发生的次数最多。由于风玫瑰图同时也表明了建筑物的朝向情况，因此，如果在总平面图上绘制了风玫瑰图，则不必再绘制指北针。

图 9-7　风玫瑰图

（八）绿化规划与补充图例

上面所列内容，既不是完整无缺，也不是任何工程设计都缺一不可，因而应根据工程的特点和实际情况而定。对一些简单的工程，可不画出等高线、坐标网格或绿化规划等。

三、识读建筑总平面图示例

图 9-8 是某住宅小区一角的总平面图，选用比例 1∶500。图中用粗实线画出的图形是两幢相同的新建住宅 A（也称代号为 A 的住宅）的外形轮廓。细实线画出的是原有住宅 B、综合楼、仓库和球场的外形轮廓，以及道路、围墙和绿化等。虚线画出的是计划扩建的住宅外形轮廓。

从图中风玫瑰图与等高线所注写的数值，可知总平面图按上北下南方向绘制，图中所示该地区全年最大的风向频率为东南风和北风。该小区地势是自西北向东南倾斜。新建住宅室内地坪，标注建筑图中 ±0.00m 处的绝对标高为 19.20m。注意室内外地坪标高标注符号的不同。

从图中的尺寸标注，可知新建住宅总长 19.68m，总宽 11.59m。新建住宅的位置可用定位尺寸或坐标确定。定位尺寸应注出与原建筑物或道路中心线的联系尺寸，新建住宅东面离道路中心线 11.90m，南面离道路边线 8.00m，两幢新建住宅南北间距 12.00m，新建住宅北面离原有住宅 13.00m。

从各个图形的右上角的标注，可知新建住宅 3 层高，原有住宅 3 层高，仓库 1 层高，综合楼 12 层高。

从图中还可以了解到周围环境的情况。如新建住宅的南面有名为文园路的道路，东面有计划扩建的住宅，东北角是仓库并建有围墙，北面是原有住宅 B，西北面有一个篮球场，西面有道路和综合楼，综合楼的西南面有一待拆的房屋等。

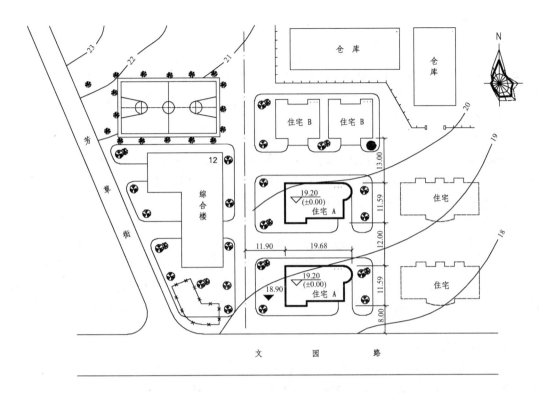

总平面图 1:500

图9-8　某住宅小区总平面图

第3节　建筑平面图

一、图示方法和内容

假想用一个水平的剖切平面沿门窗洞的位置将房屋剖开，移去上面部分后，向水平投影面作正投影所得的水平剖面图，称为建筑平面图，简称平面图。

建筑平面图反映了建筑物的平面形状和平面布置，包括墙和柱、门窗，以及其他建筑构配件的位置和大小等。它是墙体砌筑、门窗安装和室内装修的重要依据，是施工图中最基本的图样之一。

如果是楼房，沿首层剖开所得到的全剖面图称为首层平面图，沿二层、三层……剖开所得到的全剖面图则相应称为二层平面图、三层平面图……房屋有几层，通常就应画出几个平面图，并在图的下方注明相应的图名和比例。当房屋上下各楼层的平面布置相同时，可共用一个平面图，图名为标准层平面图或X～Y层平面图（如三～八层平面图）。此外还有屋面平面图，是房屋顶面的水平投影。

建筑平面图除了表示本层的内部情况外，还需表示下一层平面图中未反映的可见建筑构配件，如雨篷等。首层平面图也需表示室外的台阶、散水、明沟和花池等。

房屋的建筑构造包括有阳台、台阶、雨篷、踏步、斜坡、通气竖井、管线竖井、雨水管、散水、排水沟、花池等。建筑配件包括有卫生器具、水池、工作台、橱柜以及各种设备等。

二、有关规定和画法特点

（一）比例与图例

建筑平面图的比例应根据建筑物的大小和复杂程度选定，常用比例为 1：50、1：100、1：200，多用 1：100。由于绘制建筑平面图的比例较小，所以平面图内的建筑构造与配件要用表 9－1 的图例表示，见本章第 1 节。

（二）定位轴线

定位轴线确定了房屋各承重构件的定位和布置，同时也是其他建筑构配件的尺寸基准线。定位轴线的画法和编号已在本章第 1 节中详细介绍。建筑平面图中定位轴线的编号确定后，其他各种图样中的轴线编号应与之相符。

（三）图线

被剖切到的墙、柱的断面轮廓线用粗实线画出。砖墙一般不画图例，钢筋混凝土的柱和墙的断面通常涂黑表示。粉刷层在 1：100 的平面图中不必画出，当比例为 1：50 或更大时，则要用细实线画出。没有剖切到的可见轮廓线，如窗台、台阶、明沟、楼梯和阳台等用中实线画出，当绘制较简单的图样时，也可用细实线画出。尺寸线与尺寸界线、标高符号、定位轴线等用细实线和细单点长画线画出。

（四）门窗布置及编号

门与窗均按图例画出，门线用 90°或 45°的中实线（或细实线）表示开启方向；窗线用两条平行的细实线（高窗用细虚线）表示窗框与窗扇。门窗的代号分别为"M"和"C"，当设计选用的门、窗是标准设计时，也可选用门窗标准图集中的门窗型号或代号来标注。门窗代号的后面都注有编号，编号为阿拉伯数字，同一类型和大小的门窗用同一代号和编号。为了方便工程预算、订货与加工，通常还需有一个门窗明细表，列出该房屋所选用的门窗编号、洞口尺寸、数量、采用标准图集及编号等，见表 9－3。

（五）尺寸与标高

标注的尺寸包括外部尺寸和内部尺寸。外部尺寸通常为三道尺寸，一般注写在图形下方和左方，最外面一道尺寸称第一道尺寸，表示外轮廓的总尺寸，即指从一端外墙边到另一端外墙边的总长和总宽尺寸；第二道尺寸表示轴线之间的距离，通常为房间的开间和进深尺寸；第三道尺寸为细部尺寸，表示门窗洞口的宽度和位置、墙柱的大小和位置等。内部尺寸用于表示室内的门窗洞、孔洞、墙厚、房间净空和固定设施等的大小和位置。

注写楼、地面标高，表明该楼、地面对首层地面的零点标高（注写为 ±0.000）的相对高度。注写的标高为装修后完成面的相对标高，也称注写建筑标高。

（六）其他标注

房间应根据其功能注上名称或编号。楼梯间是用图例按实际梯段的水平投影画出，同时还要表示"上"与"下"的关系。首层平面图应在图形的左下角画上指北针。同时，建筑剖面图的剖切符号，如 1—1、2—2 等，也应在首层平面图上标注。当平面图上某一部分另有详图表示时，应画上索引符号。对于部分用文字更能表示清楚，或者需要说明的问题，可在图上用文字说明。

三、识读建筑平面图示例

图 9－9 至图 9－11 为某住宅小区 A 型住宅的建筑平面图，现以首层平面图、二层平面图、三层平面图和屋顶平面图的顺序识读。

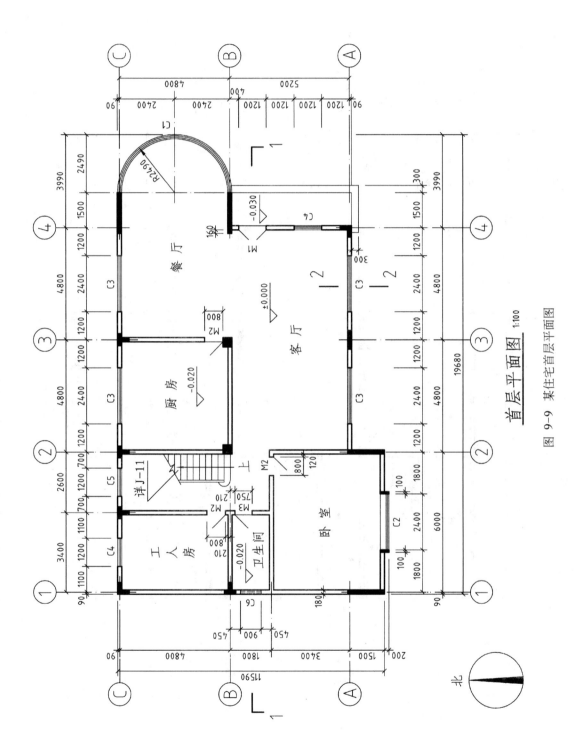

首层平面图 1:100

图 9-9　某住宅首层平面图

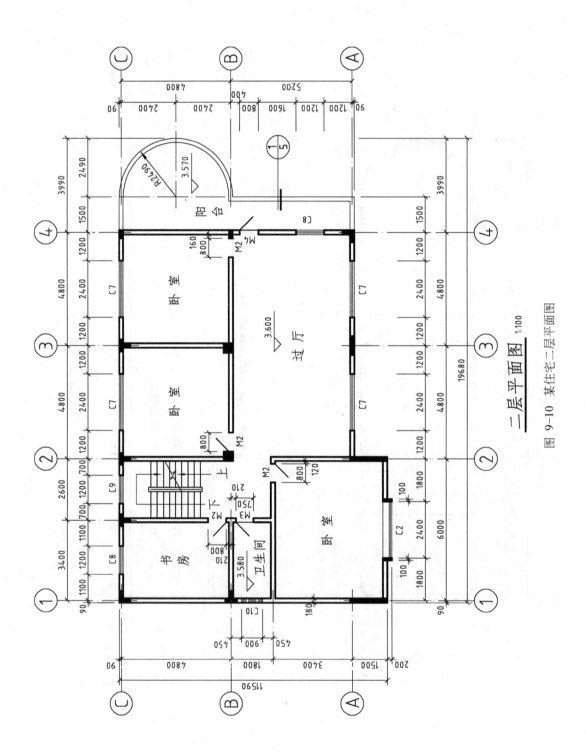

二层平面图 1:100

图 9-10 某住宅二层平面图

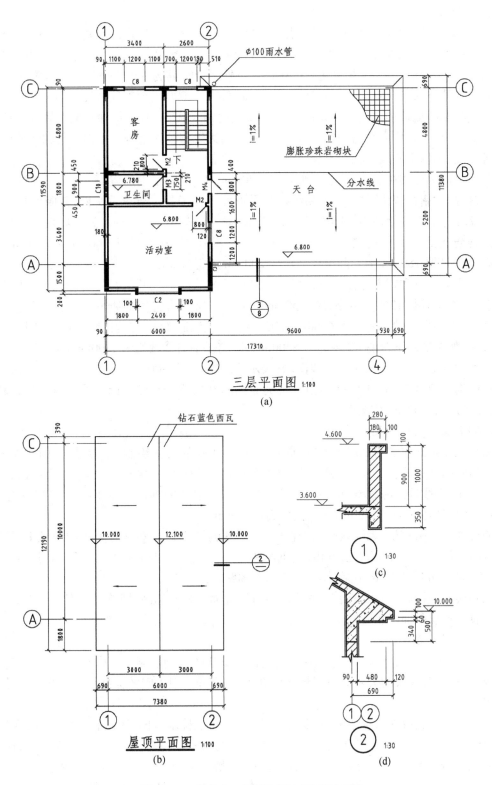

图 9-11　某住宅三层平面图与屋顶平面图

（一）识读首层平面图

图9-9是某住宅的首层平面图，用1:100的比例绘制。从指北针可知，该住宅坐北朝南，大门在东面。住宅的门外有平台和台阶，屋内有客厅、餐厅、卧室、工人房、厨房和卫生间。客厅、餐厅、卧室和工人房的标高为±0.000m，门外平台标高为-0.030m，比室内客厅地面低30mm，平台外有二级台阶，厨房和卫生间的标高都是-0.020m，比客厅地面低20mm。

房屋的轴线以墙中定位，横向轴线从1~4，纵向轴线从A~C。应注意墙与轴线的位置有两种情况，一种是墙中心线与轴线重合，另一种是墙边线与轴线重合。本例墙与轴线的位置为第一种情况，即墙中心线与轴线重合。

剖切到的墙体用粗实线双线绘制，墙厚180mm。涂黑的是钢筋混凝土柱，正方形的称方柱，长方形的称扁柱，T形和L形等都统称为异形柱。柱子是主要承重构件，其断面尺寸通常经受力计算分析后在结构施工图中标注。南面①轴与②轴间有一凸窗，其左右窗边涂黑的长方形是钢筋混凝土的构造扁柱，起支承凸出窗套的作用，断面尺寸100mm×380mm（尺寸380mm是由墙厚180mm加上凸出外墙尺寸200mm所得）。

平面图的下方和左方标注了三道尺寸。最外面的第一道尺寸为总体尺寸，反映住宅的总长和总宽，本例总长19680mm，总宽11590mm；第二道尺寸为定位轴线尺寸，反映了柱子的间距，如南面①轴与②轴的间距为6000mm；第三道尺寸为细部尺寸，是柱间门窗洞的尺寸或柱间墙尺寸，如图形左下角的C2窗洞宽2400mm，距离①轴与②轴均为1800mm。

卫生间外墙处的C6窗用细虚线图例，表示为高窗，窗宽900mm。

图中剖切符号1—1与2—2表示建筑剖面图的剖切位置。楼梯标注了索引符号，表明其详图在编号为J-11的图纸上。

（二）识读二层平面图

图9-10是某住宅的二层平面图，同样是用1:100的比例绘制。与首层平面图相比，减去了室外的附属设施台阶及指北针。屋内布置有过厅、卧室、书房和卫生间，东面有阳台。过厅、卧室、书房的标高为3.600m，称二层楼面标高。阳台的标高为3.570m，比楼面标高低30mm，卫生间的标高是3.580m，比楼面标高低20mm。

阳台处有索引符号，表示索引剖面详图，该详图编号为1，画在图号为5的图纸上，详细地表达该阳台栏板的尺寸、构造及其做法，见图9-11c。楼梯的表示方法与首层不同，不仅画出本层"上"的部分楼梯踏步，还将本层"下"的楼梯踏步画出。

二层楼面的标高3.600m，表示该楼层与首层地面的相对标高，即首层高度为3.6m。其他图示内容与首层平面图相同。

（三）识读三层平面图

图9-11a是某住宅的三层平面图，也是用1:100的比例绘制。屋内布置有活动室、客房和卫生间，东面有较大的天台。三层楼面标高为6.800m。卫生间的标高是6.780m，比楼面标高低20mm。

天台上铺膨胀珍珠岩砌块隔热层。图中用箭头表示排水方向，还画有分水线、坡度（也称泛水）1%、女儿墙和雨水管位置等。天台的女儿墙处有索引符号，表示索引剖面详图，该详图编号为3，画在图号8的图纸上，详细地表达该女儿墙与天沟的尺寸、构造及其做法。

楼梯的表示方法与二层也不同，仅画出本层"下"的楼梯踏步，表明在三层的楼梯只有下二层的，而没有连通屋顶。

三层楼面的标高6.800m，表示该楼层与首层地面的相对标高，因二层楼面的标高是

3.600m,相减后即得二层的高度为3.2m。

（四）识读屋顶平面图

图9-11b是某住宅的屋顶平面图,还是用1:100的比例绘制。屋顶平面图比较简单,也可以用1:200的比例绘制。屋顶的东西两侧标高均为10.000m,中间的标高为12.100m,高差2.1m,表明是坡屋面。坡屋面上铺钻石蓝色西瓦。

表9-3　门窗表

设计编号	洞口尺寸（宽×高）	数量	采用标准图集名称及编号	备注
M1	1200×2900	1		柚木门,带半圆太阳花亮窗
M2	800×2100	9	中南标 98ZJ601 M11-0821	双面夹板木门
M3	750×2000	3		豪华塑料门
M4	800×2700	2	中南标 98ZJ601 M12-0827	双面夹板木门,带亮窗
C1	7820×2100	1	见 J-22 铝合金窗详图	铝合金平开窗
C2	2400×9600	1		铝合金玻璃幕墙
C3	2400×2100	4	见 J-22 铝合金窗详图	铝合金推拉窗
C4	1200×2100	2	见 J-22 铝合金窗详图	铝合金推拉窗
C5	1200×630	1	见 J-22 铝合金窗详图	铝合金推拉窗
C6	900×1500	1	见 J-22 铝合金窗详图	铝合金中悬窗,高窗,离地面1600
C7	2400×1800	8	见 J-22 铝合金窗详图	铝合金推拉窗
C8	1200×1800	5	见 J-22 铝合金窗详图	铝合金推拉窗
C9	1200×1670	1	见 J-22 铝合金窗详图	铝合金推拉窗
C10	900×1100	2	见 J-22 铝合金窗详图	铝合金中悬窗,高窗,离楼面1600

注:木门油漆为栗色清水漆,铝合金窗均为1.2mm厚绿色铝合金框和5mm厚绿色玻璃。

（五）识读本例门窗表

表9-3门窗表列出了本例住宅楼全部门窗的设计编号、洞口尺寸、数量、采用标准图集名称及编号和备注等,是工程预算、订货和加工的重要资料。例如,编号为M1的大门,门洞尺寸为宽1200,高2900,共1个,用柚木制作,为带半圆太阳花亮窗;编号为M2的木门,门洞尺寸为宽800,高2100,共9个,采用标准图集名称是“中南标（中南五省的标准图集）”,标准号为“98ZJ601”,编号为“M11-0821”,是双面夹板木门;编号为C3的窗,洞口尺寸为宽2400,高2100,共4个,其详图在建筑施工图编号为J-22的铝合金窗详图中,是铝合金推拉窗。

门窗表后面的注释,说明了门窗的用料及加工要求,本例注明木门油漆为栗色清水漆,铝合金窗用1.2mm厚的绿色铝合金框,玻璃也是绿色,厚度为5mm。

四、绘制建筑平面图步骤

绘制建筑施工图一般先从平面图开始,然后再画立面图、剖面图和详图等。

现以图9-9某住宅首层平面图为例,说明绘制建筑平面图应按图9-12所示的步骤进行:

①画定位轴线（图9-12a）;

②画墙和柱的轮廓线（图9-12b）;

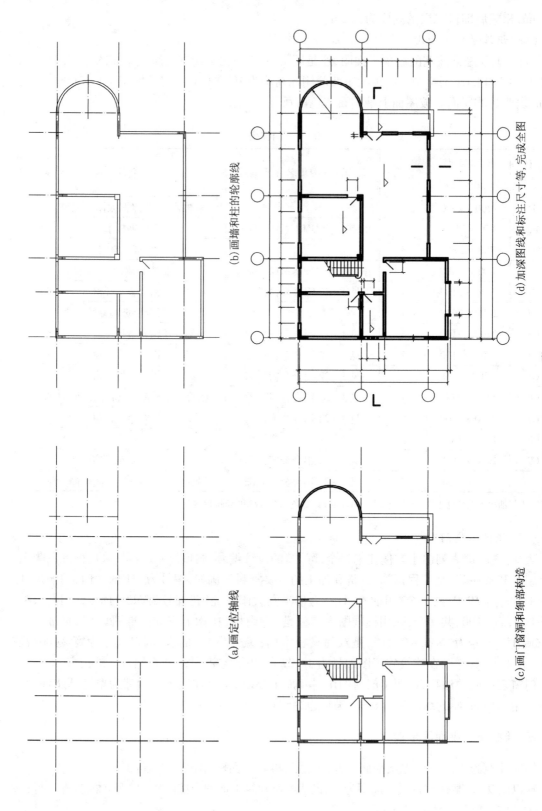

(a) 画定位轴线

(b) 画墙和柱的轮廓线

(c) 画门窗洞和细部构造

(d) 加深图线和标注尺寸等，完成全图

图 9-12 绘制建筑平面图步骤

③画门窗洞和细部构造(图9－12c);

④标注尺寸等(图9－12d),最后完成全图。

第 4 节　建筑立面图

一、图示方法和内容

建筑物是否美观,很大程度上取决于它在主要立面上的艺术处理,包括造型与装修是否优美。在初步设计阶段中,立面图主要是用来研究这种艺术处理的。在施工图中,它主要反映房屋的外貌、门窗形式和位置、墙面的装饰材料、做法及色彩等。

在平行于建筑物立面的投影面上所作建筑物的正投影图,称为建筑立面图,简称立面图。立面图的命名,可以根据建筑物主要入口或比较显著地反映出建筑物外貌特征的那一面为正立面图,其余的立面图相应地称为背立面图、左侧立面图、右侧立面图。但通常是根据房屋的朝向来命名,如南立面图、北立面图、东立面图和西立面图。还可以根据立面图两端轴线的编号来命名,如①—④立面图、④—①立面图、Ⓐ—Ⓒ立面图和Ⓒ—Ⓐ立面图等。

建筑立面图应画出可见的建筑物外轮廓线,建筑构造和构配件的投影,并注写墙面作法及必要的尺寸和标高。但由于立面图的比例较小,如门窗扇、檐口构造、阳台、雨篷和墙面装饰等细部,往往只用图例表示,它们的构造和做法,都另有详图或文字说明。

建筑物立面如果有一部分不平行于投影面,例如圆弧形、折线形、曲线形等,可将该部分展开到与投影面平行,再用正投影法画出其立面图,但应在图名后注写"展开"两字。

二、有关规定和画法特点

(一)比例与图例

建筑立面图的比例与建筑平面图相同,通常为1:50、1:100、1:200 等,多用1:100。由于绘制建筑立面图的比例较小,按投影很难将所有细部表达清楚,所以立面图内的建筑构造与配件要用表9－1的图例表示,参见本章第1节。如门、窗等都是用图例来绘制的,且只画出主要轮廓线及分隔线。

(二)定位轴线

在建筑立面图中一般只画出两端的定位轴线及其编号,以便与平面图对照。

(三)图线

为了加强建筑立面图的表达效果,使建筑物的轮廓突出、层次分明,通常把建筑立面的最外的轮廓线用粗实线画出;室外地坪线用加粗线(1.4b)画出;门窗洞、阳台、台阶、花池等建筑构配件的轮廓线用中实线画出,对于凸出的建筑构配件,如阳台和雨篷等,其轮廓线有时也可以画成比中实线略粗一点;门窗分格线、墙面装饰线、雨水管以及用料注释引出线等用细实线画出。

(四)尺寸与标高

建筑立面图的高度尺寸用标高的形式标注,主要包括建筑物的室内外地面、台阶、窗台、门窗洞顶部、檐口、阳台、雨篷、女儿墙及水箱顶部等处的标高。各标高注写在立面图的左侧或右侧且排列整齐。立面图上除了标高,有时还要补充一些没有详图表示的局部尺寸,如外墙留洞除注出标高外,还应注出其大小尺寸及定位尺寸。

（五）其他标注

凡是需要绘制详图的部位，都应画上索引符号。房屋外墙面的各部分装饰材料、做法、色彩等用文字或列表说明。

三、识读建筑立面图示例

图9-13是某住宅楼的南立面图，用1:100的比例绘制。南立面图是建筑物的主要立面，它反映该建筑的外貌特征及装饰风格。配合建筑平面图，可以看出建筑物为三层，大门在东面，门前有一台阶，台阶踏步为二级。立面的左侧有一个从首层到三层凸出的窗台，不仅室内采光效果好，增加了房间的使用面积，也加强了建筑物的立体感。二层有阳台，阳台上有饰线压顶。屋面的女儿墙采用斜面造型，加强了建筑物的艺术效果。

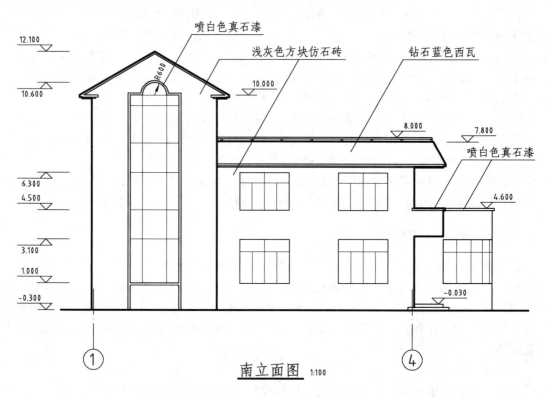

图9-13 某住宅南立面图

外墙装饰的主格调采用浅灰色方块仿石砖贴面，女儿墙斜面贴钻石蓝色西瓦，阳台压顶和凸窗盒装饰线用白色真石漆喷涂。

该南立面图上采用以下多种线型：用粗实线绘制的外轮廓线显示了南立面的总长和总高；用加粗线画出室外地坪线；用中实线画出窗洞的形状与分布、各种建筑构件的轮廓等；用细实线画出门窗分格线、阳台和屋顶装饰线、雨水管，以及用料注释引出线等。

南立面图分别注有室内外地坪、门窗洞顶、窗台、雨篷、女儿墙压顶等标高。从所标注的标高可知，此房屋室外地坪比室内±0.000低300 mm，房屋的最高点坡屋面屋脊（顶）处为12.100m，所以房屋的外墙总高度为12.400m。

图9-14是住宅楼的东立面图。表达了东向的体形和外貌，带半圆太阳花的大门和矩形窗的位置与形状，各细部构件的标高等。读法与南立面图大致相同。这里不再多叙。

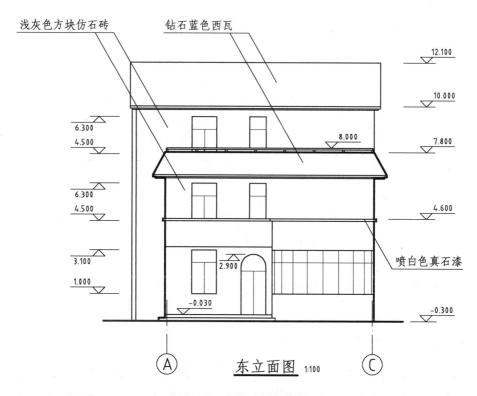

图 9 - 14　某住宅东立面图

四、绘制建筑立面图步骤

现以南立面图为例,说明建筑立面图的绘制一般应按图 9 - 15 所示的步骤进行。

(1)画基准线,即按尺寸画出房屋的横向定位轴线和层高线,注意横向定位轴线与平面图保持一致,画建筑物的外形轮廓线(图 9 - 15a);

(2)画门窗洞线和阳台、台阶、雨篷、屋顶造型等细部的外形轮廓线(图 9 - 15b);

(3)画门窗分格线及细部构造,按建筑立面图的要求加深图线,并注标高尺寸、轴线编号、详图索引符号和文字说明等(图 9 - 15c),完成全图。

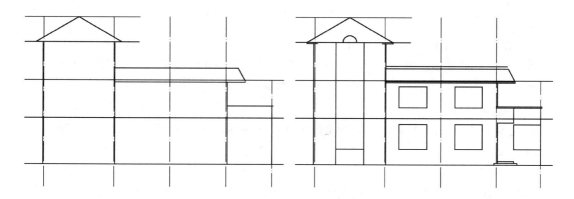

(a) 画定位轴线、层高线和建筑外形轮廓线　　　　　　　　(b) 画门窗洞和建筑细部的外轮廓线

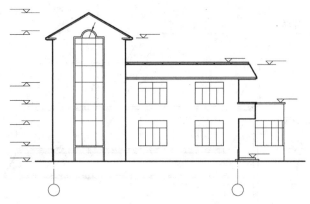

(c) 画门窗分格线及细部构造，注标高尺寸和文字说明等

图 9 - 15 建筑立面图绘图步骤

第 5 节 建筑剖面图

一、图示方法和内容

假想用一个或多个垂直于外墙轴线的铅垂剖切面,将建筑物剖开,所得的投影图,称为建筑剖面图,简称剖面图。剖面图用以表示建筑物内部的主要结构形式、分层情况、构造做法、材料及其高度等,是与平、立面图相互配合的不可缺少的重要图样之一。

剖面图的剖切位置,应在平面图上选择能反映建筑物内部全貌的构造特性,以及有代表性的部位,并应在首层平面图中标明。剖面图的图名,应与平面图上所标注剖切符号的编号一致,如 1—1 剖面图、2—2 剖面图等。根据房屋的复杂程度,剖面图可绘制一个或多个,如果房屋的局部构造有变化,还可以画局部剖面图。

建筑剖面图往往采用横向剖切,即平行于侧立面,需要时也可以用纵向剖切,即平行于正立面。剖切的位置常常选择通过门厅、门窗洞口、楼梯、阳台和高低变化较多的地方。

二、有关规定和画法特点

(一)比例与图例

建筑剖面图的比例应与建筑平面图、立面图一致,通常为 1∶50、1∶100、1∶200 等,多用 1∶100。由于绘制建筑立面图的比例较小,按投影很难将所有细部表达清楚,所以立面图内的建筑构造与配件也要用表 9 - 1 的图例表示,见本章第 1 节。

(二)定位轴线

与建筑立面图一样,只画出两端的定位轴线及其编号,以便与平面图对照。需要时也可以注出中间轴线。

(三)图线

被剖切到的墙、楼面、屋面、梁的断面轮廓线用粗实线画出。砖墙一般不画图例,钢筋混凝土的梁、楼面、屋面和柱的断面通常涂黑表示。粉刷层在 1∶100 的剖面图中不必画出,当比例为 1∶50 或更大时,则要用细实线画出。室内外地坪线用加粗线(1.4b)表示。没有剖切到的可见轮廓线,如门窗洞、踢脚线、楼梯栏杆、扶手等用中实线画出(当绘制较简单的图样时,也可用细实线画出)。尺寸线与尺寸界线、图例线、引出线、标高符号、雨水管等用细实线画出。定位轴线用细单点长画线画出。

（四）尺寸与标高

尺寸标注与建筑平面图一样,包括外部尺寸和内部尺寸。外部尺寸通常为三道尺寸,最外面一道称第一道尺寸,为总高尺寸,表示从室外地坪到女儿墙压顶面的高度;第二道为层高尺寸;第三道为细部尺寸,表示勒脚、门窗洞、洞间墙、檐口等高度方向尺寸。内部尺寸用于表示室内门、窗、隔断、搁板、平台和墙裙等的高度。

另外,还需要用标高符号标出室内外地坪、各层楼面、楼梯休息平台、屋面和女儿墙压顶面等处的标高。

注写尺寸与标高时,注意与建筑平面图和建筑立面图相一致。

（五）其他标注

对于局部构造表达不清楚时,可用索引符号引出,另绘详图。某些细部的做法,如地面、楼面的做法,可用多层构造引出标注。

三、识读建筑剖面图示例

图 9 - 16 是本例住宅楼的建筑剖面图,图中 1—1 剖面图是按图 9 - 9 首层平面图中1—1剖切位置绘制的,为全剖面图。其剖切位置通过大厅、卫生间、台阶、阳台及门窗洞,是剖切后从后向前进行投影所得的纵向剖面图,基本能反映建筑物内部全貌的构造特性。

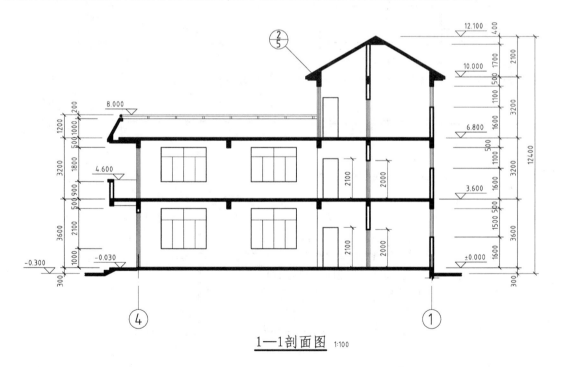

1—1剖面图 1:100

图 9 - 16　某住宅建筑剖面图

1—1 剖面图的比例是 1∶100,室内外地坪线画加粗线,地梁(或墙体)用折断线隔开,如图9 - 16 中①轴的位置所示。剖切到的墙体用两条粗实线表示,不画图例,表示用砖砌成。剖切到的楼面、屋面、梁、阳台和女儿墙压顶均涂黑，表示其材料为钢筋混凝土。剖面图中还画出未剖到而可见的门，并标注高度尺寸2100mm。

从标高尺寸可知，住宅楼室内外高差0.3m，首层层高3.6m，二、三层层高均为3.2m，房屋总高12.4m。

从剖面图两边的细部尺寸可知，大厅首层窗高2100mm，二层窗高1800mm。卫生间的高窗离地1600mm，首层窗高1500mm，二层窗高1100mm。

剖面图的屋檐处还有一索引符号，表示屋檐断面造型另有详图。该详图的编号为2，画在图号为5的建筑施工图上。

四、绘制建筑剖面图步骤

现以图9-16的1—1剖面图为例，说明建筑剖面图的绘制一般应按图9-17所示的步骤进行。

（1）画基准线，即按尺寸画出房屋的横向定位轴线和纵向层高线、室内外地坪线、女儿墙顶部位置线等（图9-17a）；

（2）画墙体轮廓线、楼层和屋面线，以及楼梯剖面等（图9-17b）；

（3）画门窗及细部构造，按建筑剖面图的要求加深图线，标注尺寸、标高、图名和比例等（图9-17c），最后完成全图。

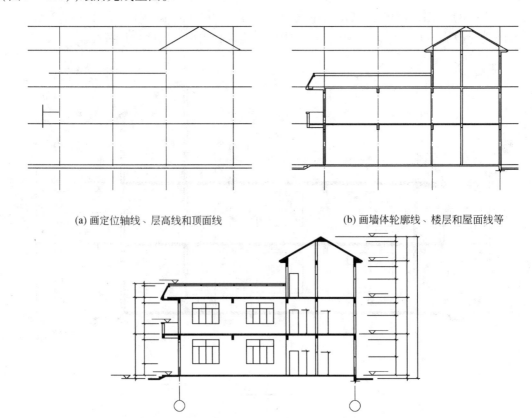

(a) 画定位轴线、层高线和顶面线   (b) 画墙体轮廓线、楼层和屋面线等

(c) 画门窗及细部构造，按规定加深图线，标注尺寸和标高等

图9-17   建筑剖面图绘图步骤

第 6 节　建筑详图

一、图示方法和内容

建筑平面图、立面图、剖面图是房屋建筑施工的主要图样,它们已将房屋的整体形状、结构、尺寸等表示清楚了,但是由于画图的比例较小,许多局部的详细构造、尺寸、做法及施工要求图上都无法注写、画出。为了满足施工需要,房屋的某些部位必须绘制较大比例的图样才能清楚地表达。这种对建筑的细部或构配件,用较大的比例将其形状、大小、材料和做法,按正投影图的画法,详细地表示出来的图样,称为建筑详图,简称详图。

二、有关规定和画法特点

(一)比例与图名

建筑详图最大的特点是比例大,常用 1∶50,1∶20,1∶10,1∶5,1∶2 等比例绘制。建筑详图的图名,应与被索引的图样上的索引符号对应,以便对照查阅。

(二)定位轴线

在建筑详图中一般应画出定位轴线及其编号,以便与建筑平面图、立面图、剖面图对照。

(三)图线

建筑详图的图线要求是:建筑构配件的断面轮廓线为粗实线;构配件的可见轮廓线为中实线或细实线;材料图例线为细实线。

(四)尺寸与标高

建筑详图的尺寸标注必须完整齐全、准确无误。

(五)其他标注

对于套用标准图或通用图集的建筑构配件和建筑细部,只要注明所套用图集的名称,详图所在的页数和编号,不必再画详图。建筑详图中凡是需要再绘制详图的部位,同样要画上索引符号。另外,建筑详图还应把有关的用料、做法和技术要求等用文字说明。

三、识读建筑详图示例

现以外墙剖面详图和楼梯详图为例,说明建筑详图的识读方法。

(一)外墙剖面节点详图

图 9 – 18 是本章实例中的外墙剖面节点详图,是按照图 9 – 9 首层平面图中,在轴线 A(该住宅楼南面外墙)的 2—2 位置剖切局部放大绘制的,它表达房屋的屋面、楼层、地面和檐口构造、楼板与墙的连接、门窗顶、窗台和勒脚、散水等处构造的情况,是建筑施工的重要依据

该详图用 1∶20 的比例画出。多层建筑中,若各层的情况一样时,可只画底层、顶层或加一个中间层来表示。画图时,往往在窗洞中间处断开,成为几个节点详图的组合。有时,也可不画整个墙身的详图,而是把各个节点的详图分别单独绘制。

在详图中,对屋面、楼层和地面的构造,采用多层构造说明方法来表示。

详图的上部③是屋顶外墙剖面节点部分。从图中可了解到屋面的承重层是现浇钢筋混凝土板,按 1% 来砌坡,上面有水泥砂浆防水层和膨胀珍珠岩砌块架空层,以加强屋面的防漏和隔热。女儿墙用钢筋混凝土结构,采用斜面造型并设有排水用的天沟,在图中作了详细的表达。

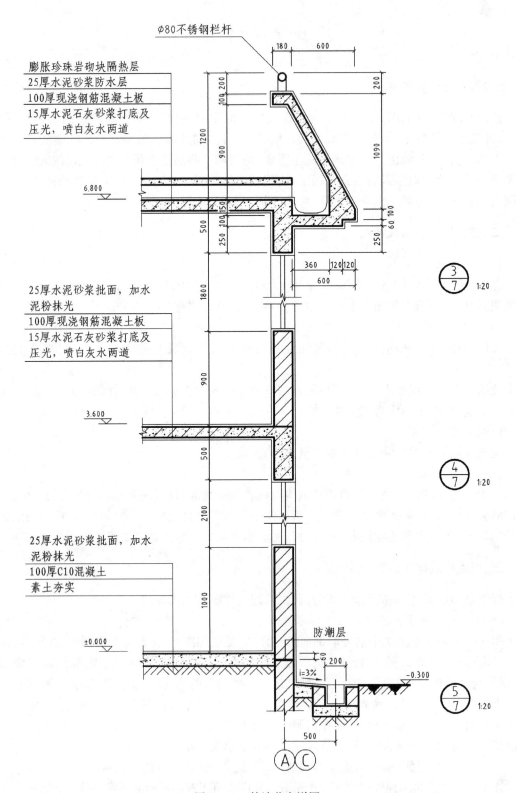

图 9-18 外墙节点详图

　　详图的中部④为楼层外墙剖面节点部分。从楼板与墙身连接部分,可了解各层楼板与墙身的关系。其中有现浇的钢筋混凝土楼板和高度为 500mm 的钢筋混凝土梁,从图中可以了解到钢筋混凝土楼板部分的构造、用料和做法。

　　详图的下部⑤为勒脚剖面节点部分。从图中可知房屋室内地面为 C10 素混凝土层。外(内)墙身的防潮层,在室内地面下 60mm 处,以防地下水对墙身的侵蚀。在外墙面,离室外地面 300~500 mm 高度范围内(或窗台以下),用坚硬防水的材料做成勒脚。在勒脚的外地面,用 1:2 的水泥砂浆抹面,做出 3% 坡度的散水和排水沟,以防雨水或地面水对墙基础的侵蚀。

　　在详图中,一般应注出各部位的标高和细部的大小尺寸。因窗框和窗扇的形状与尺寸另有详图,故本详图可用图例简化表达。

　　(二)楼梯详图

　　楼梯是建筑物上下交通的主要设施,目前多采用预制或现浇钢筋混凝土的楼梯。楼梯主要是由楼梯段(简称梯段)、平台和栏板(或栏杆)等组成。梯段是联系两个不同标高平面的倾斜构件,上面做有踏步,踏步的水平面称踏面,踏步的铅垂面称踢面。平台起休息和转换梯段的作用,也称休息平台。栏板(或栏杆)与扶手起围护作用,可保证上下楼梯的安全。

　　根据楼梯的布置形式分类,两个楼层之间以一个梯段连接的称单跑楼梯;两个楼层之间以两个或多个梯段连接的,称双跑楼梯或多跑楼梯。

　　楼梯详图由楼梯平面图、楼梯剖面图以及楼梯踏步、栏板、扶手等节点详图组成,并尽可能画在同一张图纸内。楼梯的建筑详图与结构详图,一般是分别绘制的。但对一些较简单的现浇钢筋混凝土楼梯,其建筑和结构详图可合并绘制,列入建筑施工图或结构施工图中。

　　图 9-19 至图 9-21 是本章实例中的楼梯详图,包括有楼梯平面图、剖面图和节点详图,表示了楼梯的类型、结构、尺寸、梯段的形式和栏板的材料及做法等。以下结合本例介绍楼梯详图的内容及其图示方法。

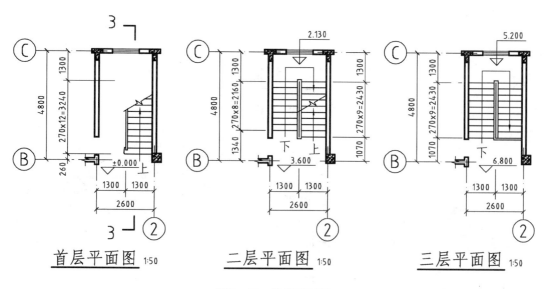

图 9-19　楼梯平面图

1.楼梯平面图

　　楼梯平面图的形成与建筑平面图相同,不同之处是用较大的比例(本例为 1:50),以便于把楼梯的构配件和尺寸详细表达。一般每一层楼都要画一楼梯平面图。三层以上的房屋,若

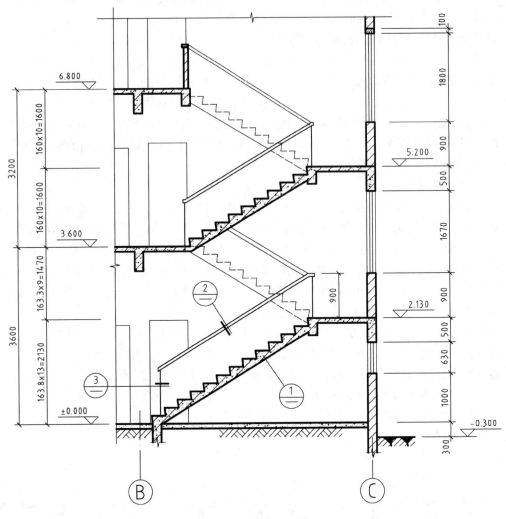

3—3剖面图 1:50

图 9-20　楼梯剖面图

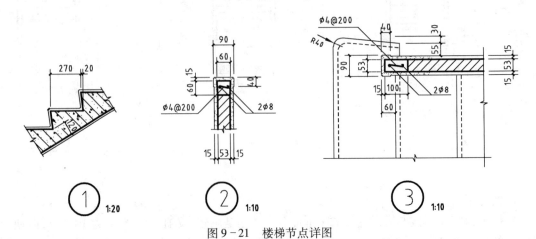

① 1:20　② 1:10　③ 1:10

图 9-21　楼梯节点详图

中间各层的楼梯位置及其梯段数、踏步数和大小都相同时,通常只画出首层、中间层和顶层三个平面图就可以了。

楼梯平面图的剖切位置,是在该层往上走的第一梯段的任一位置处。各层被剖切到的梯段,按"国标"规定,均在平面图中以倾斜的折断线表示。在每一梯段处画有一长箭头,并注写"上"或"下"字,表明从该层楼(地)面往上行或往下行的方向。例如二层楼梯平面图中,被剖切的梯段的箭头注有"上",表示从该梯段往上走可到达第三层楼面。另一梯段注有"下",表示往下走可到达首层地面。各层平面图中还应标出该楼梯间的轴线,而且在首层平面图上,还应注明楼梯剖面图的剖切符号,如图中的 3—3。

楼梯平面图中,除注出楼梯间的开间和进深尺寸、楼层地面和平台面的标高尺寸外,还需注出各细部的详细尺寸。通常把梯段长度尺寸与踏面数、踏面宽的尺寸合并写在一起。如首层平面图中的 $270 \times 12 = 3240$,表示该梯段每一踏面宽为 270mm,有 12 个踏面,梯段长为 3240mm。通常,全部楼梯平面图画在同一张图纸内,并互相对齐,以便阅读。

从本例楼梯平面图可看出,首层到二层设有两个楼梯段:从标高 ±0.000m 上到 2.130m 处平台为第一梯段,共 13 级;从标高 2.130m 上到 3.600m 处二层平面为第二梯段,共 9 级。中间层平面图既画出被剖切的往上走的梯段,还画出该层往下走的完整的梯段、楼梯平台以及平台往下的梯段。这部分梯段与被剖切的梯段的投影重合,以倾斜的折断线为分界。顶层平面图画有两段完整的梯段和楼梯平台,在梯口处只有一个注有"下"字的长箭头,表示只下不上。各层平面图上所画的每一分格,表示梯段的一级踏面。但因梯段最高一级的踏面与平台面或楼面重合,因此平面图中每一梯段画出的踏面(格)数,总比步级数少一格。如顶层平面图中往下走的第一梯段共有 10 级,但在平面图中只画有 9 格,梯段长度为 $270 \times 9 = 2430$。

2. 楼梯剖面图

楼梯剖面图的形成与建筑剖面图相同。它能完整、清晰地表示出楼梯间内各层楼地面、梯段、平台、栏板等的构造、结构形式以及它们之间的相互关系。习惯上,若楼梯间的屋面没有特殊之处,一般可不画出。在多层房屋中,若中间各层的楼梯构造相同时,则剖面图可只画出底层、中间层和顶层,中间用折断线分开。

楼梯剖面图能表达出楼梯的建造材料、建筑物的层数、楼梯梯段数、步级数以及楼梯的类型及其结构形式。本例的绘图比例为 1:50,从图中断面的图例可知,楼梯是一个现浇钢筋混凝土板式楼梯。根据标高可知为三层楼房,各层均有两梯段,被剖梯段的步级数可直接看出,未剖梯段的步级数,因被栏板遮挡而看不见,有时可画上虚线表示,但亦可在其高度尺寸上标出该段步级的数目。

楼梯剖面图还应注明地面、平台面、楼面等的标高和梯段、栏板的高度尺寸。梯段高度尺寸注法与楼梯平面图中的梯段长度注法相同,高度尺寸中注的是"踢面高×该梯段的步级数=梯段高"。如标准层梯段的尺寸 $160 \times 10 = 1600$,表示该梯段踢面高 160mm,共 10 级,梯段高 1600mm。注意步级数与踏面数相差为 1。栏杆高度尺寸,是从踏面中间算至扶手顶面,一般为 900mm,扶手坡度应与梯段坡度一致。

3. 楼梯节点详图

图 9-21 所示的楼梯节点详图反映了踏步、栏板和扶手的形状、材料、构造与尺寸。

楼梯踏步节点详图是由图 9-20 楼梯剖面图中引出的详图①,绘图比例 1:20,从图中可知现浇钢筋混凝土的板式楼梯的梯板厚 120mm,踏步宽为 270mm,由于踢面上方向前倾斜 20mm,使得楼梯踏步宽增大到 290mm。节点②③为栏板和扶手的详图,绘图比例都是 1:10,

②为横断面图,③为平面图,反映的内容包括:栏板的厚度 53mm,即用 1/4 砖砌,两边抹面层均为 15mm,栏板的实际厚度为 83mm;支承和保护栏板的构造柱和扶手的材料为现浇钢筋混凝土,配置 $\phi8$ 与 $\phi4$ 的钢筋,构造柱的断面尺寸为 100mm×53mm,扶手的断面尺寸为 60mm×60mm。该节点详图还反映了首层梯段的起步梯级的造型与尺寸。

(三)门窗详图

在房屋建筑中大量地使用门窗,各地区一般都有预先绘制好的各种不同规格的门窗标准图,以供设计者选用。因此,在施工图中,只要说明该门窗详图所在标准图集的名称和其中的编号,就可不必另画详图。从建筑"工业化"这一基本要求出发,设计中需要使用木门窗时,应优先选用标准图。

各地区的标准图集关于门窗部分的代号与具体的门窗形式、规格编号等可能不尽相同,由中南六省共同制定的《中南地区通用建筑标准设计》中的《常用木门》和《常用木窗》标准图,图集号分别为 98ZJ601 与 98ZJ701。从本章实例中的门窗表(表 9-3)可知,M2 门洞口宽 800mm,高 2100mm,采用了上述图集号为 98ZJ601 的标准图,查阅该标准图集得知,M21 表示夹板木门;M4 门洞口宽 800mm,高 2700mm,采用图集号相同,M22 表示夹板木门,顶部有亮窗。

标准图集中没有关于铝合金门窗部分,因为铝合金型材已有定型的规格与尺寸,不能随意改变,而用铝合金型材又可以很自由地做成各种形状和尺寸的门窗。因此,绘制铝合金门窗详图,不需要绘画铝合金型材的断面图,仅需画出门窗立面图,只表示门窗的外形、开启方式及方向、主要尺寸等内容。

门窗立面图尺寸一般有三道:第一道为门窗洞口尺寸;第二道为门窗框外包尺寸;第三道为门窗扇尺寸。窗洞口尺寸应与建筑平、剖面图的窗洞口尺寸一致。窗框和窗扇尺寸均为成品的净尺寸。

门窗立面图上的线型,除外轮廓线用粗实线外,其余均用细实线。

图 9-22 是本章实例中的铝合金窗详图,仅画出铝合金窗立面,绘图比例为 1:50。如设计编号为 C3 的铝合金窗,窗洞尺寸为宽 2400mm 和高 2100mm,门窗框外包尺寸为宽 2350mm 和高 2050mm;从分格情况可知,该铝合金窗为四扇窗,尺寸为宽 2350mm 和高 1475mm,每扇窗可向左或向右推拉,上部为安装固定的玻璃。该铝合金窗的用料从门窗表(表 9-3)可知,采用 1.2mm 厚的绿色铝合金型材,以及 5mm 厚的绿色透明玻璃。

四、绘制建筑详图步骤

现以上述楼梯详图为例,说明绘制楼梯平面图、剖面图及其节点详图的一般步骤。

1. 楼梯平面图的画法

以本章实例的楼梯二层平面图为例,说明其步骤如下:

(1)画定位轴线和墙(柱)线,并确定门、窗洞的位置,以及平台深度、梯段长度与宽度的位置,见图 9-23a;

(2)用等分两平行线间距的方法画出踏面投影,见图 9-23b;

(3)加深图线,画折断线、箭头,注写标高、尺寸、图名、比例等,完成楼梯平面图,见图 9-23c。

2. 楼梯剖面图的画法

以本章实例的楼梯 3—3 剖面图为例,说明其步骤如下:

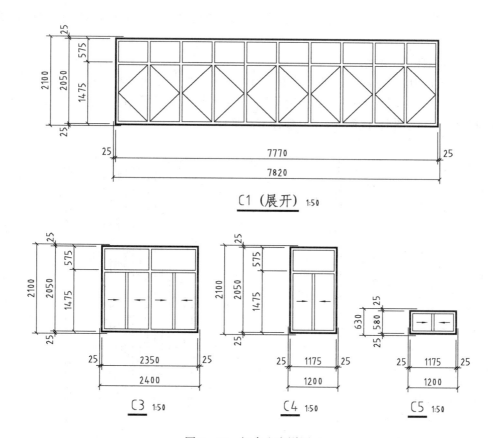

图 9 - 22　铝合金窗详图

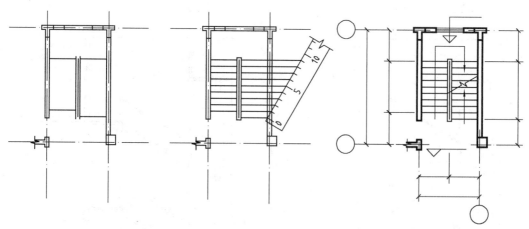

(a) 画轴线和墙线，定门窗洞宽度、平台深度、梯段长度与宽度的位置

(b) 用等分两平行线间距的方法画出踏面投影

(c) 加深图线，画折断线、箭头，注写标高、尺寸等，完成全图

图 9 - 23　楼梯平面图的画法步骤

（1）画定位轴线和墙线，画室内外地面、各层楼面和平台面的高度位置线，并确定梯段的位置，见图 9 - 24a；

（2）用等分平行线间距的方法来确定踏步位置，见图 9 - 24b；

（3）画板、梁、柱、门窗和栏杆等细部，见图 9 - 24c；

（4）加深图线，画出材料图例，注写标高、尺寸、图名、比例等，完成楼梯剖面图，见图9－24d。

3．楼梯节点详图的画法

楼梯节点详图应详细画出各细部的形状、构造和尺寸，并画出材料图例。其画图步骤与上述建筑平面图和剖面图基本一样，先画定位线，再画各细部的投影，最后加深图线，画出材料图例，注写标高、尺寸、图名、比例等，完成楼梯节点详图。

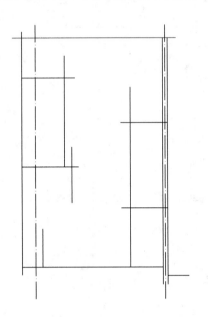

(a) 定轴线、墙线和梯段位置，
画楼地面和平台表面线

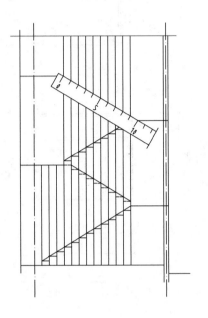

(b) 用等分平行线间距的方法
确定踏步位置

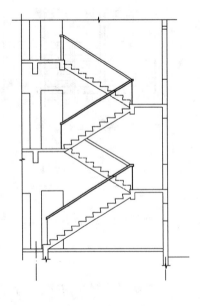

(c) 画板、梁、柱、门窗
和栏杆等细部

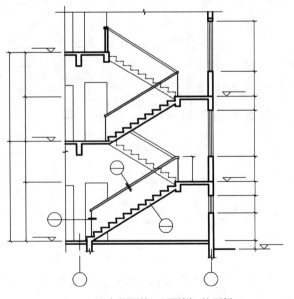

(d) 加深图线，画图例，注写标
高、尺寸等，完成全图

图9－24　楼梯剖面图的画法步骤

第10章 结构施工图

第1节 概 述

在房屋设计中,除了进行建筑设计、画出建筑施工图外,还要进行基础、梁柱、楼板和楼梯等构件的结构设计,画出结构施工图。

结构设计就是根据建筑设计的要求,进行结构选型和构件布置,再通过力学计算,决定各承重构件的材料、形状、大小和内部构造等,最后把设计结果绘成图样,用以指导施工,这种图样称为结构施工图,简称"结施"。

一、结构施工图的内容及分类

结构施工图一般包括有结构设计说明、结构布置图和构件详图。

结构设计说明的内容包括:结构设计所遵照的规范,主要设计依据(如地质、水文条件、荷载情况、抗震要求等)、统一的构造做法、技术措施、对结构材料及施工的要求等。

结构布置图是房屋承重结构的整体布置图。主要表示结构构件的位置、数量、型号及相互关系。房屋的结构布置按需要可用结构平面图、立面图、剖面图表示,其中结构平面图较常使用。如基础平面图、楼层结构平面图和屋面结构平面图等。

构件详图是表示单个构件形状、尺寸、材料、构造及工艺的图样,如梁、板、柱、基础、屋架和楼梯等结构详图。

结构施工图可以按房屋承重构件所用的材料分类,如钢筋混凝土结构图、钢结构图、木结构图和砖石结构图等。

二、结构施工图常用的构件代号

房屋结构的基本构件类型很多,如板、梁、柱、屋架、基础等。为了图示简明扼要,在结构图上通常用代号来表示构件的名称。构件代号以该构件名称的汉语拼音第一个字母表示,如表10-1所示。

表10-1 常用构件代号

名称	代号	名称	代号
板	B	屋架	WJ
屋面板	WB	框架	KJ
空心板	KB	支架	ZJ
楼梯板	TB	柱	Z
盖板	GB	框架柱	KZ
墙板	QB	构造柱	GZ

名称	代号	名称	代号
梁	L	基础	J
屋面梁	WL	设备基础	SJ
吊车梁	DL	桩	ZH
圈梁	QL	挡土墙	DQ
过梁	GL	楼梯	T
基础梁	JL	雨篷	YP
楼梯梁	TL	阳台	YT
框架梁	KL	预埋件	M

预制钢筋混凝土构件、现浇钢筋混凝土构件、钢构件和木构件,一般可采用本表中的构件代号。当需要区别上述构件的材料种类时,应在图纸中加以说明。预应力钢筋混凝土构件的代号,应在构件代号前加注"Y -",例如 Y - DL 表示预应力钢筋混凝土吊车梁。

三、钢筋混凝土的基本知识

混凝土由水泥、砂、石子和水按一定的比例拌和而成,凝固后坚硬如石。混凝土的抗压强度较高,但抗拉强度低,极易因受拉、受弯而断裂。钢筋不但具有良好的抗拉强度,而且与混凝土有良好的粘结力,其热膨胀系数与混凝土相近。因此,常在混凝土受拉区域内配置一定数量的钢筋,使两种材料粘结成一个整体,共同承受外力。这种配有钢筋的混凝土,称为钢筋混凝土。用钢筋混凝土制成的梁、板、柱等构件,称为钢筋混凝土构件。没有钢筋的混凝土构件称为混凝土构件或素混凝土构件。

建筑物的结构分类,是根据承重构件所用的材料而定。全部用钢筋混凝土构件承重的建筑物,称为框架结构,如第九章示例中的住宅楼;用砖墙承重,楼面、屋面和楼梯等用钢筋混凝土板和梁构件的建筑物,称为混合结构;外围用砖墙承重,屋内用钢筋混凝土构件承重的建筑物,称为内框架结构。

钢筋混凝土构件按施工方法的不同,分为现浇和预制两种。现浇构件是在建筑工地现场浇制的构件;预制构件是在工厂预先把构件制作好,再运到工地安装,或者在工地上预制后安装。

(一)混凝土和钢筋的强度等级

混凝土按其抗压强度分为不同的等级,普通混凝土分 C7.5,C10,C15,C20,C25,C30,C35,C40,C45,C50,C55,C60 等 12 级,等级愈高混凝土抗压强度也愈高。

钢筋按其抗拉强度和品种分为不同的等级,并分别给予不同的直径代号,以便标注与识别,如表 10 - 2 所示。

表 10 - 2　钢筋代号

钢筋种类	代　号	钢筋种类	代　号
Ⅰ级钢筋(即 3 号光圆钢筋)	Φ	冷拉Ⅰ级钢筋	Φⁱ
Ⅱ级钢筋(如 20 锰硅螺纹钢筋)	Φ	冷拉Ⅱ级钢筋	Φⁱ
Ⅲ级钢筋(如 25 锰硅螺纹钢筋)	Φ	冷拉Ⅲ级钢筋	Φⁱ
Ⅳ级钢筋(45 硅 2 锰钛、40 硅 2 锰钒)	Φ	冷拔低碳钢丝	Φᵇ

（二）钢筋的分类和作用

如图 10-1 所示,按钢筋在构件中所起的作用不同,可分为:

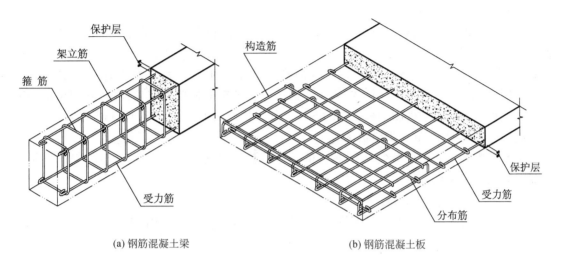

(a) 钢筋混凝土梁　　　　　　　　　　　　(b) 钢筋混凝土板

图 10-1　钢筋混凝土梁、板配筋示意图

（1）受力筋——也称主筋,承受拉力或压力,配置在梁、板、柱等承重构件中。

（2）箍筋——也称钢箍,主要起着固定受力筋位置的作用,同时将承受的荷载均匀地传给受力筋,并承受部分斜拉应力,一般用于梁和柱中。

（3）架立筋——主要用来固定箍筋的位置,与受力筋、箍筋一起形成构件的钢筋骨架。

（4）分布筋——用于板类构件中,与板内的受力筋垂直布置。其作用是将承受的重量均匀地传给受力筋,并固定受力筋的位置,与受力筋一起构成钢筋网。

（5）构造筋——用于因构件在构造上的要求或施工安装需要配置的钢筋。

（三）钢筋的保护层和弯钩

为了防止钢筋锈蚀,保证钢筋与混凝土的粘结力,钢筋外缘到构件表面应保持一定的厚度,称之为保护层。梁和柱的保护层厚度为 25mm,板的保护层厚度为 10~15mm。保护层厚度在图上一般不需标注。

如果受力筋用光圆钢筋,如Ⅰ级钢筋,则钢筋两端常做成弯钩,以加强钢筋与混凝土的粘结力,避免钢筋在受拉时产生滑动。Ⅱ级钢筋或Ⅱ级以上的钢筋因表面有肋纹,一般不需做弯钩。图 10-2a 是常见的两种钢筋弯钩形式,图 10-2b 是钢箍的弯钩形式。

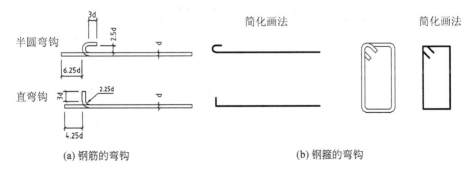

(a) 钢筋的弯钩　　　　　　　　　　　　(b) 钢箍的弯钩

图 10-2　钢筋与钢箍的弯钩

四、钢筋的表示方法和标注

（一）配筋图及其图线

对于钢筋混凝土构件，不仅要表示构件的形状、尺寸，更主要的是表示钢筋的配置情况，包括钢筋的种类、数量、等级、直径、形状、尺寸、间距等。为此，假想混凝土是透明体，可透过混凝土看到构件内部的钢筋。这种能反映构件钢筋配置情况的图样，称为配筋图。配筋图一般包括平面图、立面图、断面图，有时还需要画出构件中各种钢筋的单独成型详图，并列出钢筋表。配筋图是钢筋混凝土构件图中最主要的图样。如果构件的形状较复杂，且有预埋件时，还应另外绘制构件的外形图，称之为模板图。

配筋图中的钢筋用粗实线画出，构件的外形轮廓线用细实线画出，混凝土材料图例不画，钢筋的断面用黑圆点表示。

（二）钢筋的编号与标注

构件中的各种钢筋一般均应编号：编号数字写在直径为6mm的细线圆中，编号圆宜绘制在引出线的端部，如图10-3所示。

图10-3 钢筋的编号与标注

钢筋的标注有两种：一种是标注钢筋的根数、级别、直径；如图10-3a所示，表示钢筋编号为3，钢筋数量为2根，钢筋等级为Ⅱ级，钢筋直径18mm；另一种是标注钢筋级别、直径、相邻钢筋中心距；如图10-3b所示，表示钢筋编号为5，钢筋等级为Ⅰ级，钢筋直径8mm，相邻钢筋中心距200mm。

（三）钢筋的图例

一般钢筋的常用图例如表10-3表示，其他如预应力钢筋、焊接网、钢筋焊接接头的图例可查阅有关标准。

表10-3 常用钢筋图例

名 称	图 例	说 明
钢筋横断面	·	
无弯钩的钢筋端部		下面表示长、短钢筋投影重叠时，短钢筋的端部用45°斜画线表示
带半圆形弯钩的钢筋端部		
带直钩的钢筋端部		
无弯钩的钢筋搭接		
带半圆形弯钩的钢筋搭接		

名　　称	图　　例	说　　明
带直弯钩的钢筋搭接		
机械连接的钢筋接头		用文字说明机械连接的方式(或冷挤压或锥螺纹等)
预应力钢筋或钢绞线		
单根预应力钢筋断面	+	

（四）钢筋的画法

在结构施工图中，钢筋的常规画法应符合以下规定：

（1）在结构平面图中配置双层钢筋时，底层钢筋的弯钩应向上或向左，顶层钢筋的弯钩则向下或向右，见图 10 – 4a。

（2）钢筋混凝土墙体配双层钢筋时，在配筋立面图中，远面钢筋的弯钩应向上或向左，而近面钢筋的弯钩则向下或向右，见图 10 – 4b（JM 近面；YM 远面）。

（3）若在断面图中不能表达清楚的钢筋布置，应在断面图外增加钢筋大样图，例如钢筋混凝土墙、楼梯等，见图 10 – 4c。

（4）图中所表示的钢箍、环筋等若布置复杂时，可加画钢筋大样及说明，见图 10 – 4d。

（5）每组相同的钢筋、箍筋或环筋，可用一根粗实线表示，同时用一两端带斜短画线的横穿细线，表示其余钢筋及起止范围，见图 10 – 4e。

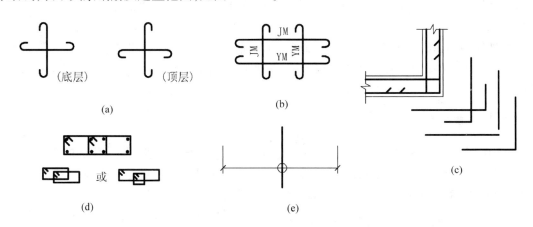

图 10 – 4　钢筋的画法

第 2 节　基　础　图

基础是在建筑物地面以下的部分，它承受房屋全部荷载，并将其传递给地基（房屋下的土层）。基础的形式与上部结构系统及荷载大小、地基的承载力有关，一般有条形基础和独立基础等形式。

表达房屋基础结构及构造的图样称基础结构图，简称基础图，一般包括基础平面图和基础详图。

一、基础平面图

基础平面图是假想用一水平面沿地面将房屋切开,移去上面部分和周围土层,向下投影所得的全剖面图。

基础平面图绘图的比例一般与建筑平面图的比例相同。其定位轴线及编号也应与建筑平面图一致,以便对照阅读。基础中的梁、柱用代号表示。凡尺寸和构造不同的条形基础都需加画断面图,基础平面图上剖切符号要依次编号。

尺寸标注方面需要标出定位轴线间的尺寸、条形基础底面和独立基础底面的尺寸。

基础平面图的图线要求是:剖切到的墙画粗实线;可见的基础轮廓、基础梁等画中实线。剖切到的钢筋混凝土柱涂黑。

二、基础详图

基础平面图仅表示基础的平面布置,而基础各部分的形状、大小、材料、构造及埋置深度需要画基础详图来表示。

各种基础的图示方法不同,条形基础采用垂直剖面图,独立基础则采用垂直剖面和平面图表示。

基础详图用大的比例绘制,常用比例为 1∶20 或 1∶30。其定位轴线的编号应与基础平面图一致以便对照查阅。基础墙和垫层等都应画上相应的材料图例。

尺寸标注方面除了标注基础上各部分的尺寸以外,还应标注钢筋的规格、室内外地面及基础底面标高等。

基础详图的图线要求是:对于条形基础,剖切到的砖墙和垫层画粗实线;而对于钢筋混凝土的独立基础,其基础轮廓、柱轮廓用中实线或细实线绘制,钢筋用粗实线绘制,钢筋断面为黑圆点。

三、识读基础图示例

图 10-5 是某住宅楼的基础平面图,比例为 1∶100,为条形基础。轴线两侧的粗实线是墙边线,细线是基础底边线。以轴线①为例,左右墙边到轴线的定位尺寸为 120,也就是其墙厚 240,左右基础底边线到轴线的定位尺寸 500,基础底宽度尺寸 1000。该处是 2—2 剖切断面,凡是同一编号的断面,其定位与尺寸都应完全一样。轴线⑦也有 2—2 断面,因此,其墙厚和基础底边线的定位和尺寸,与轴线①的相同。

图 10-6 是某住宅的条形基础的详图,比例为 1∶20。其剖切位置如图 10-5 所示,1—1 断面是纵向外墙Ⓑ、Ⓔ和Ⓕ的基础。2—2 断面是横向承重外墙①、⑦轴线处的基础。图中注出室内地面标高 ±0.000m,室外地面标高 -0.500m,垫层底面标高 -1.200m,垫层厚度 250mm,垫层宽度分别是 700mm 和 1000mm。

从图中 1—1 断面可知,垫层用素混凝土(未放钢筋),垫层上面是大放脚,每层高 120mm(即两皮砖高),缩进 60mm,共放两级,基础墙厚 240mm,大放脚底面宽 480mm,基坑底面即为垫层底面,宽为 700mm,基础预埋深度为 1200mm。为了防止地下水沿灰缝渗到室内,施工时砌到 -0.060m 处,做一道防潮层。

图 10-7 是某住宅楼的基础平面图,比例为 1∶100,为独立基础。轴线两侧的中实线是基础梁边线,填黑部分是钢筋混凝土柱,细线的矩形是基础底边线。根据该住宅楼左右对称的情

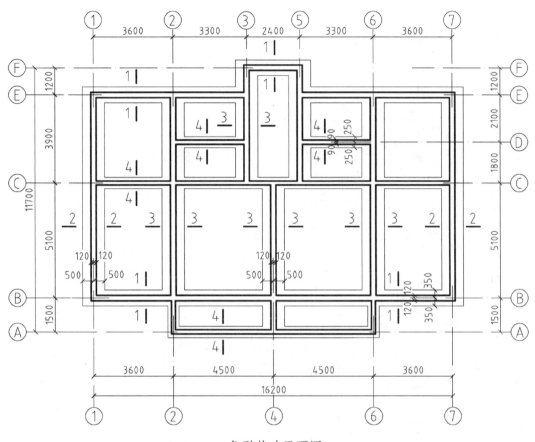

条形基础平面图 1:100

图 10-5 条形基础平面图

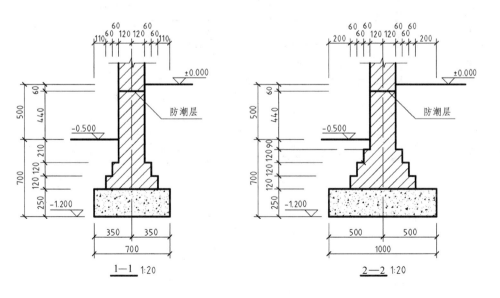

图 10-6 条形基础详图

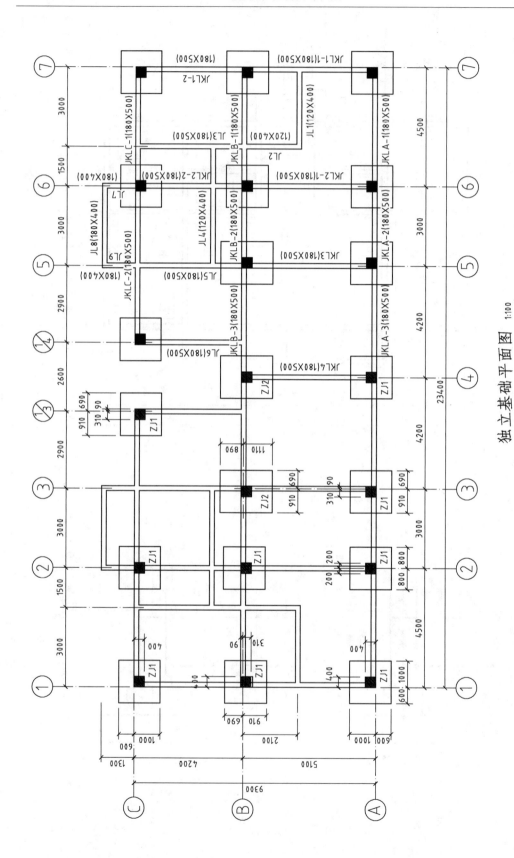

独立基础平面图 1:100

图10-7 独立基础平面图

况,采用了左半部分标注柱基础(即独立基础),右半部分标注基础梁的方法。以轴线Ⓐ为例,七个柱基础都是 ZJ1,长度与宽度均为 1600mm,钢筋混凝土柱的断面长度与宽度均为400mm,其位置由边线与定位轴线所标注的尺寸确定;基础梁分别有 JKLA－1、JKLA－2 和 JKLA－3,为框架梁,宽度180mm,高度500mm。

图 10－8 是图 10－7 独立基础 ZJ1 的详图,与条形基础详图相比,除了绘出断面图外还画出平面图。断面图清晰地反映了基础是由垫层、基础、基础柱三部分构成。基础底部为 1600mm ×1600mm 的矩形,基础高 500mm 并向四边逐渐减低到 200mm 形成四棱台形状。

在基础底部配置了 Φ12@ 150 的双向钢筋。基础下面用 C10 混凝土做垫层,垫层厚 100mm,每边宽出基础100mm。基础上部是基础柱,尺寸400mm × 400mm。柱内放置 4 根 Φ22

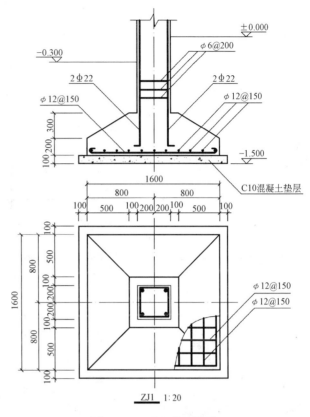

图 10 - 8　独立基础详图

钢筋,钢筋下端直接伸到基础内部,上端与柱 Z2 中的钢筋搭接。基础柱内箍筋按 Φ6@ 200 配置。平面图用局部剖面表示基础中双向钢筋的布置。

第 3 节　结构平面布置图

结构布置图主要是用平面图的形式来表示建筑物承重构件的布置情况。结构平面布置图包括基础平面图、楼层结构平面图和屋顶结构平面图等。这里仅介绍房屋的楼层结构平面图。

楼层结构平面图是假想沿楼板面将房屋水平剖开后所作的楼层结构水平投影图,用来表示每层楼的梁、板、柱等构件的平面布置,现浇钢筋混凝土楼板的构造与配筋,以及它们之间的结构关系等。对于多层建筑,一般应分层绘制。当一些楼层构件的类型、大小、数量和布置均相同时,可只画一个平面布置图,图名为标准层结构平面图或 $X \sim Y$ 层结构平面图(如二～五层结构平面图)。如平面对称时,可采用对称画法。楼梯间和电梯间因另有详图,通常在结构平面图上用细实线画一对相交的对角线表示。

楼层结构平面图绘图的比例一般与建筑平面图的比例相同,其定位轴线及编号也应与建筑平面图一致。

尺寸标注方面一般只标出定位轴线间的尺寸和总尺寸。

结构平面图的图线要求是:构件(如楼板)的可见轮廓线画中实线;构件的不可见轮廓线画中虚线,如不可见的梁用中虚线加代号表示,或在其中心位置画粗点画线并加代号表示;剖切到的钢筋混凝土柱涂黑,并注上相应的代号。

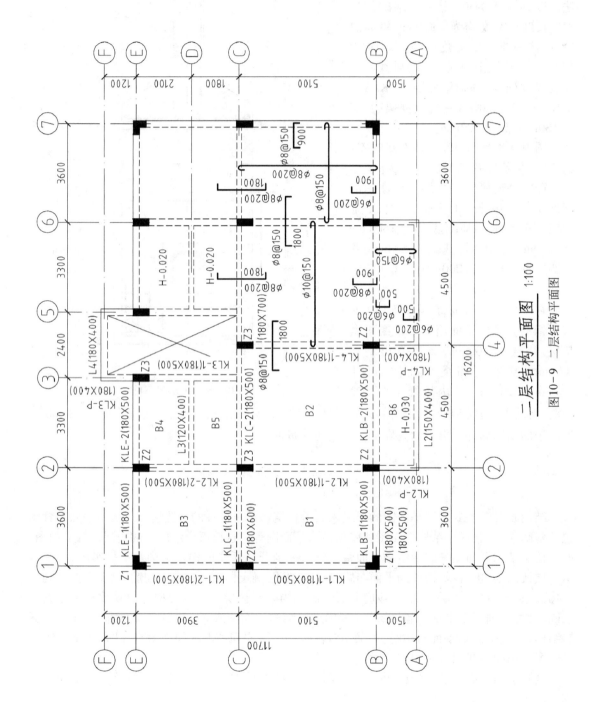

二层结构平面图 1:100

图10-9　二层结构平面图

　　图 10-9 是某住宅楼的二层结构平面图,图中虚线为不可见的构件(本例为梁)轮廓线。从图中可以看出,此房屋是一幢带有异型柱(在轴①和轴⑦的角点处)和扁柱的框架结构,以轴④为中线左右对称,可理解为两个单元。图中涂黑部分是钢筋混凝土柱,根据它的尺寸及配筋的情况,分别编号为 Z1(180×500,180×500)、Z2(180×600)和 Z3(180×700)。沿轴线在柱与柱之间有框架梁 KL。如轴②处的框架梁 KL2 共有三跨:KL2-1 支承在轴Ⓑ的 Z2 和轴Ⓒ的 Z3 上,断面尺寸为 180×500;KL2-2 支承在轴Ⓒ的 Z3 和轴Ⓔ的 Z2 上,断面尺寸同为 180×500;在轴Ⓐ与轴Ⓑ之间是悬挑梁,编号为 KL2-P(180×400)。轴③至轴⑤处为楼梯间,另有结构详图,这里只用细实线画出交叉对角线。每一单元的楼板被梁隔为 6 块,分别编号为 B1~B6。由于本例左右对称,以上的柱、梁和板的位置和编号,只标注在住宅的左半部分。

　　值得注意的是,一般的板面标高为 H(即该楼层的结构标高),而 B4 和 B5 是厨房与卫生间,板面标高为 H-0.020,表示比房间低 20mm。前面阳台的 B6 板,板面标高为 H-0.030,表示比房间地面低 30mm,可防止阳台地面的水流入房间。

　　图 10-9 中右半部分标注了住宅楼板 B1、B2 和 B6 的钢筋配置情况。B1 为双向板,有两个方向的受力钢筋;纵向配置 Φ8@150,即每隔 150mm 放置一根 Φ8 钢筋,钢筋两端弯钩向上;横向配置 Φ8@200,即每隔 200mm 配置一根 Φ8 钢筋,弯钩也是向上。另在板边配置面筋 Φ8@150,长 900mm。两板(B1 和 B2)之间配面筋 Φ8@150,长 1 800mm。B2 为单向板,只画出纵向的受力筋 Φ10@150。横向为分布筋,它的尺寸及配置情况在结构总说明中注明,不必在此标注。B6 也是单向板,受力筋 Φ6@150 横向配置,板边也配有面筋 Φ8@200,长 500mm。

　　二层结构平面图的比例与定位轴线之间的尺寸,应与二层建筑平面图一致。建筑平面图上要画出门窗、楼梯等构配件的图例及其位置,结构平面图则不用画门窗、楼梯等构配件。

第 4 节　钢筋混凝土构件详图

　　结构平面布置图只表示出建筑物各承重构件的布置情况,它们的形状、大小、材料、构造和连接情况等,则需要分别画出各承重构件的结构详图表达。

　　钢筋混凝土构件的结构详图在断面图上不画混凝土的材料图例,而被剖切到的砖砌体的轮廓线用中实线表示,砖砌体的断面则应画出砖的材料图例。砖与钢筋混凝土构件在交接处的分界线,仍按钢筋混凝土构件的外形轮廓线用细实线画出。

　　下面选择建筑工程中具有代表性的钢筋混凝土梁、板、柱构件,说明钢筋混凝土构件的结构详图所表达的内容。

一、钢筋混凝土梁

　　钢筋混凝土梁的结构详图一般包括配筋立面图、断面图和钢筋详图。立面图主要表示梁的轮廓、尺寸及钢筋的位置。钢筋用粗实线表示,而梁的轮廓线则用细实线表示。当配筋较复杂时,通常在立面图的上方(下方)用同一比例画出钢筋详图。如为简单的构件,钢筋详图不必画出,可在钢筋表中用简图表示。断面图主要表示梁的断面形状、尺寸、箍筋的形式及钢筋的位置。断面图的剖切位置应在梁内钢筋数量有变化处。立面图和断面图都应注出各类钢筋的编号以便与钢筋表对照。钢筋表附在图样的旁边,其内容主要是每一种钢筋的形状、长度尺寸、规格、数量,以便加工制作和做预算。

　　识读钢筋混凝土梁结构详图的一般步骤是:先从立面图开始,从立面图可看出梁的立面轮廓、长度尺寸及钢筋在梁内上下左右的配置情况;然后再对照断面图,进一步了解梁的断面形状、宽度尺寸和钢筋在上下前后的排列情况。

图 10-10 所示为一钢筋混凝土梁的结构详图,从立面图上的轴线编号可以知道该梁位于Ⓐ跨与Ⓑ跨之间。该梁是一根矩形梁,全长 5 340mm(5100 + 120 + 120),宽 300mm,高550mm。在配筋立面图的下方是钢筋详图,钢筋详图中注明了每种钢筋的编号、根数、直径、各段长度以及弯起点位置等。在 1—1 断面图中,②号钢筋是架立筋,为两根Ⅱ级钢筋,直径为 20mm,一前一后放在梁的上方,①号钢筋是受力筋,共三根Ⅱ级钢筋,直径为 22mm,前中后放在梁的下方。在 2—2 断面处,多了两根③号钢筋,③号钢筋是一根直径为 16mm 的弯筋,两端弯起的长度均为 350mm。④号钢筋是箍筋,是直径为 8mm 的Ⅰ级钢筋,箍筋布置在梁中段,每隔200mm 一个,在梁的两端则需加密箍,每隔 100mm 放置一个。

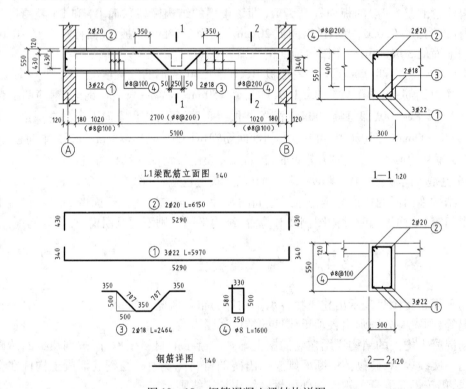

图 10-10　钢筋混凝土梁结构详图

为了便于编制施工预算,统计用料,一般还应列出钢筋表,说明钢筋的编号、钢筋简图、直径、长度、数量、总数量、总长和重量等,见表 10-4。

表 10-4　钢筋表

构　件	编　号	简　　图	直　径	长度(mm)	数量(根)	备　注
L1 (一根)	①	340 ⌐——5290——⌐ 340	3 Φ 22	5970	3	
	②	430 ⌐——5290——⌐ 430	2 Φ 20	6150	2	
	③	350　350 707 350 707	2 Φ 18	2464	2	
	④	580 250 330 500	Φ 8	1600	36	

二、钢筋混凝土板

钢筋混凝土板根据施工方法的不同,有预制板和现浇板两种。

(一)钢筋混凝土预制板

钢筋混凝土预制板是混凝土制品厂的定型产品,一般不必绘制结构详图,只需在图中注明预制板的型号,在施工说明中注出选用的图集名称和编号,如工业厂房中的槽型板、民用建筑中的预应力多孔板等。

图 10－11 是预制的预应力多孔板的横断面图,其型号为 YKB－5－××－2。板的名义宽度应是 500mm,但考虑到制作误差及板间构造嵌缝,故板宽的设计尺寸定为 480mm。图中的钢筋标注表示:10 根直径为 4mm 的冷拔低碳钢丝。

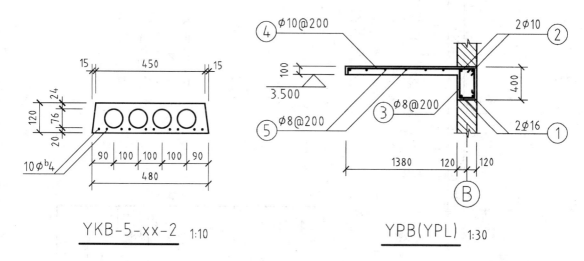

图 10－11　预应力多孔板　　　　　　　图 10－12　雨篷板(包括雨篷梁)详图

(二)钢筋混凝土现浇板

钢筋混凝土现浇板的结构详图,一般采用断面图表示。图 10－12 是某住宅的现浇雨篷板的结构详图,采用一个断面图来表示,绘图比例为 1∶30,它是一块悬挑板,支承于雨篷梁(YPL)上,板的厚度为 100mm,板底标高是 3.500m。受力筋④Φ10@200 放在板的上部,分布筋⑤Φ8@200 置于受力筋之下。板的配筋图中标出板的外形尺寸,板的宽度 1 380mm,板的长度一般标注在结构平面图中。雨篷梁(YPL)的断面也一起表示在雨篷板的结构详图中,梁的受力筋①2 Φ16 放在梁的下部,架立筋②2 Φ10 放在梁的上部,箍筋为③Φ8@200。雨篷梁定位在轴Ⓑ上,雨篷梁的宽度 240mm,高度 400mm,梁的长度一般也标注在结构平面图中。

对于现浇钢筋混凝土楼板,当板中配筋比较简单时,常可直接画在楼层结构平面图上,而不必画出断面图,如本章第 3 节中结构平面布置图中的二层结构平面图(图 10－9)。

三、现浇钢筋混凝土柱

柱是房屋的主要承重构件,其结构详图包括立面图和断面图,如果柱的外形变化复杂或有预埋件,则还应增画模板图,模板图上的预埋件只画其位置示意和编号,具体细部情况另绘详图。柱立面图主要表示柱的高度方向尺寸,柱内钢筋配置、钢筋截断位置(Ⅰ级钢筋以上用45°斜短画表示),钢筋搭接区长度,搭接区内箍筋需要加密的具体数量及与柱有关的梁、板。

柱的断面图主要反映截面的尺寸、箍筋的形状和受力筋的位置、数量。断面图的剖切位置应设在截面尺寸有变化及受力筋数量、位置有变化处。

图 10–13 所示为一钢筋混凝土柱 Z1 的结构详图。从立面图的标高可看出柱高为15.9m，±0.000m 以下为基础部分，其详细做法可参阅基础详图。受力筋都是 4 Φ20，但从钢筋表可以看出，①②③④的钢筋长度有所不同。箍筋⑤为 Φ6@200，在靠近梁的地方和接搭区内的箍筋则加密为 Φ6@100。从断面图可看出柱的截面形状为矩形，尺寸是 450mm × 300mm，四根受力筋分别固定在箍筋的四角。

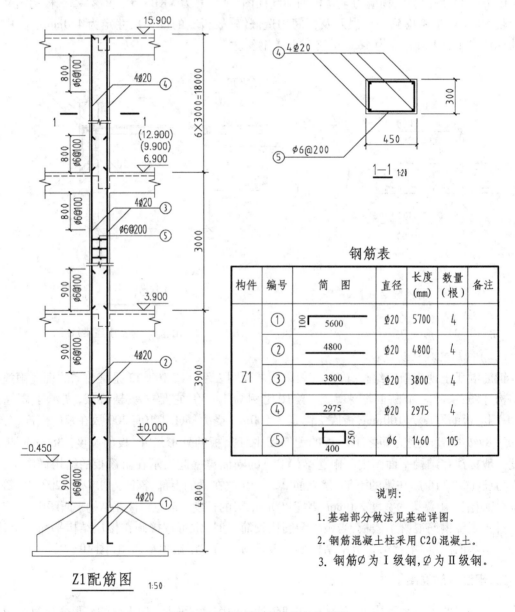

钢筋表

构件	编号	简　图	直径	长度(mm)	数量(根)	备注
Z1	①	100⌐5600	Φ20	5700	4	
	②	4800	Φ20	4800	4	
	③	3800	Φ20	3800	4	
	④	2975	Φ20	2975	4	
	⑤	250⌐400	Φ6	1460	105	

说明：

1. 基础部分做法见基础详图。

2. 钢筋混凝土柱采用 C20 混凝土。

3. 钢筋∅为 I 级钢，∅为 II 级钢。

图 10–13　钢筋混凝土柱结构详图

第 5 节　钢结构图

钢结构是由各种形状的型钢,如角钢、工字钢、钢板等组合连接而成,常用于大跨度建筑、高层建筑和工业厂房中。

一、型钢及其连接方法

钢结构中所使用的钢材是由轧钢厂按标准规格(型号)轧制而成的,称为型钢。常用的型钢的种类及标注方法见表 10-5。

表 10-5　常用型钢的标注方法

名　称	截　面	标　注	说　明
等边角钢	L	$L\ b×t$	b 为肢宽 t 为肢厚
不等边角钢	L	$L\ B×b×t$	B 为长肢宽　b 为短肢宽 t 为肢厚
工字钢	I	$I\ N$　$Q\ I\ N$	轻型工字钢加注 Q 字 N 工字钢的型号
槽　钢	[	$[\ N$　$Q\ [\ N$	轻型槽钢加注 Q 字 N 槽钢的型号
方　钢	▨b	□ b	
钢　板	—	$\dfrac{-b×t}{l}$	
圆　钢	⌀	$\phi\ d$	
钢　管	○	DNxx $d×t$	内径 外径 × 壁厚

钢结构中型钢的连接形式常用焊接和螺栓连接。

(一)焊接和焊缝代号

焊接就是通过加热或加压或两者并用,使得焊件连接在一起的金属加工方法。在焊接的钢结构图中,必须把焊缝的位置、形式和尺寸标注清楚。焊缝按规定采用焊缝代号来标注。焊缝代号由带箭头的引出线、图形符号、焊缝尺寸和辅助符号组成,如图 10-14 所示。

常用焊缝的图形符号和辅助符号如表 10-6 所示。

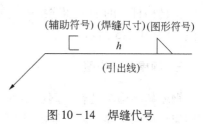

图 10-14　焊缝代号

表 10-6 焊缝的图形符号和辅助符号

焊缝名称	焊缝形式	图形符号	符号名称	焊缝形式	说　明	标注方式
V 型焊缝		V	周围焊缝符号		◯	
单边 V 型焊缝		V	三面焊缝符号		⊏	
I 型焊缝		‖	现场焊接符号		▶	
贴角焊缝		△	尾部符号		<	

（二）螺栓连接

螺栓连接拆装方便,操作简单,其连接形式可用简化的图例表示,见表 10-7。

表 10-7 螺栓与螺栓孔的表示方法

名　称	图　例	说　明
永久螺栓		1.细"+"线表示定位线
安装螺栓		2.M 表示螺栓型号
胀锚螺栓		3.∅表示螺栓孔直径
圆形螺栓孔		4.d 表示膨胀螺栓直径
长圆形螺栓孔		5.采用引出线标注螺栓时,横线上标注螺栓规格,横线下标注螺栓孔直径

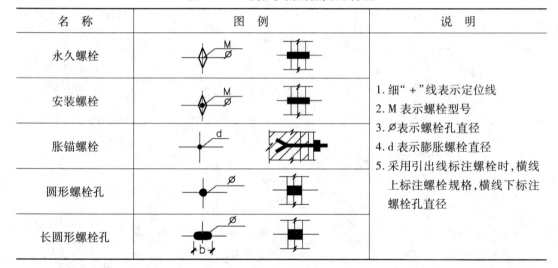

二、钢结构的尺寸标注

钢结构杆件的加工和连接安装要求较高,标注尺寸应达到准确、清晰和完整。常见的标注方法如图 10-15 所示。

三、钢屋架结构图

钢屋架结构图是表示钢屋架的形式、大小、型钢的规格、杆件的组合和连接情况的图样。钢屋架结构图主要有屋架简图、屋架立面图和节点详图等。

（一）屋架简图

图 10-16 是某厂房的钢屋架简图。绘图比例较小,为 1∶200。屋架简图用单线图表示,一般用中实线绘制,习惯上画在图纸的左上角和右上角。从定位轴线可知,屋架位于轴Ⓐ与轴Ⓑ之间,表明了该屋架在建筑物中的位置。图中还注明了屋架的跨度、高度和各节点之间杆件

的长度等。

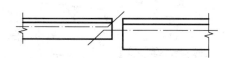

(a) 两构件的两条重心线靠得很近时，应在交汇处各自向外错开

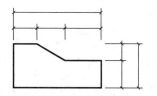

(b) 切割的板材，应标注各线段的长度及位置

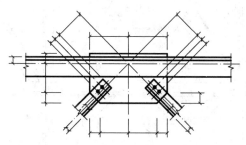

(c) 节点尺寸应注明节点板的尺寸和各杆件螺栓孔中心，以及杆件端部至几何中心线交点的距离

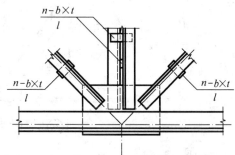

(d) 双钢组合截面的构件，应注明连结板的数量及尺寸。引出横线上方标注数量、宽度和厚度，下方标注长度尺寸

图 10 – 15　钢结构的尺寸标注

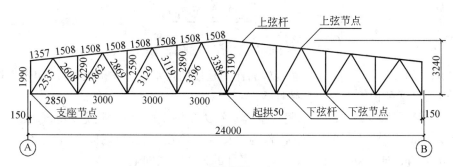

图 10 – 16　钢屋架简图

(二)屋架立面图

图 10 – 17 是上述钢屋架的立面图(局部)，绘图比例用 1∶50。钢屋架立面图中杆件与节点板轮廓用中实线绘制，其余为细实线。从定位轴线Ⓐ可知道该屋架是上述屋架简图所示的屋架立面图。

该屋架立面图由三部分图样组成，中间是屋架立面图，屋架上、下弦杆的实形投影图位于上下两侧。由于屋架的跨度和高度尺寸较大，而杆件的截面尺寸较小，所以通常在立面图中采用了两种不同的比例，即屋架轴线用较小比例，如 1∶50，杆件和节点用较大比例，如 1∶25。

从图中可以看出，上弦杆①2L180×110×12 为两根不等边角钢组成，长肢宽为 180mm，短肢宽为 110mm，肢厚为 12mm，指引线下面的长度 11960mm 为上弦杆的长度。上弦杆两根角钢之间连接板⑳标注为 16 – 80×8 和 130，表示上弦杆通过 16 块宽度为 80mm、厚度为 8mm、

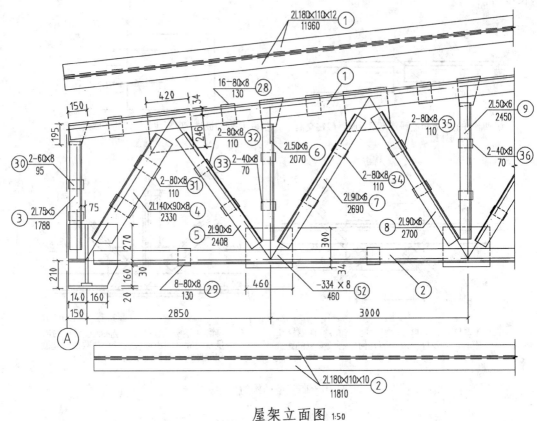

屋架立面图 1:50

图 10 - 17　钢屋架立面图

长度为 130mm 的扁钢焊接在一起,连接板的作用是使两角钢通过连接板焊接,加强整体性,增强刚度。下弦杆②的识读方法同上弦杆。

　　左端的竖杆③为 2L75 ×5,表示竖杆由两根等边角钢组成,角钢肢宽 75mm,肢厚 5mm,角钢长度为 1788mm。竖杆由两块扁钢⑩作为连接板焊接在一起,扁钢标注为 2 - 60 ×8 和 95,表示扁钢宽 60mm、厚 8mm、长 95mm。其他竖杆的识读方法同上。

　　左端的斜杆④为 2L140 ×90 和 2330,表示斜杆由两根不等边角钢组成,长肢宽 140mm,短肢宽 90mm,肢厚 5mm,角钢长度为 2330mm。斜杆由两块扁钢㉛焊接在一起,扁钢标注为 2 -80 ×8 和 110,表示扁钢宽 80mm、厚 8mm、长 110mm。其他斜杆的识读方法同上。

　　(三)节点详图

　　图 10 -18 是上述钢屋架中编号为 2 的一个下弦节点图。为详尽表达该节点的结构,其绘图比例较大,通常为 1∶20。

　　节点由斜杆⑤和⑦以及竖杆⑥通过节点板㉕和下弦杆②焊接而成。斜杆⑤和⑦分别由两根等边角钢 L90 ×6 组成,竖杆⑥由两根等边角钢 L50 ×6 组成,下弦杆②由两根不等边角钢 L180 ×110 ×10 组成。由于每根钢杆都由两根角钢所组成,所以在两角钢之间有连接板。

　　在节点详图中,不仅应注明各型钢的规格尺寸和它的长度尺寸,还应注明各杆件的定位尺寸(如 105、190 和 165)和连接板的定位尺寸(如 250、210、34 和 300)等。

　　另外,图中还标注了焊缝代号,从标注可知,所有节点采用的都是双面角焊缝,并由焊缝的高度尺寸不同(分别为 6mm 和 5mm)而分为两类(A 和 B)。

在钢屋架结构图中一般还附有材料表(略),表中按零件编号详细注明了组成杆件的各型钢的截面规格尺寸、长度、数量和重量等内容。

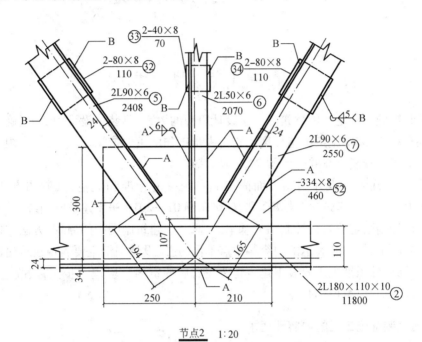

节点2　1:20

图 10−18　钢屋架节点详图

第11章 建筑装饰施工图

第1节 概 述

建筑装饰施工图是室内建筑师表达设计思想的语言,是装饰设计中交流、确定技术问题的重要文件资料,是装饰施工中指导现场施工人员工作的重要依据。因此,一套规范的设计图纸是保证装饰工程顺利进行并达到预期效果的基础。

目前,我国在装饰设计制图方面尚未颁布统一的标准和规范,其制图方法大部分套用《GB/T 50104—2010 建筑制图标准》和《GB/T 50001—2010 房屋建筑制图统一标准》。

装饰设计制图与建筑设计制图的基本原理一致,建筑制图中的原理、方法和标准可运用到装饰设计制图中,但两者表达的内容侧重点不同,建筑设计图纸主要表现建筑建造中所需的技术内容,装饰设计图纸则主要表现建筑建造完成后的室内环境进一步完善、改造的技术内容,故装饰设计制图有它自身的特点。

一、建筑装饰施工图的内容和要求

装饰设计根据设计进程,通常分为两个阶段:方案设计阶段和施工图设计阶段。在方案设计阶段主要用手绘草图表现设计构思,并用表现图(效果图)表现设计意向与意境;在施工图设计阶段是用装饰设计施工图表现设计结果,并用以指导施工。

建筑装饰施工图一般包括以下内容:

(1)设计说明书和施工说明书。设计说明书是对设计方案的具体解说,包括方案的总体构思、功能的处理、装饰的风格、主要材料、技术措施等,通常用图文结合的形式表达。施工说明书是对装饰施工图的具体解说,包括施工图中未表明的部分及设计对施工方法、质量的要求。

(2)室内装饰设计工程图纸,包括:平面布置图、地面平面图、顶棚平面图、立面图、详图和透视效果图等。

(3)相关专业配合的装饰设计图,包括:结构;水、暖、通风、空调;电气;园林等。

在一套图纸中,图幅的比例应尽量统一,且种类以少为好。装饰设计施工图纸的比例多在1:200以下,一般平面图和顶棚图用1:50~1:100的比例,较大平面图可用1:100以上的比例,立面图用1:10~1:50的比例,节点详图用1:1~1:20的比例。

通常,一套完整的装饰工程图纸应编制相应的图纸目录。图纸目录以表格的形式表示,主要包括图纸序号、图纸名称、图号、规格等,见表11-1。图纸序号的编制一般遵循总体在先、局部在后,底层在先、上层在后,平面图在先、立面图随后的原则。材料表、门窗表、灯具表等备注通常放在整套图纸的后面。

表 11-1 某居室装饰工程图纸目录

序号	图纸编号	图样内容	图样规格	备注
1	1	平面布置图	A3	
2	2	地面平面图	A3	
3	3	顶棚平面图	A3	
4	4	客厅立面图	A3	
5	5	餐厅立面图	A3	
6	6	玄关立面图	A3	
7	7	主卧室立面图	A3	
8	8	儿童房立面图	A3	
9	9	书房立面图	A3	
10	10	客厅、玄关天花详图	A3	
11	11	走廊、主卧室天花详图	A3	
12	12	客厅墙身剖面图	A3	
13	13	餐厅酒柜详图	A3	
14	14	主卧室衣柜详图	A3	

二、建筑装饰室内设计施工图的特点

在绘图内容方面,只要不更改原有建筑结构,建筑装饰室内设计施工图无须重复绘制建筑设计图中已绘制的墙、楼板、地面的材质和构造,以及墙内的烟道与通风道,室外台阶、坡道、散水、明沟等。

图 11-1 某住宅客厅的效果图

在标注方面,可只标注影响施工的控制尺寸,对某些不影响工程施工的细部尺寸可不细标;一般无须重复标注门窗编号、洞口尺寸,也无须重复标注轴线和轴线号。

在图示内容上有部分为不确定性的,如家具、家电和陈设品等只提供大致构想,具体实施可由用户根据爱好自行确定。

为增强装饰效果的表现力,装饰设计施工图的平、立面布置图允许加画阴影和配景。为帮助施工人员理解设计意图,更好地进行施工,装饰设计施工图中常附上效果图和直观图。图11-1是某住宅客厅的效果图,它直观、形象地表示出了客厅的装饰手法和装饰效果。

第2节　平面布置图

一、平面布置图的形成

平面布置图(也称平面图)实际上是一种水平剖面图,它是用一个假想的水平剖切面,在窗台上方把房间剖开,移去上面部分,由上往下看,对剩余部分作正投影图,即为平面图。在平面图中,室内摆放的家具等其他陈设品不论剖到与否都要完整绘制。

二、平面布置图的内容与画法

建筑装饰设计中的平面布置图主要表明建筑的平面形状,建筑的构造状况,表明室内的平面关系和室内的交通关系,表明室内设施、陈设、隔断的位置及室内地面的装饰情况,故它能体现出装修后房间是否满足使用要求以及建筑功能的优劣,是室内设计的关键。

建筑装饰设计的平面布置图有两种,一种是以楼层或区域为范围,另一种是以单间房间为范围。前者侧重表达室内平面与平面间的关系,后者则着重表达室内的详细布置和装饰情况。建筑装饰设计平面图以建筑设计平面图为依据,主要包括:

1. 建筑墙、柱

平面布置图中剖切到的墙、柱轮廓线用粗实线绘制,根据图面需要画出材料、做法的图例或符号。一般图比例大于1∶50时,应画出抹灰层的面层线和材料图例;图比例为1∶100～1∶200时,可画简化的材料图例,如砌体墙涂红、钢筋混凝土涂黑等。

2. 门、窗

要求按设计位置、尺寸和《建筑制图标准》规定的图例画出门、窗。一般用中粗线绘制,可加画开启方向线表示开启方向。当门、窗数量多时可做编号,有特殊要求时须注明或另画大样图。

3. 家具、陈设、厨卫设备等

家具、陈设等应用实际尺寸按比例绘制,形状可按图例绘制,或画示意图并用文字注明,图线用细线,尺寸可不标明。当图比例较大时,可绘出它们大致的外轮廓,有时加画一些表示纹理、图案的符号,如木纹、织物图案等。窗帘一般用波浪线表示。厨卫设备一般按图例绘制,有时可画出更具体的轮廓和细部。

4. 绿化、景观小品等

一般要求画准它们的位置和外轮廓,花、石、水可用示意性画法。

5. 楼梯、电梯、自动扶梯

楼梯及栏杆扶手的形式和梯段踏步数按实际情况绘制,并用箭头标出楼梯的走向线;电梯绘出门和平衡锤的实际位置。

6. 壁画、浮雕等

可不画挂画、挂毯等,但要表示出壁画、浮雕等的位置和长度,一般用细实线画出外轮廓,用引线标注它们的名字。

7. 家具

室内家具中的吊柜、高窗及其他高于剖切平面的固定设施(如空调等),均用虚线绘制。

8. 地面

地坪高差用标高符号注明。若地面做法较简单,可直接在平面图上绘制和标注其形式、材料和做法,具体有三种做法:一是示意性画法,如用平行线表示条木地板,用方格表示地面砖,不一定要表示出材料的实际大小;二是选择一块家具不多的地方,画出地面分格线,标出尺寸、材料和颜色,且分格的大小与实际大小相同;三是直接用引出线标出地面。

9. 尺寸及轴网标注

主要标注房间的净尺寸及家具、设施之间的定位尺寸,部分固定设施的大小尺寸应标明,与室内装修无关的外部尺寸可不标注。轴线网编号及轴线尺寸可以省去,若属二次装修,则应保留轴线网和编号,以便与原建筑施工图对照。

10. 符号

在平面图中应绘制剖切符号,标明欲着重表达的装饰剖面位置和投影方向。

对需另见详图的局部或构件,应标明索引符号,绘制方法见《房屋建筑制图统一标准》。

为表示室内立面在平面图上的位置,应在平面图中用内视符号注明视点位置、方向及立面编号,符号中的圆圈用细实线绘制,根据图面比例圆圈直径可选 8～12mm,立面编号宜用拉丁字母或阿拉伯数字。内视符号如图 11-2 所示。

单面内视符号　　　　　　　双面内视符号　　　　　　　四面内视符号

图 11-2　内视符号

在图纸的明显位置绘制指北针,表明房间的朝向。

11. 图名

平面布置图的图名标在图样的下方,可以其所在的楼层的层数来称呼,"首层平面图"、"二层平面图",有时只需反映平面中的局部空间,则可用空间的名称来命名,如"主卧室平面图"、"会议室平面图"。在标注各房间或区域的功能时,可用文字直接注出,也可用数字编号(编号注写在直径为 6mm 细实线绘制的圆圈中),并在同张图纸上列出房间名称表。在图名的右侧宜注写图纸比例,比例的字高宜比图名的字高小一号或二号。

三、平面布置图举例

图 11-3 所示是某住宅客厅平面布置图。

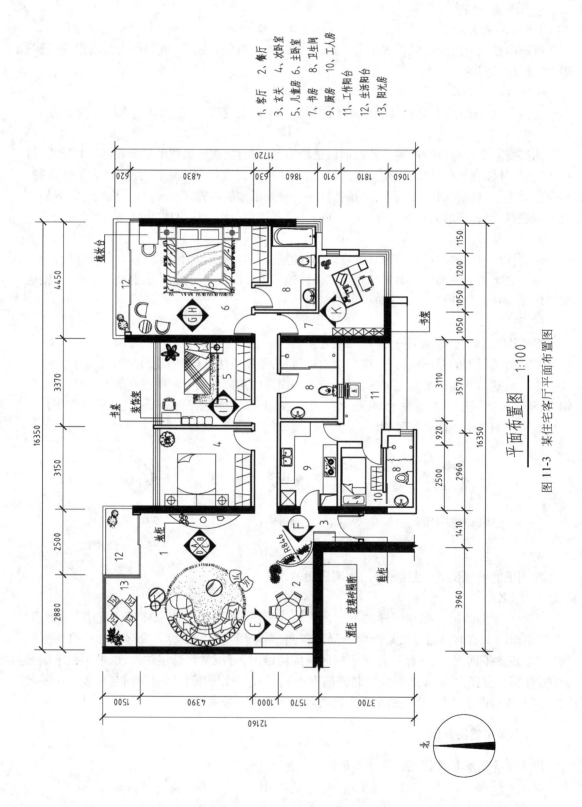

平面布置图　1:100

图 11-3　某住宅客厅平面布置图

1、客厅　　2、餐厅
3、玄关　　4、次卧室
5、儿童房　6、主卧室
7、书房　　8、卫生间
9、厨房　　10、工人房
11、工作阳台
12、生活阳台
13、阳光房

第 3 节　地面平面图

一、地面平面图

当地面做法较复杂时,要专门画一个地面平面图,表现地面装饰和做法。地面平面图不要求画家具与陈设,只画地面做法和固定于地面的陈设与设施。

二、地面平面图的内容

(1)墙、柱、门、窗、楼梯、电梯、斜坡和踏步等。

(2)地面的形式、做法,如分格和图案等。

(3)地面上的固定设备和设施,如水池、喷泉、瀑布、假山、花槽、花台、卫生洁具、固定柜台等。

(4)标注。标注时要注明各种材料的名称、规格和颜色,分格的大小,图案的尺寸,地面平面图应标注标高,尤其在地面有几种标高时,更需标注清晰。

(5)对于复杂的拼花造型地面,需另画局部平面大样图加以表达,绘制时要求用几何作图方法准确绘制,并标明几何作图的尺寸;对于台阶、基层、坑槽等,也应画出剖面大样图,表达其凹凸变化的构造形式。

三、地面平面图举例

图 11 - 4 所示是某住宅地面平面图。

第 4 节　顶棚平面图

一、顶棚平面图的形成

用假想水平剖切面从窗台上方把房间剖开,移去下面部分,向顶棚方向看,用正投影原理绘图,即为顶棚平面图。也可设想与顶棚相对的地面为镜面,可将顶棚所有的形象映射在上面,镜面呈现的图像就是顶棚的正投影图,这种绘制顶棚平面图的方法叫镜像投影法。

二、顶棚平面图的内容和画法

顶棚平面图主要表现天花中藻井、花饰、浮雕、阴角线的装饰形式,表明顶棚上灯具的类型、布置形式、位置关系,以及消防装置和通风装置的布置情况和装饰形式。

顶棚平面图包括以下内容:

1. 被剖切到的墙、柱和壁柱

墙、柱用粗实线绘制,若顶棚和墙身的交接处做了线脚,可画一条细实线,表示其位置。

2. 墙上的门、窗与洞口

顶棚平面图上的门窗与一般平面图的画法一样,只是由于顶棚平面图是由下往上看,窗子除绘出被剖的窗扇外,有的还绘出窗过梁的内外边缘线,门除绘出被剖的门扇外,还绘出门过梁的内外边缘线。有的顶棚平面图为了简化,门窗略去不画,只画墙线。

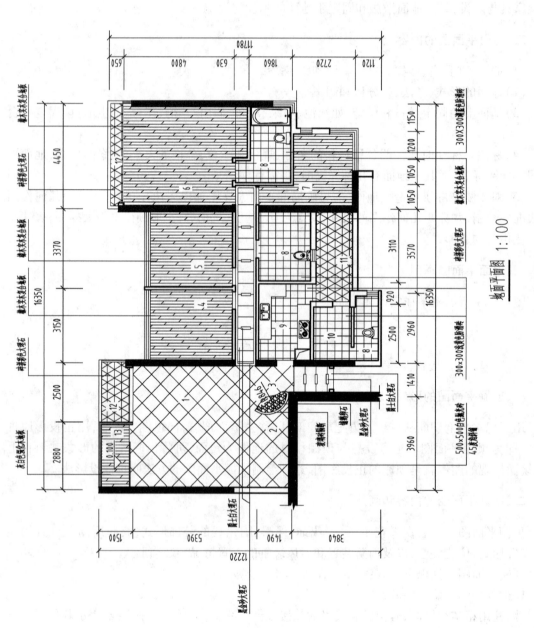

1、阳台　2、客厅
3、餐厅　4、饭室
5、儿童房　6、主卧室
7、书房　8、卫生间
9、厨房　10、工人房
11、工作阳台
12、生活阳台
13、防盗房

地面平面图 1:100

图11-4 某住宅地面平面图

3. 楼电梯

楼梯要画出梯间的墙,电梯要画出电梯井,一般不画楼梯踏步和电梯符号。

4. 顶棚造型

绘制天花造型,表示出天花板表面局部起伏变化情况,即叠层吊顶表面变化的高度和范围。变化高度用标高标注,投影轮廓可用中线绘制并标明相应尺寸。

用文字说明天花造型的方法以及天花表面使用的装饰材料名称及色彩。

图纸比例较大时,顶棚上的浮雕、花饰、藻井应画出,否则用示意性画法,可简化为一两条细线,也可画出大轮廓,用文字注明并另用详图表示。

5. 灯具及设施

绘制灯具,灯具用简化画法,如用小圆圈表示筒灯,吸顶灯、吊灯等画外部大轮廓,但大小和形状与实际大小、形式一致。标注灯具的类型、位置、大小,以及灯具的排列间距、安装方式。用示意性画法绘制设施(如消防、通风装置),标注设施的名称、位置关系。

6. 剖切符号

对于造型、做法较复杂的吊顶,要标注剖切符号,指明剖切位置和投影方向,另画剖面图具体表达,对局部做法有要求时,可用局部剖切表示。

7. 图名、比例

三、顶棚平面图举例

图 11-5 所示是某住宅顶棚平面图。

第 5 节 室内立面图

一、立面图的形成

室内装饰设计中的立面图是与垂直界面平行的正投影图,它可反映垂直界面的形状、装修做法以及其上的陈设。

二、立面图的内容

装饰设计中,垂直界面的图样可用立面图或剖面图表达。两种图样的区别是:立面图是直接绘制垂直界面的正投影图,它只表现可见轮廓线,故只要绘制左右墙的内表面、地面的上表面和顶面的下表面,制图简单;剖面图是用假想的竖直平面剖开空间,移去与剖视方向线相反的部分,对剩余的部分按正投影原理作正投影图得到的,故需要绘制被剖的侧墙、顶部楼板、顶棚等,它的好处是可表示出空间与相邻空间的关系,左右墙上的门窗、洞口,楼板的做法,楼板与吊顶的关系等,但制图工作量大,且由于贯通全高或全长的剖面图比例尺较小,实际上很难将垂直界面上较复杂的装饰构造和做法画清楚,若要清晰表示还需绘制比例较大的局部剖面详图。因此人们在室内设计中通常用立面图表达垂直界面,用剖面详图作补充图样,本书应用此种制图方法。

立面图可表达室内垂直界面及垂直物体的所有图像,主要表现室内空间各垂直界面的装饰内容及与界面有关的物体,内容包括:

(1)可见的室内轮廓线和装修构造。

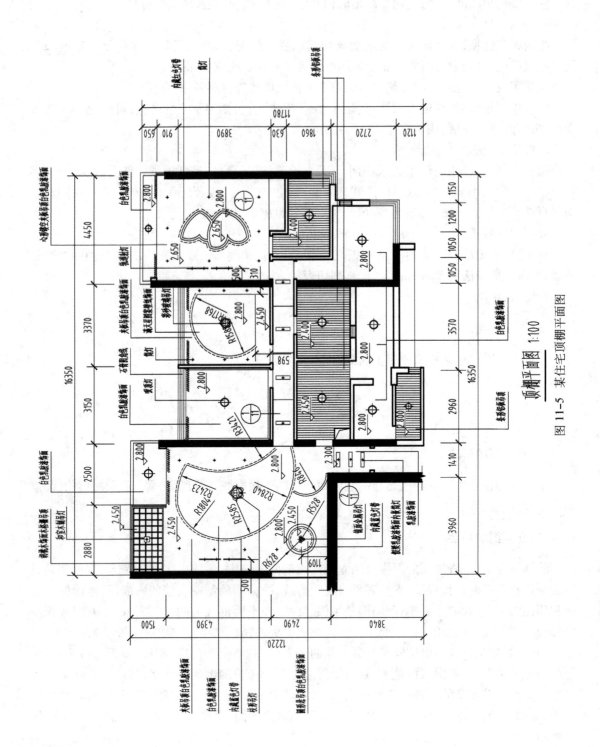

顶棚平面图 1:100

图 11-5 某住宅顶棚平面图

（2）门窗、构配件的形式、材料及相关的窗帘杆、窗帘等织物的设计形式。

（3）墙面做法。用文字注明墙面装饰材料的材质、色彩、工艺要求。

（4）固定设施、家具和灯具。如与墙体相结合的壁龛、壁炉、橱柜、博古架等装修内容；壁灯形式、位置与数量等。

（5）需表达的非固定家具、灯具、装饰物件。要求画准轮廓，表示出风格和特征，但不一定要画出所有细部和装饰；其尺寸可不标注，但要根据实际大小用图面比例绘制。

（6）室内绿化水体等立面设计形象。要求准确地画出它们的形状和神态。

（7）壁画、挂画、浮雕、挂毯等。要求画准位置，准确地定出长和高，用引出线标注其名称或说明对内容、形式的要求。

（8）立面的高度、宽度尺寸；地面、顶棚等表面的标高。

（9）装饰物体或造型的名称、内容、位置、大小、做法等。

（10）剖切符号、索引符号。

（11）图名、比例。

室内立面图的名称，可根据平面图中内视符号的编号或字母确定，如（1）立面图、A 立面图；也可在平面图中标出指北针，按东南西北方向命名各立面，如东立面图；对于局部立面，可直接用物体或方位的名称，如餐厅酒柜立面。

需注意的是为展示空间的整体风貌，在立面图中可画出墙面上可移动的装饰品，以及地面上的家具、陈设等，但应以不影响墙、柱面的装饰表达为原则。

对于一些平面呈弧形或异形的立面图像，若用正投影很难表明准确尺寸，一般用立面展开图表示，即将一些连续立面展开成一个立面来表达。

三、立面图举例

图 11-6 所示是某住宅客厅立面图。

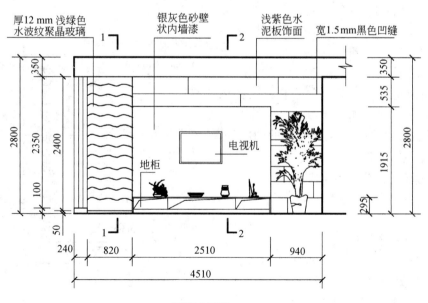

客厅 B 立面图　1:50

图 11-6　某住宅客厅立面图

第6节　装饰详图

一、详图的形成

由于平面图、顶棚平面图、立面图的比例尺均为1∶50、1∶100、1∶200,无法表达装饰装修细部,故需将这些细部引出,将比例放大,绘制出内容详细、构造清晰的图像,即为详图。详图又称大样图,剖面中的详图又称节点详图。

二、详图的内容和画法

详图通常有几种:墙(柱)面装饰剖面图、顶棚详图、装饰造型详图、家具详图、装饰门窗及门窗套详图、楼地面详图、小品及饰物详图等。

详图所表现的装饰物体形状要求真实准确,投影要完整详尽。要求对图样中的材料名称、做法、色彩、规格、大小等用文字详细注明;对尺寸、定位轴线、索引符号、控制性标高、图示比例等要标注完整详尽并准确无误。

表达体量和面积较大,以及造型变化较多的装饰形体时,绘制的详图一般要包括平、立、剖面图三种图样,来共同反映装饰造型,平、立、剖面图宜尽量画在一张图纸上。若详图的图示内容较简单,可只画其平面图、断面图。

详图的图示内容包括:

(1)造型的形状、样式。

(2)装饰构造、做法说明、材料选用、色彩选择、工艺要求等。

(3)材料图例,包括建筑结构材料和装饰基层材料。材料的图例一般按《房屋建筑制图统一标准》绘制,标准中没有注明的材料,可自编图例,并加以说明。

(4)各材料间的连接、固定方式。有需要时可另画详图表示,若采用标准图,应用索引符号索引,并加注该标准图册的编号。

(5)装饰面层、胶缝及线角的图示和说明。对复杂线角及造型等一般单独绘制较大比例的详图表示。

(6)标注尺寸、标高。对于复杂的图形,可用网格形式标注尺寸。

(7)索引符号、图名、比例等。

三、详图举例

(一)墙面装饰剖面图

对于装饰较复杂的墙面,需要绘制墙面装饰剖面图,它通常由楼(地)面与踢脚线节点、墙面节点、墙顶部节点等组成。

墙面装饰剖面图的剖切符号应绘制在装饰立面图的相应位置上,剖切到的墙体轮廓、

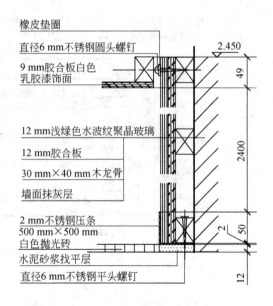

橡皮垫圈
直径6 mm不锈钢圆头螺钉
9 mm胶合板白色乳胶漆饰面
12 mm浅绿色水波纹聚晶玻璃
12 mm胶合板
30 mm×40 mm木龙骨
墙面抹灰层
2 mm不锈钢压条
500 mm×500 mm白色抛光砖
水泥砂浆找平层
直径6 mm不锈钢平头螺钉

2.450
49
2400
2
50
12

1—1剖面图　1∶5

图11-7　某客厅墙面装饰剖面图

楼(地)面轮廓线用粗实线表示,剖切到的木线、顶棚板等用中实线表示,其他用细实线表示。如图 11 - 7 为某客厅墙面装饰剖面图。

（二）顶棚详图

顶棚详图主要用于表示顶棚上的图案和起伏,包括局部详图和剖面详图。要求表示出顶棚的构造、做法、选材及灯具、设施等的布置,对于分层吊顶要求标注出各层的底面标高。如图 11 - 8、图 11 - 9 所示的某顶棚局部详图和剖面详图。

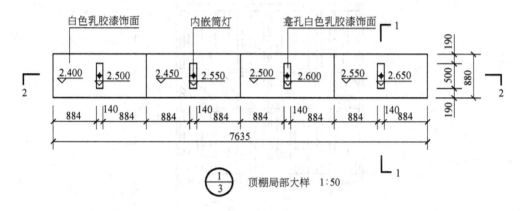

图 11 - 8　某顶棚局部详图

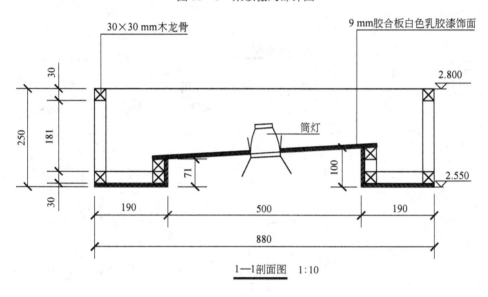

图 11 - 9　某顶棚剖面详图

（三）家具详图

对于需要现场制作、加工、油漆的固定式家具,如衣柜、书柜、储藏柜等,或可移动家具,如床、书桌、展示台等,需绘制家具详图。

家具详图通常由家具平面图、立面图、剖面图和节点详图等组成。如图 11 - 10、图 11 - 11 所示的衣柜详图。

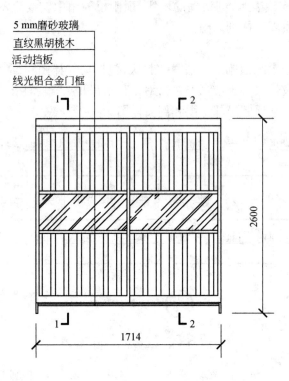

衣柜立面图　1:100

图 11 - 10　某衣柜立面图

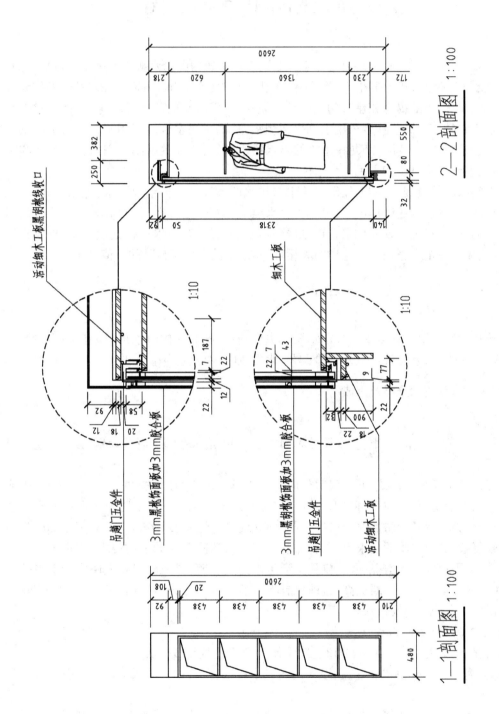

图 11-11　某衣柜剖面图

第12章 给水排水施工图

众所周知,人类的生产和生活离不开水,因此,房屋建筑中的给水排水设施是不可缺少的。给建筑物供水,主要是用于人们生产、生活、消防、医疗及改善环境等方面。随着社会的不断进步,人民生活水平的不断提高和建筑功能的日臻完善,人们对水的需求量将越来越大,对供水水质的要求也将越来越高。从生产用水到生活用水,从消防用水到冷却用水,等等,水的供应与人民生活息息相关。因此,解决好建筑的给水排水问题,不仅关系到人们的日常生产和生活,同时也关系到社会进步和人民生命财产的安全。

水为人类服务的过程,总体上经历了给水与排水两大环节。自水源取水,经净化处理,达到水质要求后,经管道输送到加压站加压,再将水经济、安全、可靠地送达各用水点。水经使用后变成污水的部分,经过一系列排水管道输送到污水处理厂,对污水进行处理后,再排放到江河湖泊中,完成了一个大循环。在这样的大循环中,水也就实现了自己的价值。

第1节 概　述

自建筑物的给水引入管至室内各用水及配水设施段,称为室内给水部分。自各用水及配水设备排出的污水起,直至排至室外的检查井、化粪池段,称为室内排水部分。

一、室内给水系统的分类及组成

(一)室内给水系统的分类

按照供水对象及对水质、水量、水压的不同要求,室内给水系统可以分为生活给水、生产给水和消防给水三类。

一般居住建筑及公共建筑,通常只需供应生活饮用水、盥洗用水、烹饪用水,可以只设生活给水系统。当有消防要求时,则可采取生活—消防联合给水系统。对消防要求严格的高层建筑或大型建筑,为了保证消防的安全可靠,则应独立设置消防给水系统。工业企业中的生产用水情况比较复杂,其对水质的要求可能高于或低于生活、消防用水的水质要求,究竟采用什么样的供水方式,需根据实际情况确定,仅就生活用水的供应而言,随着城乡人民生活水平的不断提高,对供水质量要求也不断提高,目前也有将生活供水部分分为饮用水和盥洗用水两项,采取分质供应的方法给建筑供水。

(二)室内给水系统的组成

一般情况下,室内给水系统如图12-1所示,有下列主要组成部分。

(1)引入管。由室外供水管起,引至室内的供水接入管道,称为给水引入管。引入管通常采用埋地暗敷方式引入。

(2)水表节点。在引入管室外部分离开建筑物适当位置处,设置水表井或阀门井,在引入管上接上水表、阀门等计量及控制附件,对整支管道的用水进行总计量或总控制。

(3)给水干管。即建筑的干线供水管道,分为立管和水平给水干管两大类。

(4)给水支管。即建筑的支线供水管道,由干管接出,并向用水及配水设备过渡。

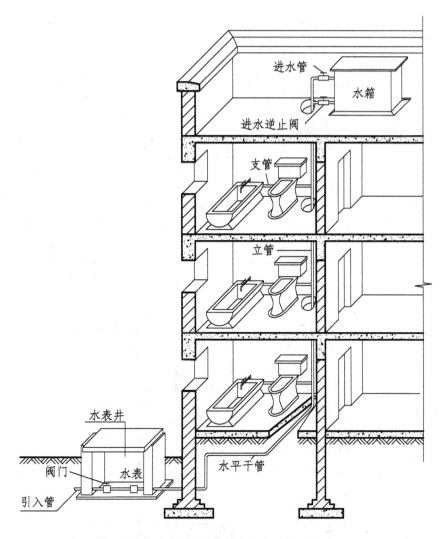

图 12-1　某商住楼室内给水系统直观图

（5）用水或配水设备。建筑物中供水终端点。水到用水及配水设备后，供人使用或提供给用水设备，完成供水过程，如龙头属用水设备，卫生设备的水箱属配水设备。

（6）增压设备。用于增大管内水压，使管内水流能到达相应位置，并保证有足够的流出水头。如泵站、无塔供水站等。

（7）贮水设备。用于贮存水，有时也有贮存压力的作用。如水池、水箱、水塔等。

现以室内给水系统为例，说明以上特点。

图 12-1 为某商住楼室内给水系统直观图，表明在三层楼房中给水管道系统的实际布置情况。图 12-2 是它的给水管道系统平面布置图（一般只需画出用水部分房间各层的平面布置图，与给水系统无关的房间可省略）。图 12-3 是它的给水管道系统轴测图。将这三个图相互对照识读，就可以看出如下几点：

（1）在平面布置图、系统轴测图中，水表、阀门、水管、龙头、水箱以及卫生设备等都是用图例表示的，系统轴测图直观性较强。

（2）从管道平面布置图中难以看出给水系统在空间的相互关系，如将平面布置图与给水

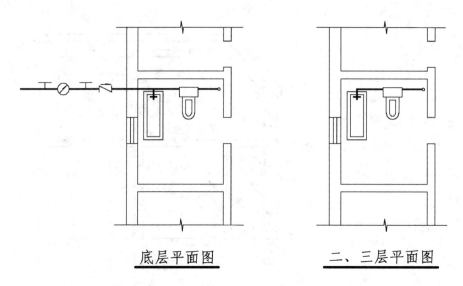

底层平面图　　　　二、三层平面图

图 12-2　某商住楼给水系统平面图

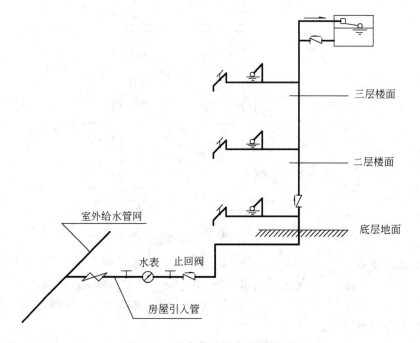

图 12-3　某商住楼给水系统轴测图

系统轴测图对照识读,即可了解给水管道系统在空间的相互关系,而且加强了室内给水系统的整体概念。

（3）图 12-3 是属于设有水箱的给水系统。当室外给水管网水压正常时,它的走向是:室外管网→房屋引入管→水表→水平干管→立管→支管→用水设备。当用水高峰期室外水压不足时,可利用水箱夜间或用水低峰时贮存的水供应二、三层用水,而底层仍由室外管网供水,但需在底层与二层之间的给水管道上设置一个逆止阀（单向阀）,使水流只上不下,这时它的走向是底层仍与正常水压时一样,而在二、三层楼的走向则是:水箱→出水管→立管→支管→用水设备。

二、室内排水系统的分类及组成

(一)室内排水系统的分类

室内排水的主要任务就是排除生产、生活污水和雨水。根据排水制度,可以把室内排水分为分流制和合流制两类。

分流制就是将室内的生活污水、雨水及生产污水(废水)用分别设置的管道单独排放的排水方式。分流制排水的主要优点是将不同污染的水单独排放,有利于对污水的处理。但是分流制排水要耗用较多管材,造价也高些。

合流制是将生活污水、生产污(废)水、雨水等两种或三种污水合起来,在同一根管道中排放。合流制的主要优点是排水简单、耗用的管材少,但对污水处理难度加大。

至于什么情况下采用分流制排水,什么情况下采用合流制排水,则要根据污水的性质、室外排水管网的体制、污水处理及综合利用能力等因素来确定。其一般原则是:生活粪便不与雨水合流;冷却系统的污水可与雨水合流;被有机杂质污染的生产污水可与生活粪便合流,含有大量固体杂质的污水、浓度大的酸性或碱性污水,含有有毒物质和油脂的污水,应单独排放,并进行污水处理。

(二)室内排水系统的组成

一般情况下,室内排水系统如图 12-4 所示,有下列主要组成部分:

(1)卫生器具。卫生器具是污水收集器,是排水的起点,建筑物中的洗面盆、大便器、地漏等均具有污水收集的功能。

(2)排水支管。与卫生器具相连,输送污水给排水立管,起承上启下的作用,与卫生设备相连的支管应设水封(卫生设备、配件已带水封的可不设)。

(3)排水立管。主要排水管道。用于汇集各支管的污水,并将其排至建筑物的底层。

(4)排出管。将立管输送来的污水排至室外的检查井、化粪池中,是最主要的水平排水管道。

(5)通气管。与排水立管相连,上口开敞,一般接出屋面或室外,用于排除臭气,以及排水时给管道补充空气。

(6)清通设备。用于排水管道的清理疏通。检查口、清扫口和室内检查井等均属于清通设备。

(7)其他特殊设备。如特殊排水弯头、旋流连接配件、气水混合器、气水分离器,等等。

三、给水排水施工图常用图例

给水排水施工图中,除详图外,其他各类图示管道设备等,一般均采用统一图例来表示,现列出常用图例的一部分于表 12-1。

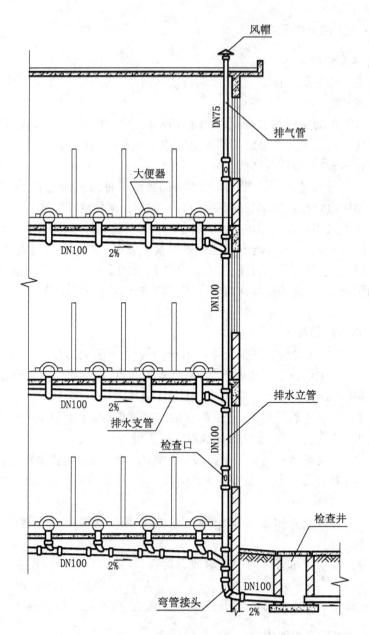

图12-4　某商住楼室内排水系统的组成

表12-1　给水排水制图常用图例

名　称	图　例	说　明	名　称	图　例	说　明
管　道	J ——— W ——— Y ———	用汉语拼音字头表示管道类别。左图分别表示生活给水管、污水管、雨水管。	止回阀		
			放水龙头		左图为平面右图为系统

名　称	图　例	说　明	名　称	图　例	说　明
多孔管			室外消火栓		
管道立管	XL-1 平面　XL-1 系统	X:管道类别 L:立管 1:编号	室内消火栓（单口）	平面　　系统	
排水明沟	坡　向		室内消火栓（双口）	平面　　系统	
排水暗沟	坡　向		台式洗脸盆		
立管检查口			浴盆		
三通连接			坐式大便器		
四通连接			沐浴喷头		
管道交叉		在下方和后面的管道应断开	矩形化粪池	HC	HC 为化粪池代号
存水弯			雨水口		左图为单口右图为双口
清扫口		左图为平面右图为系统	检查井阀门井		
通气帽			水表井		
雨水斗	YD-　　YD-	左图为平面右图为系统	水泵		左图为平面右图为系统
圆形地漏			温度计		
闸　阀			压力表		
截止阀	DN≥50　　DN<50		水　表		

第 2 节　室内给水排水施工图

一、室内给水排水施工图的作用、组成及特点

(一)室内给水排水施工图的作用

一套房屋施工图,应该包括建筑施工图、结构施工图和设备施工图三大部分。室内给排水施工图是房屋设备施工图的一个重要组成部分,它主要用于解决室内给水及排水方式、所用材料及设备的规格型号、安装方式及安装要求、给排水设施在房屋中的位置及与建筑结构的关系、与建筑中其他设施的关系、施工操作要求等一系列内容,是重要的技术文件。

（二）室内给水排水施工图的组成

室内给水排水施工图,包括说明、给水排水平面图、给水排水系统图、详图等部分。

（三）室内给水排水施工图的特点

了解室内给水排水施工图的特点,对识读施工图有很大的帮助。在现实生活中,打开某一个龙头,水就会流出来。顺着这根管道,一直可以找到给该龙头供水的自来水厂,甚至是取水水源——江河湖泊。当用过的水变成污水倒入污水池后,顺着排水管道,一直可以找到污水处理厂。由此可见,室内给水排水施工图的最大特点是管道首尾相连,来龙去脉清楚,从给水引入管到各用水点,从污水收集器到污水排出管,给水排水管道不突然断开消失,也不突然产生,具有十分清楚的连贯性。这一特点给我们识读给水排水施工图带来很大方便,读者可以按照从水的引入到污水的排出这条主线,循序渐进,逐一理清给水、排水管道及与之相连的给水排水设施。

二、室内给水排水施工图的说明

室内给水排水施工图的设计总说明,就是用文字而非图形的形式表达有关必须交待的技术内容。说明是图纸的重要组成部分,按照先文字、后图形的识图原则,在识读其他图纸之前,首先应仔细阅读说明的有关内容。说明中交待的有关事项,往往对整套给排水施工图的识读和施工都有着重要影响。因此,弄通弄懂说明是进行识读整套给水排水施工图的第一步,必须认真对待。对说明提及的相关问题,如引用的标准图集、有关施工验收规范、操作规程、要求等内容,也要收集查阅、熟悉掌握。

说明所要记述的内容应视需要而定,以能够交待清楚设计人的意图为原则,没有什么特定的条条框框。建筑给水排水施工图的说明包括以下内容:

（1）尺寸单位及标高标准。图中尺寸及管径单位以 mm 计,标高以 m 计,所注标高,给水管道以管中心线计,排水管以管内底计。

（2）管材连接方式。给水管道用镀锌水煤气管或给水塑料管,丝扣连接。排水管采用硬聚氧乙烯管承插胶粘连接,或铸铁坑管承插石棉水泥接口。室外排水管道采用混凝土管、水泥砂浆接口。

（3）消火栓安装。消火栓栓口中心线距室内地坪 1.20m,安装形式详见国标 87S163。

（4）管道的安装坡度。凡是图中没有注明的生活排水管道的安装坡度按以下取:DN50,$i=0.035$;DN75,$i=0.0251$;DN100,$i=0.020$;DN150,$i=0.015$。

（5）检查伸缩节安装要求。排水立管检查口离地 1.0m,底层、顶层及隔层立管均设。若排水立管为硬聚氯乙烯管,每层立管设伸缩节一只,高离地 2.0m。

（6）立管与排出管的连接。一般采用两个 45°弯头相接,以加大转弯半径,减少管道堵塞。

（7）卫生器具的安装标准。参见国标 90S342,卫生器具的具体选型在图纸中注明。

（8）管线图中代号的含意。"J"代表冷水给水管,"R"表示热水给水管,"P"表示污水排水管道,'"L"表示立管。

（9）管道支架及吊架作法。参见国标 S161。

（10）管道保温。外露的给水管道均应采取保温措施。材料可以根据实际情况选定,做法参见国标 S159。

（11）管道防腐。埋地金属管道刷红丹底漆一道,热沥青两道;明露排水铸铁管道刷红丹底漆二道,银粉漆二道;给水管道刷银粉漆二道,为能看清给水管道的外观质量,也有要求不刷油漆的。

(12)试压。给水管道安装完毕应作水压试验,试验压力按施工规范或设计要求确定。

(13)未尽事宜。按《GBJ 242—82　采暖与卫生工程施工及验收规范》执行。

三、室内给水排水平面图的识读

室内给水排水平面图是室内给水排水施工图的重要组成部分,是绘制其他室内给水排水施工图的基础。就中小型工程而言,由于其给水、排水情况不是十分复杂,可以把给水平面图和排水平面图画在一起,即一张平面图样中既绘制给水平面内容,又绘制排水平面内容。为防止混淆,有关管道、设备的图例应区分标准,对于高层建筑及其他较复杂的工程,其给水平面和排水平面应分开来绘制,可以分别绘制生活给水平面图、生产给水平面图、消防喷淋给水平面图、污水排水平面图和雨水排水平面图等。仅就给排水平面图自身而言,根据不同的楼层位置,又可以分为不同的平面图,可以分别绘制底层给排水平面图、标准层给排水平面图(若干楼层的给排水布置完全相同,可以只画一个标准层示意)、楼层给排水平面图(凡是楼层给排水布置方式不同,均应单独绘制出给排水平面图)、屋顶给排水平面图、屋顶雨水排水平面图、给排水平面详图等几个部分。

(一)室内给水排水平面图的形成

要读懂图纸,首先应该知道图样是如何形成的,即了解图样的形成原理。只有这样,才能从根本上掌握图纸的来龙去脉,从根本上解决识图的理论问题,而不是凭感觉、凭经验去猜想。给排水平面图是在建筑平面图的基础上,根据给排水制图的规定绘制出的用于反映给水排水设备、管线的平面位置状况的图样。

(1)室内给水排水平面图是用假想的水平面,沿房屋窗台以上适当位置水平剖切,并向下投影而得到的剖切投影图。这种剖切后的投影不仅反映了建筑中的墙、柱、门窗洞口等内容,同时也能反映卫生设备、管道等内容。由于给排水平面图的重点是反映有关给排水管道、设备等内容,因此,建筑的平面轮廓线用细实线绘出,而给水管线用粗实线绘出,排水管线用粗虚线绘出,设备则按给排水施工图图例线规定的线型绘出。

(2)给排水平面图中的设备、管道等均用图例的形式示意其平面位置。

(3)给排水平面图中应标注出给排水设备、管道的规格、型号、代号等内容。

(4)对于房屋建筑的底层,室内给排水平面图应该反映与之相关的室外给排水设施的情况。

(5)对于房屋建筑的屋顶,应该反映屋顶水箱、水管等内容。

(6)对于雨水排水平面图而言,除了反映屋顶排水设施外,还应反映与雨水管相关联的阳台、雨篷及走廊的排水设施。

总之,给水排水平面图是以建筑平面图为基础,结合给水排水施工图的特点而绘制成的反映给水排水平面内容的图样。

(二)室内给水排水平面图主要反映的内容

(1)房屋建筑的平面形式。室内给排水设施位于房屋建筑中,知道房屋建筑的平面形式,是识读给水排水施工图的起码条件。

(2)有关给水排水设施在房屋平面中处在什么位置。这是给水排水设施定位的重要依据。

(3)卫生设备、立管等平面布置位置,尺寸关系。通过平面图,可以知道卫生设备,立管等前后、左右关系,相距尺寸等。

(4)给水排水管道的平面走向,管材的名称、规格、型号、尺寸,管道支架的平面位置。

(5)给水及排水立管的编号。

(6)管道的敷设方式、连接方式、坡度及坡向。

(7)管道剖面图的剖切符号、投影方向。

(8)与室内给水相关的室外引入管、水表节点、加压设备等平面位置。

(9)与室内排水相关的室外检查井、化粪池、排出管等平面位置。

(10)屋面雨水排水管道的平面位置,雨水排水口的平面布置、水流的组织、管道安装和敷设方式。

(11)如有屋顶水箱,屋顶给水排水平面图还应反映水箱容量、平面位置、进出水箱的各种管道、管道支架和保温等内容。

(三)底层给水排水平面图的识读

通常情况下,建筑的底层既是给水引入处,又是污水的排出处。因此,底层给水排水平面图除了反映室内相关内容外,还要反映与室内给水排水相关的室外有关内容。底层给水排水平面图在所有给水排水平面图中,更具有特殊的意义。

如图 12-5 所示是某商住楼的底层给水排水平面图。现以此为例介绍底层给水排水平面图的识读。

1. 与室内相关的室外给水部分的识读

图 12-5 中右上方有管线,并注有箭头,表示水的流向,同时也是室外水表井。DN50 表示本建筑给水总引入管管径,是给水的起点。管道向左、前分开两路。其中一路向左,给单元三供水,管径 DN32。向前的 DN50 管道至房屋的前面右拐,并再分为两路,首先给单元一供水,继续向右的 DN32 管给单元二供水。总进水管分为三路,直接给给水立管 JL1、JL2、JL3(J 代表给水管,L 代表立管,1、2、3 代表立管的编号)供水。在识读了整套图纸后可知,JL1、JL2、JL3 不仅为单元一、单元二、单元三供水,同时也为设置于屋顶的水箱供水。所有室外给水管道均埋地敷设(埋深见后面的系统图),为镀锌管。每一分路在室外地坪均设有阀门井,内设阀门,以便控制整个单元的供水。

2. 室内卫生设施的布置

给水及排水管的布置与卫生设备的布置密切相关,从单元一可知,厨房内设有洗涤池一个,卫生间内设有浴缸、坐便器、地漏各一个,卫生间外侧设有洗面盆一个。单元二及单元三的卫生设施布置情况与单元一基本相同,只是布置方向不同而已。

3. 室内给水部分识读

以单元一为例,由 JL1 向前接出水平支管(具体高度、管径等内容见本章下面内容),设有截止阀一个,水表一个。向左拐,沿厨房内墙面向左,接出龙头一只,给厨房洗涤池供水。然后至左侧墙角向前,穿过厨房与卫生间之间的隔墙,在卫生间墙拐角右拐弯,设龙头给浴缸供水,接着给坐便器水箱供水,再给卫生间外的洗面盆供水。有关管道的直径详见后面系统图部分。单元二及单元三的布置情况与单元一类似。

4. 室内排水部分识读

从图中可见,排水管线用粗虚线绘出,底层每一单元内均设有两道排水立管(用 PL 表示)。此管的作用在标准层平面图中介绍。仅就底层平面图而言,单元一厨房洗涤池污水用 DN50 管道。PL1 和 PL2 的污水用 DN100 管道排至室外 1# 窨井。卫生间内侧的地漏和浴缸合

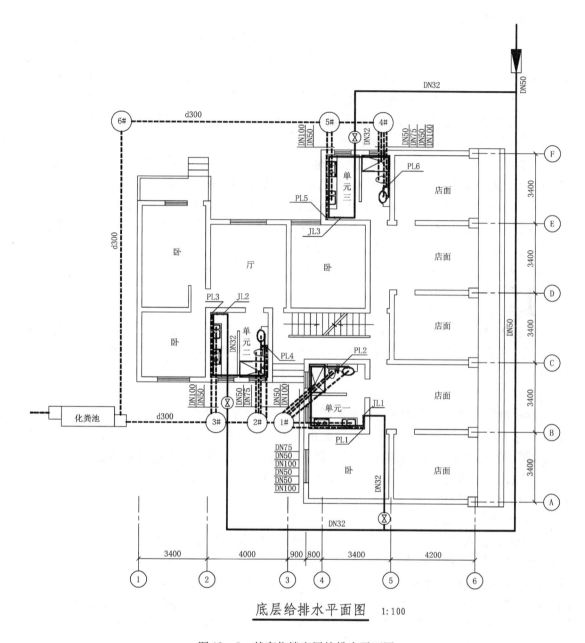

底层给排水平面图　1:100

图 12-5　某商住楼底层给排水平面图

用一根 DN75 管道、坐便器用一根 DN50 管道、洗面盆用一根 DN50 管道将污水一同排至 1#窖井。单元二,PL3 用一根 DN100 管道、洗涤池污水用 DN50 管道将污水排至 3#窖井,卫生间内侧的地漏和浴缸合用一根 DN75 管道、坐便器用一根 DN50 管道、洗面盆用一根 DN50 管道、PL4 用一根 DN100 管道将污水一同排至 2#窖井。单元三的排水管道布置与单元二相似,污水分别排至 4#和 5#窖井。

尽管有从楼上引来的排水立管 PL1 至 PL6,但设计者并未从节约材料的角度出发把底层的污水对应排至 PL1 至 PL6 内,由六根排出管合流排至室外窖井;而是采用整个底层所有污水排除与楼层污水管不连通的方法,单设排出管独立排放。其目的是保证不会因排出管堵塞而致楼层污水从底层卫生设备排污口溢出。

5. 与室内相关的室外排水部分识读

室内污水排至室外窨井后,还要继续排除。底层给水排水平面图一般还示意了建筑周围室外排水管道及设施的情况。如检查井、化粪池的平面位置、大小,室外排水管的材料、管径、走向、坡度、检查井的标高等内容,图中室外排水管道采用 d300 混凝土排水管。按顺序 1#、2#、3#窨井及 4#、5#、6#窨井均将污水排至化粪池,窨井底部的标高也越来越低,化粪池的窨井的标高最低。排至化粪池的污水最终将排至城市排污干管中,以下的排水属室外排水的内容。

(四)标准层给水排水平面图的识读

当楼上若干层给水排水平面布置相同时,可以用一个标准层平面图来示意。因此,标准层平面图并不仅仅反映某一楼层的平面式样,而是若干相同平面布置的楼层给水排水平面图。从根本上说,不可能有完全一模一样的两个楼层,即使楼层的卫生设施,平面式样完全相同,至少它们的标高不同,或者立管的管径不同,或者管件设置有所不同。所有这些差别,需要在给排水平面图或者其他诸如排水系统图中加以标注。

如图 12 - 6 所示是某商住楼的标准层给水排水平面图。现以此为例,介绍标准层给水排水平面图的识读。

1. 室内卫生设施的布置

从图 12 - 6 中可见,标准层卫生设施的布置情况与底层类似。以单元一为例,厨房内设洗涤池一个,卫生间内设浴缸、坐便器、地漏各一个,卫生间外侧设洗面盆一个。其他单元的卫生设施布置情况与单元一类似,仅布置方向不同而已。

2. 室内给水部分识读

在标准层平面图中,看不到室外水源的引入点,水直接由给水立管引至本层。以单元一为例,由给水立管 JL1 接出水平支管。加装截止阀和水表一个后,接出龙头一个给厨房洗涤池供水。水平支管拐弯穿墙再给卫生间内的浴缸、坐便器及卫生间外侧的洗面盆供水。每一户一支供水支管,一个水表计量,一个截止阀总控制。其他各单元均类似,只是支管走向不同而已。有关管道的标高及管径变化可参见后面的系统图。

3. 室内排水部分识读

标准层的排水设施在平面布置上虽然与底层相似,但其排水方式与底层则不相同。以单元一为例,厨房内洗涤池污水经由水平排水支管直接与 PL1(排水立管 1 号)相连,将污水排至 PL1 中。由前面的底层排水平面图可知,PL1 在底层由排出管将污水排至室外。同样地,卫生间内外侧的一个浴缸、一个坐便器、一个洗面盆及一个地漏的污水均排至水平支管中,再由水平支管将污水排至 PL2(排水立管第 2 号)中,PL2 污水在底层由排出管排至室外。

根据上述介绍,可以得到以下几点结论:

①本建筑的室内污水排放采用了分流制排水方式;

②楼层的污水均先排至污水立管,集中排至室外,而底层污水单独排至室外;

③卫生设备的平面布置相同,而其排水方式不一定完全相同。

单元二及单元三的排水情况与单元一类似。

(五)屋顶给水排水平面图的识读

对于采用下行上给式给水的建筑,如果其屋面上没有什么用水设备,那么给水管道送至顶层后就结束了。而污水管道的通气管还要继续伸出屋面,但一般不再绘制屋面给排水平面图(雨水排水平面图除外)。若屋面上设有水箱或其他用水设备,则还应绘出屋顶给排水平面图。

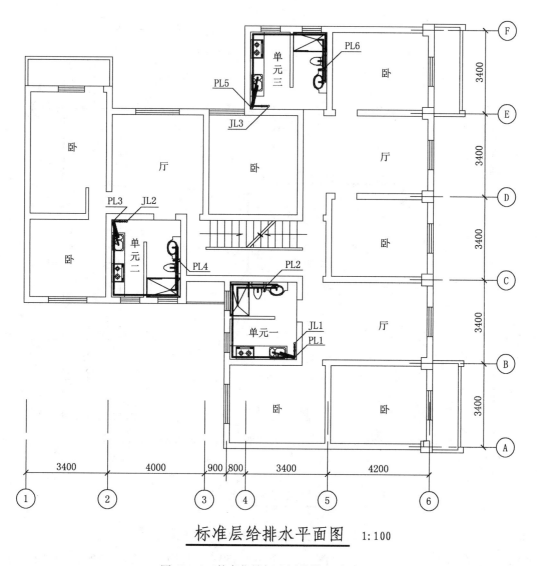

标准层给排水平面图 1:100

图 12-6　某商住楼标准层给排水平面图

图 12-7 是某商住楼的屋顶给水排水平面图,现以此为例介绍屋顶给水排水平面图的识读。

1. 给水部分识读

在屋顶平面图 12-7 中,有 5t 水箱一座。水箱的进水由 JL1、JL2 和 JL3 供应;同样,水箱的出水也通过 JL1、JL2 和 JL3 排出。

(1)水箱进水:JL1、JL2 和 JL3 出屋面后,每一支管上均设有 DN32 阀门一个,三管最终交汇于一点,经由 DN50 管分开两路,给水箱供水。这两路管均为 DN50 管,且每一路上均设有 DN50 闸阀一个、DN50 浮球阀一个。分两路供水的目的是便于维修。当其中一路管道或管件损坏时,可以启用另一路管道,这样不影响整个建筑的正常供水。这两路中的闸阀处于常开状态,日常水箱进水量由位于水箱箱体内的浮球阀控制,闸阀只为维修更换浮球阀服务。水箱的这两路进水口位于箱体的上部。

(2)水箱出水:在箱体下部侧面,设有一根 DN50 出水管,该管道将水箱存水送至 JL1、JL2

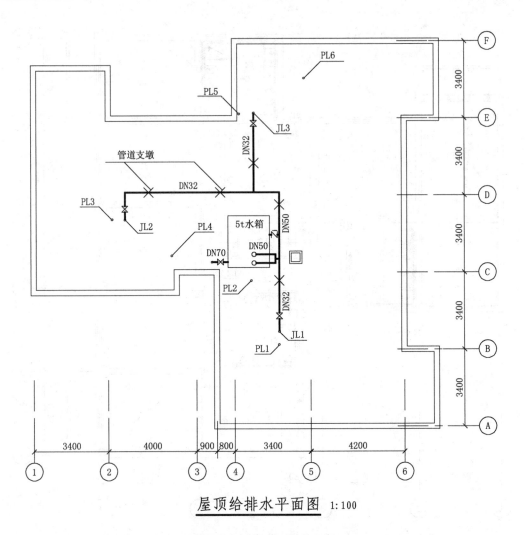

屋顶给排水平面图 1:100

图 12-7 某商住楼屋顶给排水平面图

和 JL3 中。在出水主管上,装有两个阀门,一个是 DN50 闸阀,用于控制整个水箱的供水;另一个是 DN50 止回阀,只能出水,不能进水,这样就能保证逆水管中浮球阀正常有效地工作,出水管闸阀也处于常开状态。为了防止位于室外屋面的闸阀生锈而不能正常工作,要求不论是进水管还是出水管,均不得使用明杆闸阀。

(3)其他管道:为防止水箱进水部分控制设备的损坏造成的水箱淌水,在水箱箱体侧面进水管口上方还设有向外 DN70 溢流管;另外,为便于水箱的清洗和维修,在箱体底部设有 DN70 放空管,该放空管上设有阀门,该阀门处于常闭状态。图中放空管和溢流管最终交接在一起,向侧面排水。

2. 排水部分识读

屋面上有 PL1～PL6 立管,分别由室内引出。就不上人屋面而言,管道出屋面高度应大于或等于该地区最大积雪厚度;如果是上人屋面,管道出屋面高度不小于 2m。在所有出屋面的污水管道顶部,应加设通气网幕,以防杂物落入堵塞管道。

3. 管道保温及管道支架

外露于室外的管道,为防冻胀,应设保温层。本图中采用岩棉瓦块保温。屋顶水平管道较长,应为管道设置支架或支墩。本图中设混凝土支墩,其间距规定可参见说明中的有关规定。

四、室内给水排水平面图的绘图步骤

绘制给水排水施工图一般都先绘制室内给水排水平面图。其绘图步骤一般为:

(1)先画底层管道平面图,再画各楼层管道平面图。

(2)在画每一层管道平面图时,先抄绘房屋平面图和卫生洁具平面图(因这都已在建筑平面图上布置好),再画管道布置,最后标注有关尺寸、标高、文字说明等。

(3)抄绘房屋平面图的步骤与画建筑平面图一样,先画轴线,再画墙身和门窗洞,最后画其他构配件。

(4)画管道布置时,先画立管,再画引入管和排水管,最后按水流方向画出横支管和附件。给水管一般画至各设备的放水龙头或冲洗水箱的支管接口;排水管一般画至各设备的废、污水的排泄口。

五、室内给水排水系统图的识读

所谓系统图,就是采用轴测投影原理绘制的能够反映管道、设备三维空间关系的图样。系统图也称轴测图。由于采用了轴测投影的原理,因而整个图样具有形象生动,立体感强、直观等特点。

室内给水系统图和排水系统图通常要分开绘制,分别表示给水系统和排水系统的空间关系,图形的绘制基础是各层给排水平面图。在绘制给水排水系统图时,可把平面图中标出的不同的给水排水系统拿出来,单独绘制系统图。通常,一个系统图能反映该系统从下至上全方位的关系。

(一)室内给水排水系统图的形成

用单线表示管道,用图例表示水卫设备,用轴测投影的方法(一般采用 45° 的正面斜等轴测,详见第七章中的有关内容)绘制出的反映某一给水排水系统或整个给水排水系统空间关系的图样,称为给水排水系统图。

就房屋而言,具有三个方位的关系:上下关系(层高或总高)、左右关系(开间或总长)、前后关系(进深或总宽)。给排水管道和设备布置在房屋建筑中,当然也具有这三个方位的关系。在给排水系统图中,上下关系与高相对应,是确定的。而左右、前后关系会因轴测投影方位不同而变化,人们在绘制系统图时一般并没有交代轴测投影的方位,但读者对照给排水平面图去理解给排水系统图的左右、前后关系并非难事。通常情况下,把房屋的南面(或正面)作为前面,把房屋的北面(或背面)作为后面;把房屋的西面(或左侧面)作为左面,把房屋东面(或右侧面)作为右面。

(二)室内给水排水系统图主要反映的内容

给水排水平面图与给水排水系统图相辅相成,互相说明又互为补充,所反映的内容是一致的。给水排水系统图侧重于反映下列内容:

(1)系统编号。该系统编号与给水排水平面图中的编号一致。

(2)管径。在给水排水平面图中,水平投影不具有积聚性的管道,可以表示出其管径的变化。对立管而言,因其投影具有积聚性,故不便于表示出管径的变化。在系统图中要标注出管道的管径。

(3)标高。包括建筑标高、给水排水管道的标高、卫生设备的标高、管件的标高、管径变化

处的标高、管道的埋深等内容。管道埋地深度,可以用负标高加以标注。

(4)小管道及设备与建筑的关系。比如管道穿墙、穿地下室、穿水箱、穿基础的位置,卫生设备与管道接口的位置等。

(5)管道的坡向及坡度。管道的坡度值无特殊要求时可参见说明中的有关规定,若有特殊要求则应在图中用箭头注明;管道的坡向应在系统图中注明。

(6)重要管件的位置。在平面图无法示意的重要管件,如给水管道中的阀门、污水管道中的检查口等,应在系统图中说明并标注,以防遗漏。

(7)与管道相关的有关给水排水设施的空间位置。如屋顶水箱、室外贮水池、水泵、加压设备、室外阀门井等与给水相关的设施的空间位置,以及室外排水检查井、管道等与排水相关的设施的空间位置等内容。

(8)分区供水、分质供水情况。对采用分区供水的建筑物,系统图要反映分区供水区域;对采用分质供水的建筑,应按不同水质,独立绘制各系统的供水系统图。

(9)雨水排水情况。雨水排水系统图要反映管道走向、落水口、雨水斗等内容。雨水排至地下以后,若采用有组织排水,还应反映排出管与室外雨水井之间的空间关系。

(三)室内给水系统图的识读

室内给水系统图是反映室内给水管道及设备的空间关系的图样。给水排水图所具有的鲜明特点给识读室内给水系统图带来了方便。识读给水系统图时,可以按照循序渐进的方法,从室外水源引入处入手,顺着管路的走向,依次识读各管路及用水设备。也可以逆向进行,即从任意一用水点开始,顺着管路,逐个弄清管道、设备的位置,管径的变化以及所用管件等内容。

值得注意的是,管道轴测图绘制时,遵从了轴测图的投影法则,两管道轴测投影相交叉,位于上方或前方的管道线连续绘制,而位于下方或后方的管道线则在交叉处断开。如为偏置管道,则采用偏置管道的轴测表示法(尺寸标注法或斜线表示法)。

给水管道系统图中的管道采用单线图绘制,管道小的重要管件(如阀门),在图中用图例示意,而更多的管件(如补心、活接、短接、三通、弯头等)在图中并未作特别标注,这就要求读者熟练掌握有关图例、符号、代号的含意,并对管路构造及施工程序有足够的了解。

图12-8是某商住楼的室内给水系统图,现以此为例介绍给水系统图的识读。

1.整体识读

图中首先标明了给水系统的编号 JL1、JL2 和 JL3。该系统编号与给排水平面图中的系统编号相对应。分别表示单元一、单元二和单元三的给水系统。给出了各楼层的标高线(图中细横线表示楼地面,本建筑共七层),示意了屋顶水箱与给水管道的关系。从本系统图可见,屋顶水箱进水管与水箱给水管共用,并未单设进水管。室外城市给水管网的水可以以下行上给的方式直接供应到各用户(当然水压要足够,通常低层住户能实现),也可以直接供到屋顶水箱内。在 JL3 上,一层与二层之间离二层楼面 1m 处,各设有一个止回阀,只允许向上的水流通过,对于 JL1 和 JL2 也是如此。很明显,水箱内上行下给式供水可供至除一层、二层以外的楼上各层。由于设了止回阀,可以保证水箱在用水低谷时补进水,在用水高峰时水箱的存水不会回流到城市供水管网中。

2.管路细部识读

以 JL1 为例,室外供水经由 DN32 管道从前边引入,设弯头向左(其尺寸见平面图),送至单元一厨房地下,再设弯头向上,直引至屋面后再拐弯与其他管道会合接至水箱。在距底层地坪 1m 处,立管上接三通(变径三通,DN32×20),引出一层供水支管,支管管径 DN20。该支管

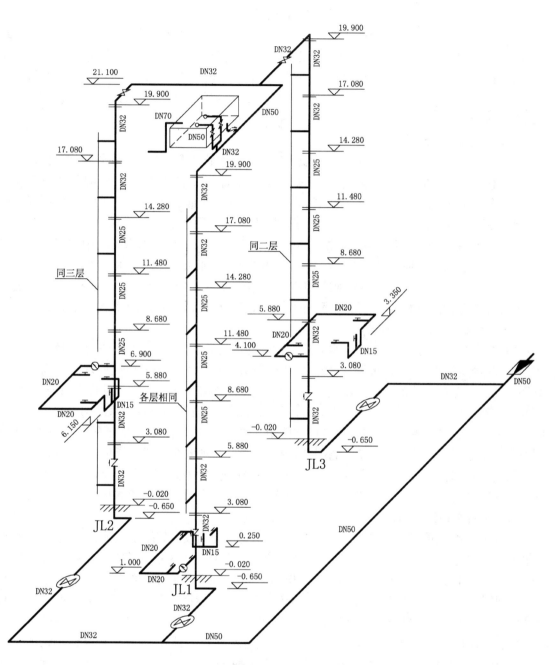

室内给水系统图 1:100

图 12-8 某商住楼室内给水系统图

首先接有 DN20 截止阀和 DN20 水表各一个,这是本户进水总控制点和总计量点。然后接弯头向左,接三通(变径三通,DN20×15),侧面接出 DN15 龙头给厨房洗涤池供水。支管继续延续拐弯穿墙,接入卫生间内,再拐弯,接出 DN15 龙头给浴缸供水。然后管道下沉,至离地坪250mm 处延伸,给坐便器低水箱供水(坐便器水箱为下进水,故给水支管要下沉)。至此,管道穿至卫生间外侧,并上高起,接出一个 DN15 龙头给洗面盆供水。至此,本层供水支管结束。

单元一其他各层的支管走向与底层相同,这里不再介绍。

接下来再来看看立管的管径变化。从室外引入管至三层支管下方,立管管径均为 DN32,从六层支管上方至屋顶水箱进水管,立管也是 DN32,其余为 DN25 管。很显然,以立管中的止回阀为界,止回阀以下部分可以认为是下行上给式供水,止回阀以上部分可以认为是上行下给式供水(当然室外供水管网水压足够时也可以直接给用户供水)。给水管道的起始端管径大,末端管径则要小些。

3. 屋顶水箱部分识读

在系统图中,可以比较清楚地反映屋顶水箱的进出水管位置、空间关系、管径、管件等内容。JL1、JL2 和 JL3 汇合经由 DN50 管分两路于水箱上方侧面供水,同时在水箱下部侧面由 DN50 管出水,再次送往 JL1、JL2 和 JL3 中。水箱的放空管出口位于箱体底部,溢流管出口位于箱体侧面。有关阀门示意也十分清楚,作用段要求在前面屋顶给水平面图中已经阐述。

识读给水系统图,同样可以采取按顺序识读的方法。比如在给水系统图中取 JL1 中三层洗面盆这一用水点,逆向推进,经 DN20 支管、本户水表、截止阀,找到主立管。继续向上经 DN25 立管、DN32 立管、屋面 DN32 阀门、DN40 管、DN50 水管与水箱相连……通过这样反复训练,就会对整个管路情况逐个了解。简单的给水系统图如此,复杂的给水系统图也是如此。

(四)室内排水系统图的识读

室内排水系统图是反映室内排水管道及设备的空间关系的图样。室内排水系统从污水收集口开始,经由排水支管、排水干管、排水立管,到排出管排除,其图形形成原理与室内给水系统图相同。图中排水管道用单线图表示,水卫设施用图例表示。因此在识读排水系统图之前,同样要熟练掌握有关图例符号的含义。室内排水系统图示意了整个排水系统的空间关系。重要管件在图中也有示意,但许多普通管件在图中并未标注,这就需要读者对排水管道的构造情况有足够的了解。有关卫生设备与管线的连接、卫生设备的安装大样可通过索引的方法表达,而不用(也不可能)在系统图中详细画出。排水系统图通常也按照不同的排水系统单独绘制。

图 12-9 是某商住楼 PL1、PL2 排水系统图,现以此为例介绍排水系统图的识读。

1. PL1 排水系统图的识读

该排水系统是单元一厨房的污水排放系统,因为厨房内仅设置了洗涤池,所以这一排水系统很简单。从一层至六层,污水立管及排出管管径均为 DN75,污水支管在每层楼地面上方引至立管中(这样做的好处是:不需要在厨房楼面上再开孔,便于施工和维修),支管的端部带有一个 P 形存水弯,用于隔气,支管管径为 DN50。立管通向屋面部分(通气管)管径改为 DN50,该管露出屋顶平面有 700mm,并在顶端加设网罩,立管在一层、三层、五层、七层各设有检查口,离地坪高 1000mm。楼层二至八层污水集中到排水立管中排放,而底层洗涤池单设了一根 DN50 排出管单独排放。从图中所注标高可知,污水管埋入地下 850mm(本设计室外地坪高度为 ±0.000m),在给水管之下(给水管道埋入地下 650mm),这是规范规定的。图中污水立管与支臂相交处三通为正三通,但也有很多设计采用顺水斜三通,以利排水的顺畅。

2. PL2 排水系统图的识读

图中楼层卫生间内外侧的浴缸、坐便器、地漏、洗面盆的污水均通过直管排至立管中,集中排放。底层卫生设备仍然采用单独排放的方法。首先看看立管,管径为 DN100,直至六层。六层以上出屋面部分通气管改为 DN75,管道出屋面 700mm,同样在一、三、五、七层距离地坪 1000mm 位置,设有立管检查口。与立管相连的排出管管径为 DN100,埋深为 850mm。再来看看楼层排水支管。主管以立管为界两侧各设一路,用四通与立管连接,且接入口均设于楼面下

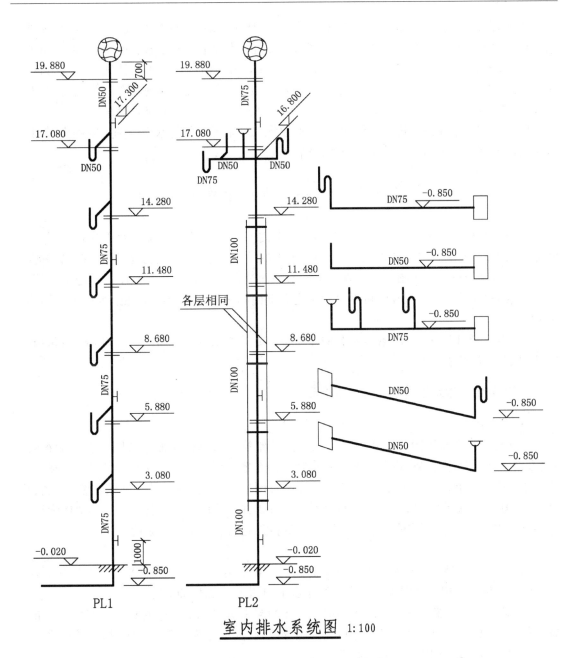

室内排水系统图 1:100

图 12-9 某商住楼室内排水系统图

方。图中左侧 DN50 管带有 P 形存水弯,用于排除浴缸污水,地漏为 DN50 防臭地漏。上口高度与卫生间地坪平齐,接下来与横支管相连的 L 形管管径为 DN100,自此通向立管的横支管管径也均为 DN100,L 形管道用于排除坐便器的污水。注意在 L 形管道上未设存水弯,这并不意味着坐便器上不需要隔臭,而是因为坐便器本身就带有存水弯,因此在管道上不需要再设。图中立管右侧,分别表示地漏及洗面盆的排水。地漏为防臭地漏,排水管径为 DN50,地漏上表面比地坪表面低 5~10mm,在洗面盆下方的排水管,设有 S 形存水弯,管径为 DN50,该存水弯位于地坪上方,以便检查维修。左右两侧支管指向立管方向应有排水坡度,管道上还应设置吊架,有关这方面的规定详见说明中的内容。

再来看看底层的排水布置。坐便器易堵塞,用 DN100 管单独排出。而地漏、浴缸和洗面盆共用了一根 DN25 排水管排出。值得一提的是,当埋入地下的管道较长时,为了便于疏通管道,常在管道的起始端设一弧形管道通向地面,在地表上设清扫口。正常情况下,清扫口是封闭的,在发生横支管堵塞时可以打开清扫口进行清扫。即使不是埋入地下的水平管道,当其长度超过 12m 时,也应在其中部设与立管检查口一样的检查口,以利于疏通检查。

以上介绍了单元一的排水系统图的识读,单元二和单元三的排水系统图虽未画出,但其排水系统图原理和图示内容与单元一类似,读者不妨试着画一下。

第 3 节　室外给水排水施工图

室外给水排水施工图主要表示一个小区范围内的各种室外给水排水管道的布置,与室内管道的引入管、排出管之间的连接,以及管道敷设的坡度、埋深和交接情况、检查井位置和深度等。室外给水与排水施工图包括室外给水排水平面图、管道纵剖图、附属设备的施工图等,对于地形较平坦的居住小区、校园可不绘制管道纵剖面图。本章仅介绍室外给水排水平面图的绘制与识读。

本节通过图 12 - 10 某住宅小区 A 型商住楼的室外给水排水平面图,介绍其图示特点和内容,以及绘图和识读步骤。

一、室外给水排水平面图的内容和特点

（一）图示内容

室外管网平面布置图是表达新建房屋周围的给排水管网的平面布置图。它包括新建房屋、道路、围墙等平面位置,以及给水与排水管网的布置。如图 12 - 10 所示,房屋的轮廓、周围的道路和围墙,用细实线（或中实线）表示;给水管网用粗实线表示,排水管网用粗虚线表示。管径、管道长度、敷设坡度标注在管道轮廓线旁,并加注相应的符号。管道上的其他构配件,用图例符号表示。图中所用图例符号应符合国家标准,也可在图上统一说明。

（二）图示特点

（1）比例。室外给水排水平面布置图的比例一般采用与建筑总平面图相同的比例。常用 1：500、1：200、1：100,范围较大的小区给排水平面图可采用 1：2000、1：1000。

（2）建筑物及道路、围墙等设施。由于在室外给排水平面图中,主要反映室外管道的布置,所以在平面图中,原有房屋以及道路、围墙等设施,基本上按建筑总平面图的图例绘制。对于新建房屋的轮廓采用中实线绘制。

（3）管道及附属设备。一般把各种管道,如给水管、排水管、雨水管,以及水表（流量计）、检查井、化粪池等附属设备,都画在同一张平面图上。新建给水管道用粗实线表示,新建排水管道用粗虚线表示。管径都直接标注在相应的管线旁边;给水管一般采用钢管、铸铁管或塑料管,以公称直径 DN 表示;雨水管、污水管一般采用混凝土管,以内径 d 表示。水表、检查井、化粪池等附属设备则按图例绘制。应标注绝对标高。

给水管道宜标注管中心标高,由于给水管道是压力管,且无坡度,往往沿地面敷设,如敷设时统一埋深,可以在说明中列出给水管的中心标高。

排水管道（包括雨水管和污水管）应注出起讫点、转角点、连接点、交叉点、变坡点的标高。排水管应标注管内底标高。为简便起见,可以在检查井引一指引线,在指引线的水平线上面标

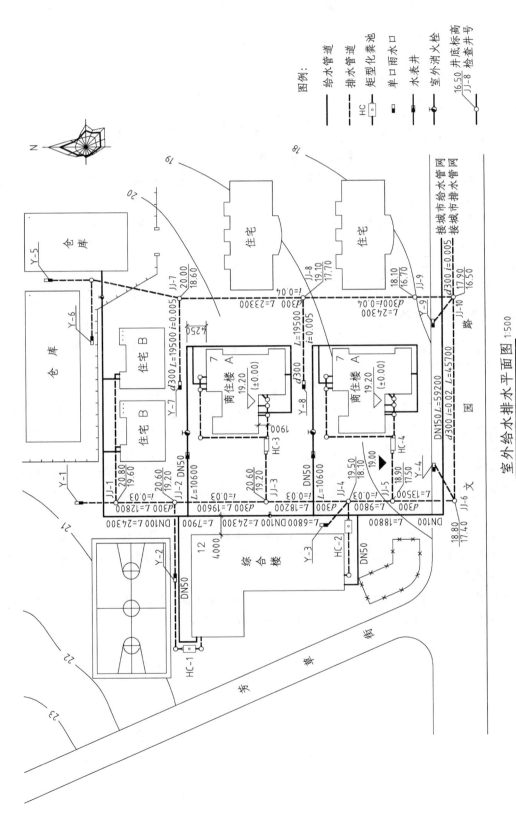

室外给水排水平面图 1:500

图 12-10　某小区室外给水排水平面图

以井底标高,水平线下面标注管道种类及编号,如 W 为污水管,Y 为雨水管,编号顺序按水流方向编排。

(4)指北针、图例和施工说明。室外给水排水平面布置图中,应画出指北针,标明所使用的图例,书写必要的说明,以便于读图和按图施工。

二、室外给水排水平面图的绘图步骤

(1)若采用与建筑总平面图相同的比例,则可直接描绘建筑总平面图,否则,要按比例绘制建筑总平面图中的各建筑物和道路等,并画出指北针。

(2)按照新建房屋的室内给水排水底层平面图,将有关房屋中的相应的给水引入管、废水排出管、污水排出管、雨水连接管的位置在图中画出。

(3)画出室外给排水的各种管道,以及水表、检查井、化粪池等附属设备,并布置道路进水井(雨水井)。

(4)标注管道管径、检查井的编号和标高,以及有关尺寸。

(5)标注图例符号说明、图名、绘图比例和注写说明等。

三、识读室外给水排水平面图

识读室外给水排水平面图要按系统进行,必要时还需与底层管道平面图对照,下面以图12-10为例介绍如下。

首先阅读给水管道系统。原有给水管道由东南角的城市给水管网引入,管径 DN150。在西南角转弯进入小区,管中心距综合楼 4m,管径改为 DN100。给水管一直向北再折向东。沿途分别设置两支管接入综合楼(DN50)、住宅 B(DN50)和仓库(DN100),并分别在综合楼和仓库前设置一个室外消火栓。

新建 A 型商住楼的给水管道从综合楼东面的原有引水管引入,管中心距住宅楼北外墙4.25m,管径为 DN50,其上先装一阀门及水表,以控制整栋楼的用水,并进行计量。而后接 3条干管至房间。并在每栋楼的西北角设置一个室外消火栓。

再阅读排水管道系统。本工程采用合流制,即污水和雨水两个系统合在一起排放。原有的排水管分两路排入城市给水管网。东路接纳东北角仓库的污水和雨水。西路接纳综合楼和住宅 B 的污水和雨水。综合楼和住宅 B 的污水经过化粪池简单处理后排入排水干管。新建商住楼 A 的排水管位于楼的西边,距离楼房靠西面的南外墙 1.9m 处,接纳商住楼 A 的污水汇集到化粪池 HC,排入西边的排水干管,最后排入城市排水管网。

第13章　建筑电气施工图

第1节　概　述

在房屋建筑项目中,除了土建、给排水等工程外,还需要建筑电气工程。

电气工程包括的范围非常广,电气工程图的种类也很多,建筑电气施工图主要是指与房屋建筑密切相关的一类图样。将房屋建筑内电气设备的布局位置、安装方式、连接关系和配电情况表示在图纸上,就是建筑电气施工图。

建筑电气工程根据用途分为两类:一类为强电工程,它为人们提供能源、动力和照明;另一类为弱电工程,为人们提供信息服务,如电话、有线电视和宽带网等。不同用途的电气工程应独立设置为一个系统,如照明系统、动力系统、电话系统、电视系统、消防系统、防雷接地系统等等。同一个建筑内可按需要同时设多个电气系统。

建筑电气施工图中既涉及土建方面的内容,又有电气专业方面的内容,所以应遵守《房屋建筑统一制图标准》和《电气制图标准》中的有关规定。

本章仅介绍最常用的室内电力照明施工图的有关内容和表达方法。

一、建筑电气施工图的组成及其主要内容

（一）按平面图、系统图来分类

（1）首页图。一般包括图纸目录、工程总说明。

（2）平面图。通常包括照明平面图、电力平面图、电话平面图、电视平面图、广播平面图和防雷平面图等。

（3）系统图。一般包括照明系统图、电力系统图、电话系统图、电视系统图、广播系统图和防雷系统图等。

（4）安装详图。

（二）按分项工程来分类

（1）首页图。

（2）建筑电气照明施工图。

（3）建筑电力施工图。

（4）建筑防雷施工图。

（5）建筑弱电（电话、广播、共用天线电视）施工图。

上述分项施工图又多由相应的平面图、系统图及必要的安装详图组成。

二、建筑电气施工图的特点和有关规定

（一）导线的表示

电气设施都是用导线相连接的,导线是电气图中主要的表达对象。在电气图中导线用线条表示,每一根导线画一条线,如图13－1a所示,称多线表示法。这样表示有时很清楚也很必

要,但是,当导线很多时画图很麻烦且不清楚,这种情况下可用单线表示法,即每组导线只画一条线,如果要表示该组导线的根数,可加画相应数量的斜短线表示,如图 13 - 1b 所示,或只画一条斜短线,注写数字表示导线的根数,如图 13 - 1c 所示。导线的单线表示法可以使电气图更简捷,因此最为常用。

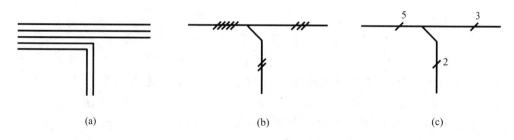

图 13 - 1　导线的表示法

当导线连接时,其画法如图 13 - 2 所示。当导线不连接,即跨越时,其画法如图 13 - 3 所示。

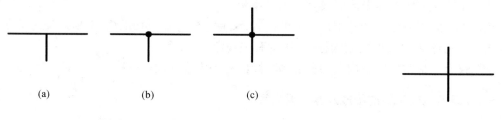

图 13 - 2　导线的连接   图 13 - 3　导线的不连接(跨越)

(二)建筑电气图形符号

建筑电气图中包含有大量的电气图形符号,各种元器件、装置、设备等都是用规定的图形符号表示的。根据《GB 4728 电气图用图形符号》,部分建筑电气施工图中常用的图形符号见表 13 - 1。

表 13 - 1　建筑电气施工图中常用的图形符号

图形符号	含　义	图形符号	含　义
	单相插座		单极开关
	单相插座(暗装)		单极开关(暗装)
	带接地插孔单相插座		双极开关
	带接地插孔单相插座(暗装)		双极开关(暗装)
	带接地插孔三相插座		三极开关
	带接地插孔三相插座(暗装)		三极开关(暗装)
	具有单极开关的插座		单极拉线开关

图 形 符 号	含　　义	图 形 符 号	含　　义
⊥	带防溅盒的单相插座	 ♂	延时开关
 ◣	配电箱	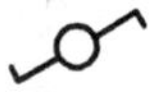 ⟲	单极双控开关
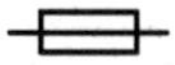 ▭	熔断器的一般符号	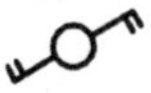 ⟲	双极双控开关
 ⊗	灯的一般符号	 ⟲	带防溅盒的单极开关
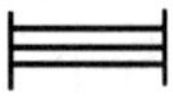 〓	荧光灯(图示为三管)	 ⊲⊳	风扇的一般符号
▽	天棚灯	 ╱	向上配线
 ◖	壁灯	 ╱	向下配线

(三)建筑电气文字符号

建筑电气图中还常用文字代号注明元器件、装置、设备的名称、性能、状态、位置和安装方式等。电气文字代号分基本代号、辅助代号、数字代号、附加代号四部分。基本代号用拉丁字母(单字母或双字母)表示名称,如"G"表示电源,"GB"表示蓄电池。辅助符号也是用拉丁字母表示,如"AUT"表示自动,"PE"表示保护接地。

根据《GB 7159 电气技术中文字符号制定通则》,部分建筑电气施工图中常用的文字符号见表 13 - 2。

表 13 - 2　建筑电气施工图中常用的文字符号

文字符号	含　义	文字符号	含　义	文字符号	含　义
电光源种类					
IN	白炽灯	FL	荧光灯	Na	钠灯
I	碘钨灯	Xe	氙灯	Hg	汞灯
线路敷设方式					
E	明敷	C	暗敷	CT	电缆桥架
SC	钢管导线	T	电线管配线	M	钢索配线
P	用硬塑料管配线	MR	金属线槽配线	F	金属软管配线
线路敷设部位					
B	梁	W	墙	C	柱
P	地面(板)	SC	吊顶	CE	顶棚
导线型号					
BX(BLX)	钢(铝)芯橡胶绝缘线	BVV	钢芯绝缘线	BV(BLV)	钢(铝)芯塑料绝缘线
BXR	铜芯橡胶绝缘软线	BVR	铜芯绝缘软线	RVS	铜芯塑料绝缘绞型软线
设备型号					
XRM	嵌入式照明配电箱	KA	瞬时接触继电器	QF	断路器

文字符号	含义	文字符号	含义	文字符号	含义
XXM	悬挂式照明配电箱	FU	熔断器	QS	隔离开关
其他辅助文字符号					
E	接地	PE	保护接地	AC	交流
PEN	保护接地与中性线共用	N	中性线	DC	直流

（四）线路的标注方法

配电线路的标注格式为：

$$a - b(c \times d)e - f$$

其中 　a——线路编号或线路用途的代号；

　　　b——导线型号；

　　　c——导线根数；

　　　d——导线截面；

　　　e——敷线方式符号及穿管管径；

　　　f——线路敷设部位代号。

常用导线型号、敷设方式和敷设部位代号见表13－2。例如图中标注：

$$3 - BVV(4 \times 6)TC25 - WC$$

表示第三回路的导线为铜芯塑料绝缘线，有4根，每根截面为6mm²，穿直径为25mm的电线管敷设，暗敷设在墙柱内。

（五）照明灯具的标注方法

照明灯具的标注格式为：

$$a - b\frac{c \times d}{e}f$$

其中 　d——灯具数；

　　　b——型号；

　　　c——每盏灯具的灯泡数；

　　　d——灯泡容量，W；

　　　e——安装高度，m；

　　　f——安装方式。

常见的安装方式代号有：CP表示线吊式；Ch表示链吊式，P表示管吊式，W表示壁装式，S表示吸顶式，R表示嵌入式等。

例如施工图中标注为：$2 - BKB140\frac{3 \times 100}{2.1}W$，表示有两盏型号为BKB140的花篮壁灯，每盏有三只灯泡，灯泡容量为100W，安装高度为2.10m，壁装式。为了图中标注简明，通常灯具型号可不注，而在施工说明中写出。

第2节　室内电气照明施工图

室内电气照明施工图是建筑电气图中最基本的图样，一般包括电力照明平面图、配电系统图、安装和接线详图等。

一、电气照明工程的基本知识

(一)室内电气照明工程的任务

将电力从室外电网引入室内,经过配电装置,然后用导线与各个用电器具和设备相连,构成一个完整、可靠和安全的供电系统,使照明装置、用电设备正常运行,并进行有效的控制。

(二)室内电气照明工程的组成

(1)电源进户线。即室外电网与房屋内总配电箱相连接的一段供电总电缆线。

(2)配电装置。对室内的供电系统进行控制、保护、计量和分配的成套装置,通常称为配电箱或配电盘。一般包括:熔断器、电度表和电路开关。

(3)供电线路网。整个房屋内部的供电网一般包括:供电干线(从总配电箱敷设到房屋的各个用电地段,与分配电箱相连接)、供电支线(从分配电箱连通到各用户的电表箱)和配线(从用户电表箱连接至照明灯具、开关、插座等,组成配电回路)。

(4)用电器具和设备。民用建筑内主要安装有各种照明灯具、开关和插座。普通照明灯有白炽灯、荧光灯等,与之相配的控制开关一般为单极开关,结构形式上有明装式、暗装式、拉线式、定时式、双控式等。各种家用电器如电视机、电冰箱、电风扇、空调器、电热器等,它们的位置一般是不固定的,所以室内应设置电源插座,插座分明装和暗装两类,常用的有单相两眼和单相三眼。

(三)供电方式

室外电网一般为三相四线制供电,三根相线(或称火线)分别用 L1,L2,L3 表示,一根中性线(或称零线)用 N 表示。相线与相线间的电压为380V,称为线电压,相线与中性线间的电压为220V,称为相电压。根据整个建筑物内用电量的大小,室内供电方式可采用单相二线制(负荷电流小于 30A),或采用三相四线制(负荷电流大于 30A)。

(四)线路敷设方式

室内电气照明线路的敷设方式可分为明敷和暗敷两种。

线路明敷时常用瓷夹板、塑料管、电线管、槽板等配线,线路沿墙、天棚或屋架敷设,线路明敷的施工简单,经济实用,但不够美观。

线路暗敷时常用焊接钢管、电线管、塑料管配线,先将管道预埋入墙内、地坪内、顶棚内或预制板缝内,在管内事先穿好铁丝,然后将导线引入,有时也可利用空心楼板的圆孔来布设暗线。线路暗敷不影响建筑的外观,防潮防腐,但造价较高。

(五)照明灯具的开关控制线路

照明灯具开关控制的基本线路,图 13−3a 所示为一只单联开关控制一盏灯,图 13−3b 所示为一只单联开关控制一盏灯以及连接一只单相双眼插座。如果有接地线,还需要分别再加一根导线。线路图分别用多线表示法和单线表示法绘制,以便对照阅读。由于与灯具和插座相连接的导线至少需要两根才能形成回路,故单线图中当导线为两根时通常可省略不注。照明灯具的开关控制线路有多种形式,这里仅介绍最常见的两种,其他可参考有关的电气专业教材,它们的图示方法基本相同。

二、室内电气照明平面图

室内电气照明平面图是电气照明施工图中的基本图样,它表示室内供电线路和灯具等的

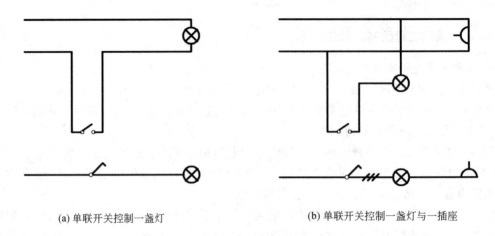

(a) 单联开关控制一盏灯　　　　　　　　(b) 单联开关控制一盏灯与一插座

图 13 – 4　灯具控制的基本线路

平面布置情况。

（一）表达内容

（1）电源进户线的引入位置、规格、穿管管径和敷设方式。

（2）配电箱在房屋内的位置、数量和型号。

（3）供电线路网中各条干线、支线、配线的位置和走向,敷设方式和部位,各段导线的数量和规格等。

（4）照明灯具、控制开关、电源插座等的数量、种类、安装、位置和互相连接关系。

（二）图示方法和画法

1. 绘图比例

室内照明平面图一般与房屋的建筑平面图所用比例相同。土建部分应完全按比例绘制,而电气部分则可不完全按比例绘制。

2. 土建部分画法

用细线简要画出房屋的平面形状和主要构配件,如墙柱、门窗等,并标注定位轴线的编号和尺寸。

3. 电气部分画法

配电箱、照明灯具、开关、插座等均按图例绘制,有关的工艺设备只需用细线画出外形轮廓。供电线路采用单线表示法,用粗线（或中粗线）绘制,而且不考虑其可见性,一律画实线。

4. 平面图的剖切位置和数量

按建筑平面图来说,是在房屋的门窗位置剖切的,但在照明平面图中,与本层有关的电气设施（包括线路）不管位置高低,均应绘制在同一层平面图中。多层房屋应分层绘制照明平面图,如果各层照明布置相同,可只画出标准层照明平面图。

5. 尺寸标注

在照明平面图中所有的灯具均应按前述方法标注数量、规格和安装高度,进户线、干线和支线等供电线路也需按规定标注。但灯具和线路的定位尺寸一般不标注,必要时可按比例从图中量取。开关插座的高度通常也不标注,实际是按照施工及验收规范进行安装,如一般开关的安装高度为距地 1.3m,拉线开关为 2～3m,距门框 0.15～0.20m。

三、配电系统图

一般的房屋除了绘制电力照明平面图外,还需要画出配电系统图来表示整个照明供电线路的全貌和连接关系。

(一)表达内容

(1)建筑物的供电方式和容量分配。

(2)供电线路的布置形式,进户线和各干线、支线、配线的数量、规格和敷设方法。

(3)配电箱及电度表、开关、熔断器等的数量、型号等。

(二)图示方法和画法

配电系统图是由各种电气图形符号用线条连接起来,并加注文字代号而形成的一种简图,它不表明电气设施的具体安装位置,所以它不是投影图,也不按比例绘制。

各种配电装置都是按规定的图例绘制,相应的型号注在旁边。供电线路采用单线表示,且画为粗实线,并按规定格式标注出各段导线的数量和规格。系统图能简明地表示出室内电力照明工程的组成、相互关系和主要特征等基本情况。

四、电气照明施工图的阅读

建筑电气施工图的专业性较强,要看懂图不仅需要投影知识,还应具备一定的电气专业基础知识,如电工原理、接线方法、设备安装等,还要熟悉各种常用的电气图形符号、文字代号和规定画法。读图时,首先要阅读电气设计和施工说明,从中可以了解有关的资料,如供电方式、照明标准、电力负荷、设备和导线的规格等情况。

电气设施的安装和线路的敷设与房屋的关系十分密切,所以还应该通过查阅建筑施工图来搞清楚房屋内部的功能布局、结构形式、构造和装修等土建方面的基本情况。

电力照明平面图和配电系统图是表示房屋内电气工程的主要图样,配电系统图重点表示整个供电系统的全貌,电力照明平面图侧重表示电力照明设备与线路在房屋内的位置,两者相辅相成,应互相配合读图。一般是先看配电系统图,再看电力照明平面图,最后看安装和接线详图。通常是顺着电流流动的方向依次阅读:电源进户线→总配电箱→供电干线→分配电箱→供电支线→用户电表箱→配线→灯具、开关、插座。这样对几种图样认真查阅对照,就可以搞清楚整个室内的电气照明系统的全部情况。

现以某银行办公楼为例来进行阅读,图 13 - 5 ～图 13 - 7 是它的电气照明施工图。从首页图(本教材从略)的有关说明可知,该工程为砖混结构,建筑面积 320m²。一层为营业厅,是营业所性质的工作场所,一层设有金库,一般情况下只存当日钱票,现金在此不过夜。浴室为淋浴喷头,供单位内部职工使用。二层为办公室,有一双开间会议室。由于底层为大开间,二层分隔墙采用轻钢龙骨石膏板。

从图 13 - 5 中可看出,电源电压为单相 220V,电源从 1 轴墙上引入,进户标高为3.800m。进户电源线选用塑料铜芯线(BV 型),3 根 10mm² 铜芯线,1 根相线,1 根零线,1 根保护接地线(单相三线),室内用 BV 塑料铜芯线穿电线管敷设,沿地板、沿墙或沿平顶暗敷。

从图 13 - 6 中可看出,一层配电箱为 M1,嵌入墙内暗装,离地 1.4m。配电箱内有一总开关(40A)和两个分支开关(20A),一路控制照明,一路控制插座。营业厅有八套双管的日光灯吸顶安装,用一个单控四联开关控制。值班室和金库也用两套吸顶日光灯 2 × 40W,吸顶安装。浴室采用防水防尘灯,离地 2.5m,管吊。门厅用半圆罩吸顶灯。插座回路有墙插座和地

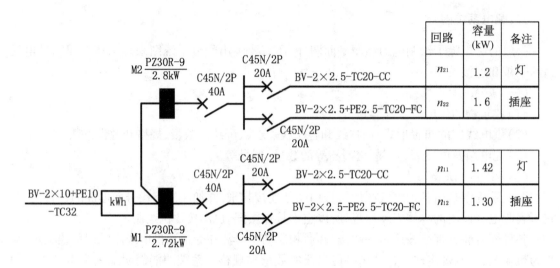

回路	容量 (kW)	备注
n_{21}	1.2	灯
n_{22}	1.6	插座
n_{11}	1.42	灯
n_{12}	1.30	插座

图 13-5　某办公楼照明电气系统图

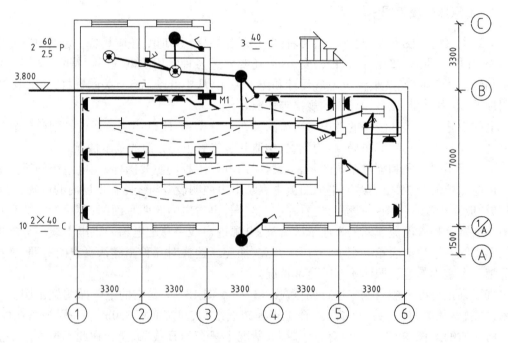

图 13-6　某办公楼一层照明平面图

插座两种。

　　从图 13-7 中可看出,二层电力配电箱为 M2,离地 1.4m,电源从一层配电箱计量电表下桩头接出。M2 配电箱有一个总开关(40A)和两个分支开关(20A)。每个办公室有两套双管日光灯(40W),吸顶安装,分别用单控单联开关控制。会议室有四套花灯,每个灯中有五个 25W 的白炽灯,离地 2.5m,管吊。两套壁灯,40W,离地 2m。走廊和厕所都是圆球形吸顶灯,60W,分别用单控开关(暗)控制。楼梯口有一盏 40W 天棚灯。

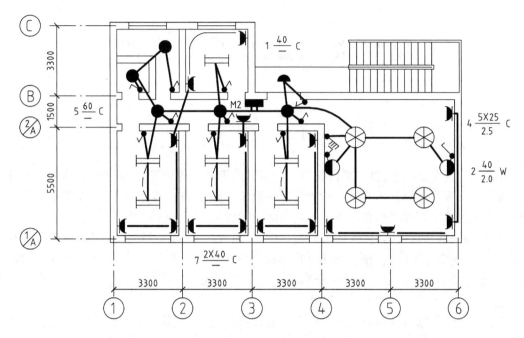

图 13 - 7 某办公楼二层照明平面图

第14章 道路及桥涵工程图

第1节 概 述

道路是建筑在地面上,供车辆行驶和人们步行的带状工程构筑物,其基本组成部分包括路基、路面,以及桥梁、涵洞、隧道、防护工程、排水设施等构造物。因此,道路工程图是由表达道路整体状况的路线工程图和表达各工程实体构造的桥梁、涵洞、隧道等工程图组成。

桥梁、涵洞是修筑道路时,保证车辆通过江河、山谷、低洼地带和宣泄水流的建筑物。桥梁通过江河时,还要考虑船只通航。桥梁和涵洞的主要区别在于跨径的大小,根据有关标准的规定,凡单孔跨径小于 5m、多孔跨径小于 8m,以及管涵、箱涵,不论其管径或跨径大小、孔数多少均称为涵洞。

隧道是道路穿越山岭的建筑物。在山岭地区修筑道路时,为了减少土石方数量,保证车辆平稳行驶和缩短里程,通常可考虑修筑公路隧道。

本章介绍道路工程及其配套的桥梁、涵洞、隧道等建筑物的表达内容、图示方法和画法特点。学习绘制和识读这方面的专业图样时,应遵守《GB 50162—92 道路工程制图标准》中的有关规定。

图 14-1 是某城市的路桥景观,美观实用的路桥与周边环境的有机结合,为城市注入了生机和活力。

图 14-1 某城市的路桥景观

第 2 节　道路路线工程图

道路的路线工程图用于表达道路路线的平面位置、线型状况、沿线的地形和地物、纵断面标高与坡度、路基宽度和边坡、路面结构、土壤地质情况以及路线上的配套建筑物(如桥梁、涵洞、隧道、挡土墙等)的位置及其与路线的相互关系。

由于道路路线有竖向高差和平面弯曲的变化,所以从整体来看,道路路线是一条空间曲线。根据这一特点,道路路线工程图的图示方法与一般的工程图样不完全相同,它主要由路线平面图、路线纵断面图和路线横断面图所组成。

一、路线平面图

路线平面图是从上向下投影所得到的水平投影图,也就是用标高投影的方法所绘制的道路沿线周围区域的地形、地物图。路线平面图所表达的内容,包括路线的走向和平面状况(直线和左右弯道曲线),以及沿线两侧一定范围内的地形、地物等情况。

由于道路是修筑在大地表面一段狭长地带上的,其竖向起落和平面弯曲情况都与地形紧密相关,因此,路线平面图采用在地形图上进行设计绘制的方法。

图 14 - 2 是某公路从 K5 + 500 至 K7 + 500 段的路线平面图,下面分地形与路线两部分,介绍路线平面图的表达内容及其画法特点。

(一)地形、地物部分

(1)比例。路线平面图所用比例一般较小,通常在城镇区采用 1∶500 或 1∶1000;山岭区采用 1∶2000,丘陵区和平原区采用 1∶5000 或 1∶10000。本图比例采用 1∶2000。

(2)方位与走向。为了表示道路所在地区的方位和路线走向,在路线平面图上应画出指北针或测量坐标网。同时,指北针和测量坐标网都是拼接图纸的主要依据。

(3)地形。平面图中地形主要是用等高线表示,本图中每两根等高线之间的高差为 2m,每隔四条等高线就有一条线型较宽的等高线,并标注标高数值,称为计曲线。根据图中等高线的疏密可以看出,该地区西北和东北地势较高,西北方的山峰高约 65m,标高 44 ~ 48m 处地势较平坦。

(4)地物。在平面图中,地形面上的地物如河流、房屋、水库、道路、桥梁、铁路、农田、电力线和植被等,都是按规定图例绘制的。常见的图例如表 14 - 1 所示。对照图例可知,该地区中部地势较平坦处有一村庄,名为大岭村。村前有一条从北向西南的小路,小路两边是水稻田,山坡栽有果树。南面地势较低处为菜地。

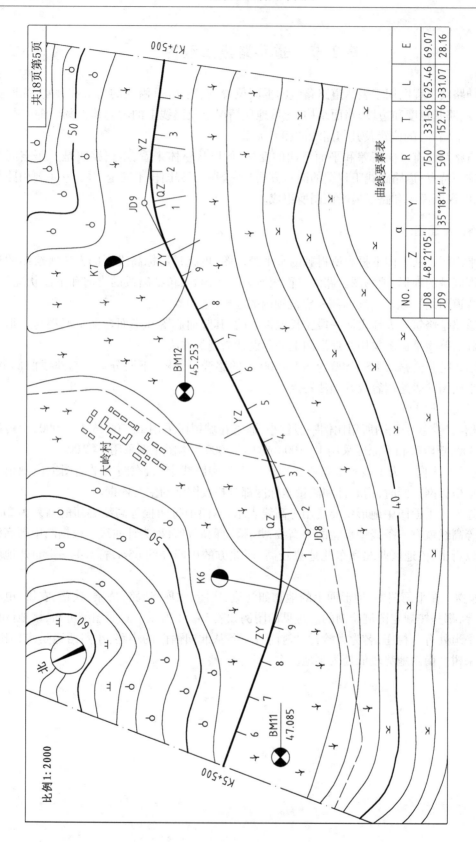

曲线要素表

NO.	α		R	T	L	E
	Z	Y				
JD8	48°21′05″		750	331.56	625.46	69.07
JD9	35°18′14″		500	152.76	331.07	28.16

图 14—2　线路平面图

表 14－1　路线平面图中的常用图例

名　称	图　例	名　称	图　例	名　称	图　例
房屋		涵洞		水库鱼塘	塘
铁路		桥梁		高压电力线	
大车路		隧道		低压电力线	
小路		养护机构		草地	
堤坝		管理机构		水稻田	
水沟		防护网		旱地	
河流		防护栏		菜地	
渡船		隔离墩		果树	

（5）水准点。沿路线附近每隔一段距离,就在图中标有水准点的位置,用于路线的标高测量,如　⊗ₐBM11 表示路线的第 11 个水准点,该点标高为 47.085m。

（二）路线部分

（1）图线。一般情况下平面图的比例较小,路线宽度无法按实际尺寸绘出,所以设计路线是沿道路的路中心线,用加粗的粗实线（1.4～2.0b）来表示。由于道路的宽度相对于长度来说尺寸小得多,为了表达路宽,通常也绘制较大比例的平面图,在这种情况下,道路中线用细单点长画线表示,中央分隔带边缘线用细实线（0.25b）表示,路基边缘线用粗实线表示,见图14－3。此外,导线、边坡线、引出线和原有道路边线等采用细实线表示,用地界线采用中单点长画线（0.50b）表示,规划红线采用粗双点长画线表示。

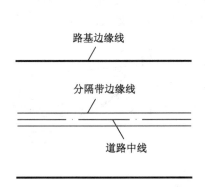

图 14－3　道路在较大比例的平面图中的图线

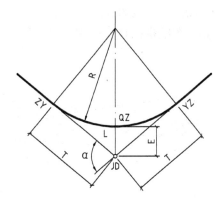

图 14－4　平曲面几何要素

（2）里程桩。道路路线的总长度和各段之间的长度用里程桩号表示。里程桩号的标注应从路线的起点至终点,按从小到大、从左到右的顺序编号。里程桩有千米桩和百米桩两种,千米桩宜注在路线前进方向的左侧,用符号"◖"表示,千米数注写在符号的上方,如"K6"表示离起点6000m。百米桩宜标注在路线前进方向的右侧,用垂直于路线的细短线和"1"至"9"的数字表示,数字写在短细线的端部,字头朝上。例如在K6千米桩的前方挂写的"2",表示桩号为K6 + 200,说明该点距路线起点为6200m。

(3)平曲线。道路路线在平面上是由直线段和曲线段组成的,在路线的转折处应设平曲线。最常见的较简单的平曲线为圆弧,其基本的几何要素如图14 - 4所示:JD为交角点,是路线的两直线段的理论交点;α为转折角,是路线前进时向左(α_Z)或向右(α_Y)偏转的角度;R为圆曲线半径,是连接圆弧的半径长度;T为切线长,是切点与交角点之间的长度;E为外距,是曲线中点到交角点的距离;L为曲线长,是圆曲线两切点之间的弧长。

在路线平面图中,转折处应注写交角点代号并依次编号,如JD8表示第8个交角点。还要注出曲线段的起点ZY(直圆)、中点QZ(曲中)、终点YZ(圆直)的位置,为了将路线上各段平曲线的几何要素值表示清楚,一般还应在图中的适当位置列出平曲线要素表,如图14 - 2右下角的"曲线要素表"。

通过读图14 - 2可以知道,新设计的这段公路是从K5 + 500处开始,由西北方地势较平缓处引来,在交角点JD8处向左转折,$\alpha_Z = 48°21'05''$,圆曲线半径R = 750m,通过虚线表示的小路后,到交角点JD9处再向右转折,$\alpha_Y = 35°18'14''$,圆曲线半径R = 500m,公路向东延伸。图中表达的这段公路到K7 + 500处,共2000m。

关于尺寸标注,在这里提请读者注意:《GB 50162—92道路工程制图标准》所规定的尺寸注法,与《GB/T 5001—2010房屋建筑制图统一标准》的规定基本相同,尺寸起止符号可以采用由尺寸界线顺时针转45°的斜短线表示,半径、直径、角度、弧长的尺寸起止符用箭头表示。但《道路工程制图标准》规定,尺寸起止符号可用单边箭头表示,箭头在尺寸线右边时,应标注在尺寸线之上,反之,应标注在尺寸线之下;半径、直径、角度、弧长的尺寸起止符,也可用单边箭头表示,在半径、直径的尺寸数字前,应标注r或R、d或D。

(三)路线平面图的拼接

由于道路路线较长,不可能将整个路线平面图画在同一张图纸内,因此需分段绘制在若干张图纸上。使用时再将各张图纸拼接起来。每张图纸的右上角应画有角标,角标内应注明该张图纸的序号和总张数。在最后一张图纸的右下角绘制标题栏。

平面图中路线的分段宜在整数里程桩处断开,并垂直于路线画出细单点长画线作为接图线。相邻图纸拼接时,路线中心对齐,接图线重合,并以正北方向为准,如图14 - 5所示。

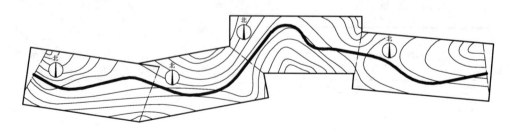

图14 - 5 路线平面图的拼接

二、路线纵断面图

路线纵断面图是假想用铅垂面沿道路中心线剖切,然后展开成平行于投影面的平面,向投影面作正投影所获得的。图 14 - 6 是某地段的高速公路,其路线纵断面图可理解为沿路中的虚线剖切所得。由于道路中心线由直线和曲线所组成,所以剖切面既有平面,又有曲面(柱面),为了清楚地表达路线的纵断面的情况,需要将此纵断面顺次连续展开,再投影成路线纵断面图,其作用是表达路线纵向设计坡度、竖曲线形状以及地面起伏、地质和沿线设置构造物的情况。

图 14 - 6　某地段高速公路

　　图 14 - 7 是某公路 K5 + 500 至 K6 + 900 段的路线纵断面图,包括图样与资料表两部分。下面结合该图说明这两部分内容。

　　(一)图样部分

　　因为路线纵断面图是采用沿路中心线垂直剖切并展开后投影所形成的图样,所以它的长度就是路线的长度。图中水平方向表示长度,竖直方向表示高程。由于路线与地面竖直方向的高差比水平方向的长度小很多,如果采用同一比例绘制,则很难把高差表示出来,为了清晰地表达路线与地面垂直方向的高差,绘制纵断面图时,通常对水平方向的长度与竖直方向的高程采用不同的比例。图 14 - 7 中采用的竖直方向的绘图比例比水平方向的绘图比例放大 10 倍,水平方向用 1∶2000,竖直方向用 1∶200,这样画出的路线坡度就比实际大,看上去也较为明显。为了便于画图和读图,一般还应在纵断面图的左侧按竖向比例画出高程标尺。每张图纸的右上角也应画有角标,角标内应注明该张图纸的序号和总张数。

　　(1)地面线。图中不规则的折线表示设计路中心线处的地面线,由一系列中心桩的实测地面高程依次连接而成。地面线用细实线画出。

　　(2)设计路线。简称设计线,在纵断面图中道路的设计线用粗实线表示,设计线是根据地形起伏和公路等级,按相应的工程技术标准确定的,设计线上各点的标高通常是指路基边缘的设计高程。

　　(3)竖曲线。设计线是由直线和竖曲线组成的,为了便于车辆行驶,按技术标准的规定,在设计线纵坡变更处应设置竖曲线。竖曲线的几何要素与标注见图 14 - 8。其中,竖曲线的

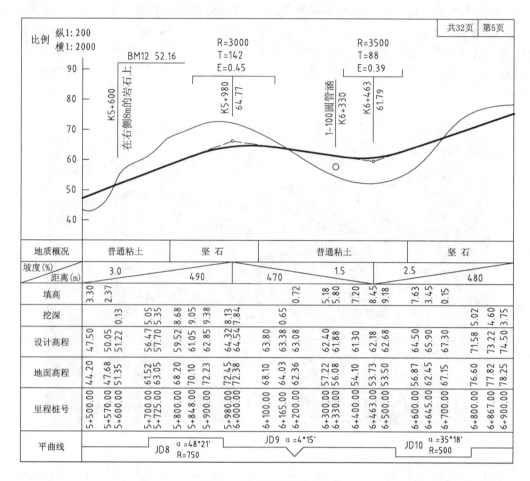

图 14-7　路线纵断面图

几何要素(半径 R、切线长 T、外距 E)的数值均应标注在水平细实线上方,见图 14-8a。竖曲线标注也可布置在测设数据表内,此时,变坡点的位置应在坡度、距离栏内示出,见图 14-8b。竖曲线分为凸形和凹形两种,在图中分别用符号"⌐¬"和"∟⌐"表示。符号中部的竖线应对准变坡点,竖线左侧标注变坡点的里程桩号,竖线右侧标注变坡点的高程。符号的水平线两端应对准竖曲线的始点和终点,竖曲线要素(半径 R、切线长 T、外距 E)的数值标注在水平线上

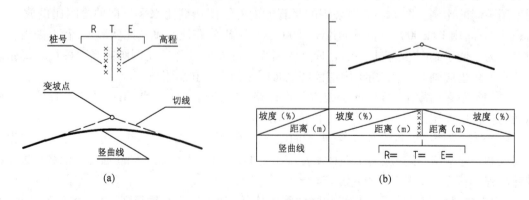

图 14-8　竖曲线的几何要素与标注

方。在本图中的变坡点 K5 +980 处设有凸形竖曲线（$R = 3000m$，$T = 142m$，$E = 0.45m$），在变坡点 K6 +463 处设有凹形竖曲线（$R = 3500m$，$T = 88m$，$E = 0.39m$）。

（4）道路沿线构筑物。道路沿线的工程构筑物如桥梁、涵洞等，应在设计线的上方或下方用竖直引出线标注，竖直引出线应对准构筑物的中心位置，并标注出构筑物的名称、规格和里程桩号。如图 14 - 7，在涵洞中心位置用"O"表示，并进行标注，表示在里程桩 K6 +330 处设有一座单孔直径为 100cm 的圆管涵洞。

（5）水准点。沿线设置的测量水准点也应标注，竖直引出线对准水准点，左侧注写里程桩号，右侧写明其位置，水平线上方注出其编号和高程。如图 14 - 7 中水准点 BM12 设置在里程 K5 +600 处的右侧距离为 8m 的岩石上，高程为 52.16m。

（二）资料表部分

为了便于对照查阅，资料表与图样应上下竖直对正布置，一般列有地质概况、坡度与距离、挖填高度、设计高程、地面高程、里程桩号、直线及平曲线等。

（1）地质概况。根据实测资料，在图中注出沿线各段的地质情况，为设计、施工提供资料。图中反映的地质概况为普通粘土和坚石。

（2）坡度与距离。标注设计线各段的纵向坡度和水平长度距离。表格中的对角线表示坡度方向，左下至右上表示上坡，左上至右下表示下坡。对角线上方数字表示坡度，上方数字表示坡长，坡长以 m 为单位。如图中第一格的标注"3.0/490"，表示按路线前进方向是上坡，坡度为 3.0%，路线长度为 490m。

（3）高程。表中有设计高程和地面高程两栏，它们应和图样互相对应，分别表示设计线和地面线上各点（桩号）的高程。

（4）挖填高度。设计线在地面线下方时需要挖土，设计线在地面线上方时需要填土，挖或填的高度值应是各点（桩号）对应的设计高程与地面高程之差的绝对值。如图中第一栏的设计高程为 47.50m，地面高程为 44.20m，其填土高度则为 3.30m。

（5）里程桩号。沿线各点的桩号是按测量的里程数值填入的，单位为 m，桩号从左向右排列。在平曲线的起点、中点、终点和桥涵中心点等处可设置加桩。

（6）平曲线。为了表示该路段的平面线型，通常在表中画出平曲线的示意图。直线段用水平线表示，道路左转弯用凹折线表示，如 ⌐＿＿⌐ ，右转弯用凸折线表示，如 ⌐￣⌐＿ 。当路线的转折角小于"规定值"时，可不设平曲线，但需画出转折方向，∨ 表示左转弯，∧ 表示右转弯。"规定值"是按公路等级而定，如四级公路的转折角 ≤5° 时，不设平曲线。通常还需注出交角点编号、偏角角度值和曲线半径等平曲线各要素的值。如图中左边第一个交角点 JD8，转折角 α 为 48°21′，圆曲线半径 R 为 750m。

路线纵断面图和路线平面图一般安排在两张图纸上，由于高等级公路的平曲线半径较大，路线平面图与纵断面图长度相差不大，就可以放在一张图纸上，阅读时便于互相对照。

三、路线横断面图

路线横断面图是用假想的剖切平面，垂直于路中心线剖切而得到的图形。主要用于表达路线的横断面形状、填挖高度、边坡坡长，以及路线中心桩处横向地面的情况。通常在每一中心桩处，根据测量资料和设计要求，顺次画出每一个路基横断面图，作为计算公路的土石方量和路基施工的依据。

在路线横断面图中，路面线、路肩线、边坡线、护坡线均用粗实线表示，路面厚度用中粗实线表示,原有地面线用细实线表示,路中心线用细单点长线表示。

横断面图的水平方向和高度方向宜采用相同比例,一般比例为1:200,1:100或1:50。路线横断面图一般以路基边缘的标高作为路中心的设计标高。路基横断面图的基本形式有三种:

(1)填方路基(路堤式)。如图14-9a所示,整个路基全为填土区称为路堤。填土高度等于设计标高减去地面标高,填方边坡一般为1:1.5。在图样下方标注里程桩号,图样右侧标注中心线处的填方高度h_T(m)以及该断面的填方面积A_T(m²)。

(2)挖方路基(路堑式)。如图14-9b所示,整个路基全为挖土区称为路堑。挖土深度等于地面标高减去设计标高,挖方边坡一般为1:1。在图样下方标注里程桩号,图样右侧标注中心线处的挖土深度h_W(m)以及该断面的挖方面积A_W(m²)。

(3)半填半挖路基。如图14-9c所示,路基断面一部分为填土区,一部分为挖土区。同样是在图样下方标注里程桩号,图样右侧标注中心线处的填(或挖)方高度以及该断面的填方面积或挖方面积。

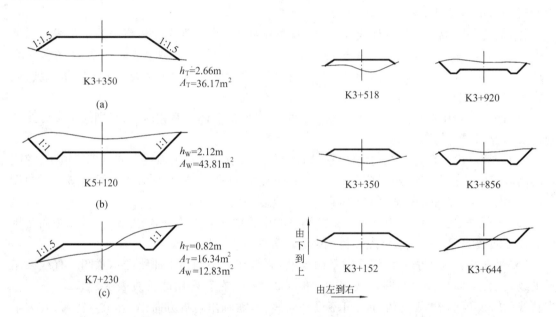

图14-9 路线横断面图的基本形式　　　图14-10 路线横断面图的排列

在同一张图纸内绘制的路基横断面图,应按里程桩号顺序排列,从图纸的左下方开始,先由下而上,再自左向右排列,如图14-10所示。每张图纸右上角应有角标,注明图纸的序号和总张数。

第3节 桥梁工程图

当道路通过江河、山谷和低洼地带时,桥梁是保证车辆行驶和宣泄水流,并考虑船只通行的建筑物。桥梁由上部结构(主梁或主拱圈和桥面系)、下部结构(桥台、桥墩和基础)、附属结构(护栏、灯柱等)三部分组成。桥梁的种类很多,按结构形式分有梁桥、拱桥、桁架桥、斜拉桥和悬索桥等。按建筑材料分有钢筋混凝土梁桥、钢桥、石桥和木桥等。图14-11所示的广州丫髻沙大桥,是近年来建造的一座大型钢桁架拱桥,其造型不仅考虑了它的功能,而且也增添了人文景观。虽然各种桥梁的形式或建筑材料有所不同,在绘制设计图样时,都须按前面所讲述的投影理论和绘图方法绘制,并具有相同的图示特点。

图 14 - 11　广州丫髻沙大桥

一、钢筋混凝土梁桥工程图

设计一座桥梁要绘制的图纸一般包括桥位平面图、桥位地质断面图、桥梁总体布置图和构件图等。

（一）桥位平面图

桥位平面图主要表示道路路线通过江河、山谷时建造桥梁的平面位置,通过地形测量绘出桥位处的道路、河流、水准点、地质钻探孔、附近的地形和地物（如房屋、老桥等）,以此作为设计桥梁、施工定位的依据。该图一般采用较小的比例绘制,如 1∶500、1∶1 000、1∶2 000 等。

如图 14 - 12 所示的是某桥桥位平面图。除了表示路线平面形状、地形和地物外,还表明了钻孔（CK1、CK2、CK3）、里程（K7）和水准点（BM11、BM12）的位置和数据。

桥位平面图中的植被、水准符号等均应按照正北方为准,而图中文字方向则可按路线要求及总图标方向来决定。

（二）桥位地质断面图

桥位地质断面图是根据水文调查和地质钻探所得的水文地质资料,绘制桥位处河床位置的地质断面图,包括河床断面线、最高水位线、常水位线和最低水位线,作为设计桥梁、桥台、桥墩和计算土石方工程数量的依据。

地质断面图为了明显表示地质和河床深度的变化情况,特意把地形高度的比例以较水平方向的比例放大数倍画出。如图 14 - 13 所示,地形高度的比例采用 1∶200,水平方向的比例采用 1∶500。图中还画出了 CK1、CK2、CK3 三个钻孔的位置,并在图下方列出了钻孔的有关数据、资料。

（三）桥梁总体布置图

桥梁总体布置图是表达桥梁上部结构、下部结构和附属结构三部分组成情况的总图。主要表明桥梁的型式、跨径、孔数、总体尺寸、各主要构件的相互位置关系、桥梁各部分的标高、材料数量以及有关的说明等,作为施工时确定墩台位置、安装构件和控制标高的依据。

图 14 - 14 为广东省岭东河桥的总体布置图,包括立面图、平面图、1—1 和 2—2 横剖面图,采用 1∶200 绘图比例。该桥为三孔钢筋混凝土空心板简支梁桥,总长度 37.20m,总宽度

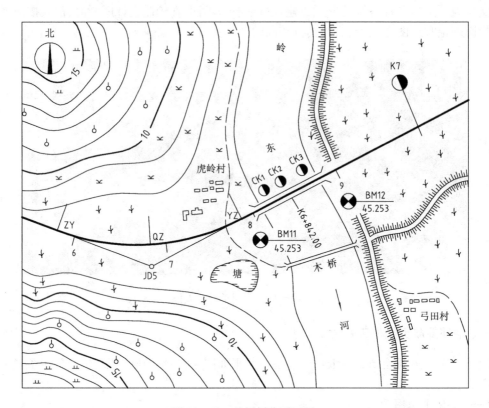

图 14-12 某桥桥位平面图

14m,中孔跨径 15m,两边孔跨径 10m。桥中设有两个柱式桥墩,两端为重力式混凝土桥台,桥台和桥墩的基础均采用钢筋混凝土预制打入桩。桥上部承重构件为钢筋混凝土空心板梁。

1. 平面图

桥梁的平面图按"长对正"配置在立面图的下方,常采用对称画法,即对称形体以对称符号为界,一半画外形图,一半画剖面图。左半平面图是从上向下投影得到的桥面水平投影,主要画出了车行道、人行道、栏杆等的位置。由所注尺寸可知,桥面车行道净宽为10m,两边人行道各为2m。右半部采用的是剖切画法(或分层揭开画法),假想把上部结构移去后,画出 2 号桥墩和右侧桥台的平面形状和位置。桥墩中的虚线圆是立柱的投影,桥台中的虚线正方形是下面方桩的投影。

2. 立面图

桥梁一般是左右对称的,所以立面图常常是由半立面和半纵剖面合成的,左半立面图为左侧桥台、1 号桥墩、板梁、人行道栏杆等主要部分的外形视图。右半纵剖面图是沿桥梁中心线纵向剖开而得到的,2 号桥墩、右侧桥台、板梁和桥面均应按剖开绘制。图中还画出了河床的断面形状,在半立面图中,河床断面线以下的结构如桥台、桩等用虚线绘制,在半剖面图中地下的结构均画为实线。由于预制桩打入到地下较深的位置,不必全部画出,为了节省图幅,采用了断开画法。图中还注出了桥梁各重要部位如桥面、梁底、桥墩、桥台和桩尖等处的高程,以及常水位(即常年平均水位)。

尺寸标注采用定形尺寸、定位尺寸、标高尺寸和里程桩号综合注法,便于绘图、阅读与施工放样。图中的尺寸单位为 cm,里程桩号与标高尺寸的单位为 m。

3. 横剖面图

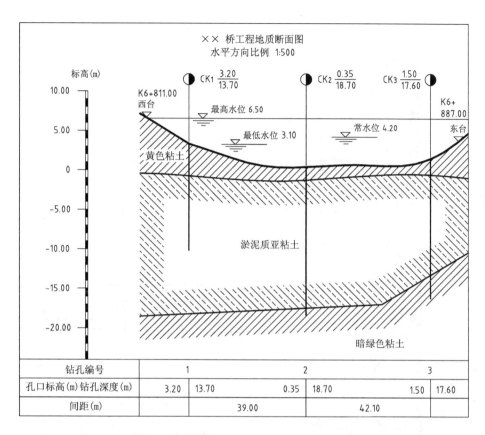

图 14 - 13　某桥桥位地质断面图

根据立面图中所标注的剖切位置可以看出,1—1 剖面是在中跨位置剖切的,2—2 剖面是在边跨位置剖切的,桥梁的横剖面图是由左半部 1—1 剖面和右半部 2—2 剖面合并而成的。桥梁中跨和边跨部分的上部结构相同,桥面总宽度为 14m,是由 10 块钢筋混凝土空心板拼接而成,图中由于板的断面形状太小,没有画出其材料符号。在 1—1 剖面图中画出了桥墩各部分,包括墩帽、立柱、承台、桩等的投影。在 2—2 剖面图中画出了桥台各部分,包括台帽、台身、承台、桩等的投影。

值得一提的是,这里的剖切位置线和代号与《房屋建筑制图统一标准》有所不同。根据《道路工程制图标准》规定,剖切位置线应采用一组粗短线,在剖视方向线端部应按剖视方向画出单边箭头,在剖视方向一侧标注成对的英文字母或阿拉伯数字的编号。另外,视图名称或剖面图、断面图的代号均应标注在图的上方居中。剖面图、断面图的代号应成对地采用,并以一条 5～10mm 长的细实线,将成对的代号分开,图名底部应绘制与图名等长的粗、细实线,两线间距为 1～2mm。

（四）构件图

图 14 - 15 为该桥梁各主要构件的立体示意图。

由于桥梁的总体布置图比例较小,不可能把桥梁各构件详细地表达清楚,因此,单凭总体布置图是不能施工的,还应该另画图样,采用较大的比例将各个构件的形状、构造、尺寸都完整地表达出来,这种图样称为构件详图或构件大样图,简称构件图。桥梁的构件图通常包括有桥台图、桥墩图、主梁图或主板图、护栏图等,常用的比例是 1：10～1：50,如对构件的某一局部需全

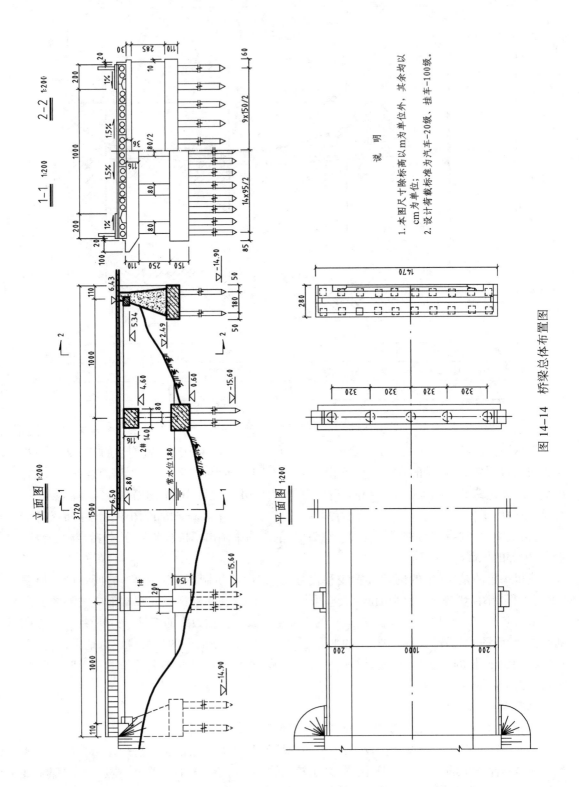

图 14-14　桥梁总体布置图

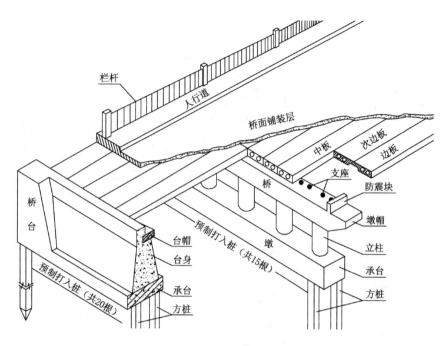

栏杆

人行道

桥面铺装层

中板　次边板　边板

桥　　　支座

防震块

墩帽

立柱

承台

方桩

桥台

台帽

台身

承台

方桩

预制打入桩（共20根）

预制打入桩（共15根）

墩

图14-15　桥梁各组成部分示意图

面、详尽地表达时,可按需采用1∶2~1∶5或更大的比例画出这一局部的放大图。

钢筋混凝土构件图通常有构造图和钢筋结构图两种。钢筋结构图也称钢筋布置图,简称配筋图,应置于构造图之后,当结构外形简单时,两者可绘于同一视图中。下面介绍桥梁中几种常见构件图的画法特点。

1. 钢筋混凝土空心板图

钢筋混凝土空心板是该桥梁上部结构中最主要的受力构件,它两端搁置在桥墩和桥台上,中跨为15m,边跨为10m。图14-16是边跨为10m空心板构造图,由立面图、平面图和断面图组成,主要表达空心板的形状、构造和尺寸。整个桥宽由10块板拼成,按不同位置分为三种:中板(中间共6块)、次边板(两侧各1块)、边板(两边各1块)。三种板的厚度相同,均为55cm,故只画出了中板立面图,由于三种板的宽度和构造不同,故分别绘制了中板、次边板和边板的平面图,中板宽124cm,次边板宽162cm,边板宽162cm。板的纵向是对称的,所以立面图和平面图均只画出了一半,边跨板长名义尺寸为10m,但减去板接头缝后实际上板长为996cm。三种板均绘制了跨中断面图,可以看出它们不同的断面形状和详细尺寸。另外还画出了板与板之间拼接的铰缝详图,具体施工做法详见说明。

每种钢筋混凝土板都必须绘制钢筋布置图,现以边板为例介绍,图14-17是边跨为10m空心板边板的配筋图。立面图是假定混凝土是透明的,主要表达所用钢筋及其布置情况。由于板中有弯起钢筋,所以绘制了跨中横断面2—2和跨端横断面3—3,可以看出②号钢筋在中部时是位于板的底部,在端部时则位于板的顶部。为了更清楚地表示钢筋的布置情况,还画出了板的顶层钢筋平面图。整块板共有十种钢筋,每种钢筋都绘出了钢筋详图。这样几种图样互相配合,对照阅读,再结合列出的钢筋明细表,就可以清楚地了解该板中所有钢筋的位置、形状、尺寸、规格、直径、数量等内容,以及几种弯筋、斜筋与整个钢筋骨架的焊接位置和长度。

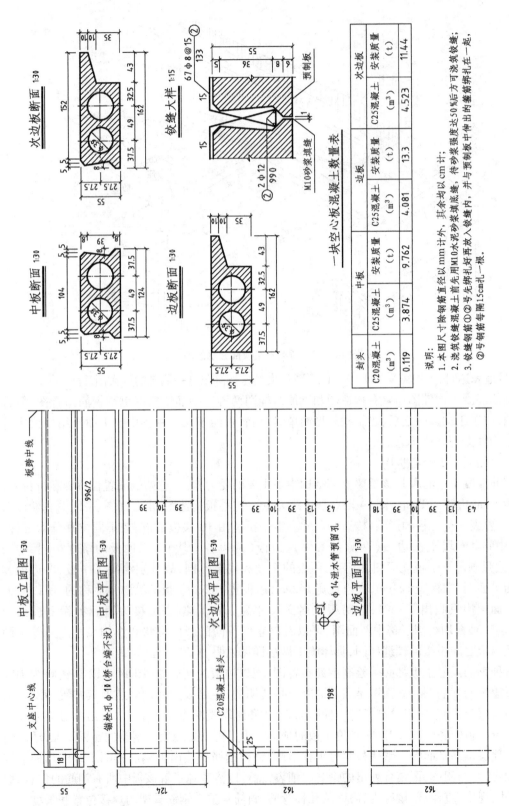

一块空心板混凝土数量表

封头	中板		边板		次边板	
C20混凝土 (m³)	C25混凝土 (m³)	安装质量 (t)	C25混凝土 (m³)	安装质量 (t)	C25混凝土 (m³)	安装质量 (t)
0.119	3.874	9.762	4.081	13.3	4.523	11.44

说明：

1. 本图尺寸除钢筋直径以mm计外，其余均以cm计；

2. 浇筑铰缝混凝土前先用M10水泥砂浆填底缝，待砂浆强度达50％后方可浇筑铰缝；

3. 铰缝钢筋在②号筋孔内每隔15cm扎一根。②号钢筋可先绑扎好再放入铰缝内，并与预制板中伸出的箍筋绑扎在一起。

图14-16 边跨10m空心板构造

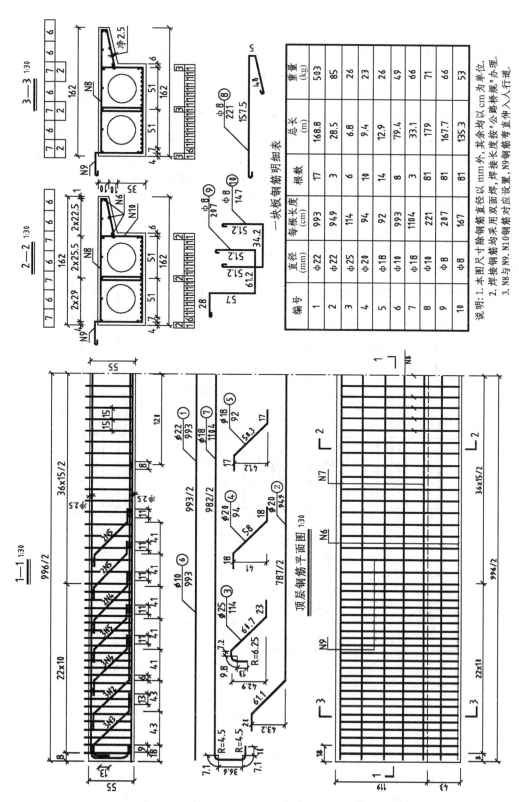

一块板钢筋明细表

编号	直径 (mm)	每根长度 (cm)	根数	总长 (m)	重量 (kg)
1	Φ22	993	17	168.8	503
2	Φ22	949	3	28.5	85
3	Φ25	114	6	6.8	26
4	Φ20	94	10	9.4	23
5	Φ18	92	14	12.9	26
6	Φ10	993	8	79.4	49
7	Φ18	1104	3	33.1	66
8	Φ10	221	81	179	71
9	Φ8	207	81	167.7	66
10	Φ8	167	81	135.3	53

说明：1. 本图尺寸除钢筋直径以 mm 外，其余均以 cm 为单位。
2. 焊接钢筋均采用双面焊，焊接长度按"公路桥规"办理。
3. N8 与 N9、N10 钢筋对应设置，N9 钢筋等直伸入人行道。

图 14-17　空心板边板配筋图

2. 桥墩图

图 14-18 为某桥桥墩构造图,主要表达桥墩各部分的形状和尺寸。这里绘制了桥墩的立面图、侧面图和 1—1 剖面图,由于桥墩是左右对称的,故立面图和剖面图均只画出一半。该桥墩由墩帽、立柱、承台和基桩组成,根据所标注的剖切位置可以看出,1—1 剖面图实质上为承台平面图,承台为长方体,长 1500cm,宽 200cm,高 150cm。承台下的基桩分两排交错(呈梅花形)布置,施工时先将预制桩打入地基,下端到达设计深度(标高)后,再浇筑承台,桩的上端深入承台内部 80cm,在立面图中这一段用虚线绘制。承台上有 5 根圆形立柱,直径为 80cm,高为 250cm,立柱上面有墩帽,墩帽的全长为 1650m,宽为 140cm,高度在中部为 116cm,在两端为 110cm,有一定的坡度,为的是使桥面形成 1.5% 的横坡。墩帽的两端各有一个 20cm×30cm 的抗震挡块,是防止空心板移动而设置的。墩帽上的支座,详见支座布置图。

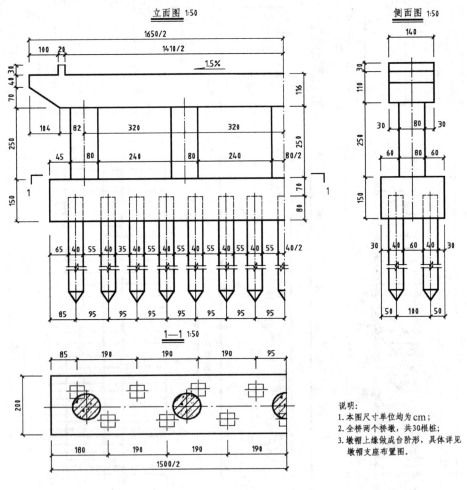

图 14-18 桥墩构造图

3. 桥台图

桥台属于桥梁的下部结构,主要是支承上部的板梁,并承受路堤填土的水平推力。图 14-19 为重力式混凝土桥台的构造图,用平面图、剖面图和侧面图表示。该桥台由台帽、台身、侧墙、承台和基桩组成。这里桥台的立面图用 1—1 剖面图代替,既可表示出桥台的内部构造,又可画出材料图例,该桥台的台身和侧墙均用 C30 混凝土浇筑而成,台帽和承台的材料为钢筋混凝土。桥台长 280cm,高 493cm,宽 1470cm。由于宽度尺寸较大且对称,所以平面图只画出了一半。侧面图由台前和台后两个方向的视图各取一半拼成,所谓台前是指桥台面对河流的一侧,台后则是桥台面对路堤填土的一侧。为了节省图幅,平面图和侧面图中都采用了断开画法。桥台下的基桩分两排对齐布置,排距为 180cm,桩距为 150cm,每个桥台有 20 根桩。

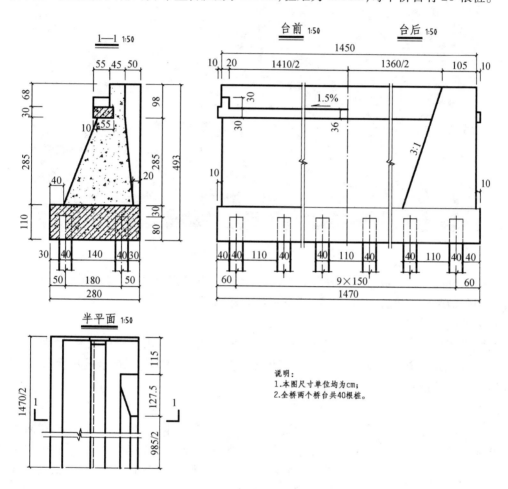

图 14-19　桥台构造图

以上仅介绍了桥梁中一些主要构件的画法,实际上需要绘制的构件图还有许多,其表达方法是基本相同的。

二、斜拉桥

斜拉桥是近年来建筑大型桥梁采用较多的一种新型桥梁,它和一般的梁桥外形不同,除了钢筋混凝土梁(板)之外,还有拉索和主塔。斜拉桥的主梁、拉索和主塔构成一个统一体,它的优点是可以增大跨度,并且桥型美观,图 14-20 所示为南京第二长江大桥。

图 14-21 是一座双塔单索面钢筋混凝土斜拉桥的总体布置图,主跨 180m,两侧边跨各为 80m,两边引桥部分用折断线断开后省略不画。

1. 立面图

立面图采用 1:500 的比例画出,由于比例较小,仅画外形,不画剖面。梁高用两条粗实线表示,上加细实线表示桥面(图中因缩小而未显示);横隔梁、人行道、护栏都省略不画。桥墩

图14-20　南京第二长江大桥

由钻孔灌注桩和承台构成,与主塔固结成一体。立面图还反映了河床的断面轮廓、桥面中心,以及桩和桥墩基础的埋置深度、梁底、通航水位的标高尺寸。

2.平面图

与立面图采用相同的比例1:500,按与立面图"长对正"画出。以中心线为界,左边画外形,显示桥面、人行道、塔柱断面和拉索;右边掀去桥的上部结构,显示桥墩的平面布置情况,以及桥墩承台的外形轮廓和桩的平面布置情况。

3.横剖面图

横剖面图常用比立面图和平面图大一些的比例画出,图中所示的跨中横剖面图采用1:250的比例。从跨中横剖面图可以看出桥的上部结构:显示了箱梁的断面形状和横隔梁的形状,桥面总宽共29m,两侧人行道连同护栏各宽2m,车行道宽25m,塔柱高65m,还显示了拉索在塔柱上的分布情况与尺寸;也可以看出桥的下部结构:桥墩承台、基础的形状和高度尺寸,钻孔灌注桩的直径大小与数量,基础标高和桩的埋置深度等。

三、桥梁工程图的阅读与画法

(一)桥梁工程图的阅读

桥梁虽庞大复杂,但也是由许多构件组合而成的,因此,读图时应先按投影关系看懂各个构件的形状和大小,按形体分析法通过总体布置图将它们联系起来,从而了解整座桥梁的形状和大小。

阅读桥梁工程图的步骤如下:

(1)读图纸的标题栏和说明,了解桥梁的名称、桥型、主要技术指标等。

(2)读桥梁总体布置图,看懂各个图样之间的投影联系,以及各个构件之间的关系与相对位置。先读立面图,了解桥梁的概貌:桥型、孔数、跨径、墩台数目、总长、总高,以及河床断面与地质状况;再对照读平面图、侧面图或横剖视图,了解桥梁的宽度、人行道的尺寸、主梁(主板)

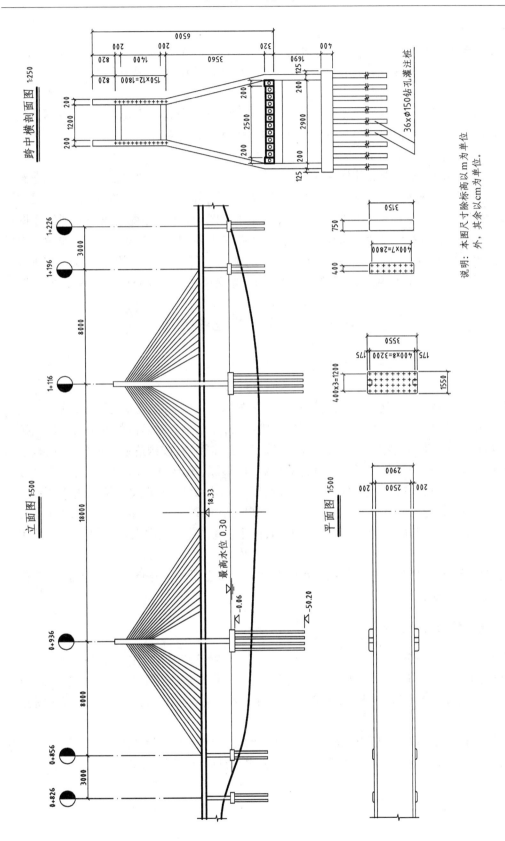

图 14-21　某斜拉桥总体布置图

的断面形状,对整座桥梁有一个初步了解。

(3)分别阅读各构件的构件结构图,包括一般构造图和钢筋构造图,了解各组成部分所用的材料,并阅读工程数量表、钢筋明细表及说明等,读懂各个构件的形状和构造,读懂图形后再复核尺寸,查核有无错误和遗漏。

(4)再返回阅读桥梁的总体布置图,进一步理解各构件的布置与定位尺寸,如有不清楚之处,再复查有关的构件结构图,反复进行,直至清晰、全面地认识桥梁。

(二)桥梁总体布置图的画法

绘制桥梁工程图,基本上和绘制建筑施工图一样,有着共同的规律,现以桥梁总体布置图(图14-14)为例,说明其一般的绘图步骤。首先应确定画哪几个视图或剖面图,按桥梁的大小和复杂程度定比例,从而选定图幅;绘图时,应先布置图面,画出各视图或剖面图的作图基线,将各个视图或剖面图均匀地分布在图框内,立面图与平面图应按长对正配置,如横剖面图与立面图采用相同的比例,则应按高平齐配置;然后,画各构件的主要轮廓线,再从大到小画全部构件的投影;最后,校核底稿并用铅笔加深或上墨,标绘尺寸、符号和有关说明,并作复核。

第 4 节　涵洞工程图

一、概述

涵洞是公路工程中宣泄小量水流的构筑物。涵洞顶上一般都有较厚的填土,填土不仅可以保持路面的连续性,而且分散了汽车荷载的集中压力,并减少它对涵洞的冲击力。涵洞按所用建筑材料可分为钢筋混凝土涵、混凝土涵、石涵、砖涵、木涵等;按构造型式可分为圆管涵、盖板涵、拱涵、箱涵等;按洞身断面形状可分为圆形涵、拱形涵、矩形涵、梯形涵等;按孔数可分为单孔、双孔、多孔等;按洞口形式可分为一字式(端墙式)、八字式(翼墙式)、领圈式、阶梯式等。

涵洞是由洞口、洞身和基础三部分所组成。洞口包括端墙、翼墙或护坡、截水墙和缘石等部分,主要是保护涵洞基础和两侧路基免受冲刷,使水流顺畅,一般进水口和出水口常采用相同的形式。

洞身是涵洞的主要部分,它的作用是承受活载压力和土压力等并将其传递给地基,并保证设计流量通过的必要孔径。

二、涵洞工程图的图示特点

涵洞是窄而长的构筑物,它从路面下方横穿道路,埋置于路基土层中。在图示表达时,一般不考虑涵洞上方的覆土,或者假想土层是透明的,再进行投影。尽管涵洞的种类很多,但图示方法和表达内容基本相同。涵洞工程图主要由平面图、纵剖面图、洞口立面图(侧面图)、横断面图及详图组成。

因为涵洞比桥梁小得多,所以涵洞工程图采用的比例较桥梁工程图大。现以常用的钢筋混凝土盖板涵洞和石拱涵洞为例,介绍涵洞的一般构造,具体说明涵洞工程图的图示特点和表达方法。

三、涵洞工程图示例

（一）钢筋混凝土盖板涵

图 14 - 22 所示为单孔钢筋混凝土盖板涵立体图。图 14 - 23 所示则为其涵洞工程图,绘图比例为 1∶50,洞口两侧为八字翼墙,洞高 120cm,洞宽 100cm,总长 1382cm,采用了平面图、纵剖面图、洞口立面图和三个横断面图来表达。

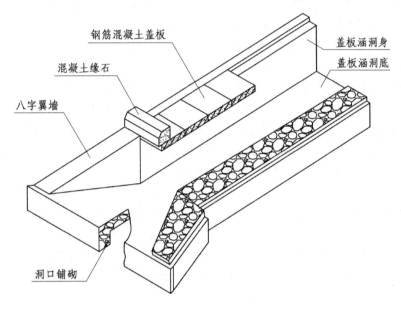

图 14 - 22　钢筋混凝土盖板涵立体图

1. 平面图

由于涵洞前后对称,平面图采用了半剖面画法。平面图表达了涵洞的墙身厚度、八字翼墙和缘石的位置、涵身的长度、洞口的平面形状和尺寸以及墙身和翼墙的材料等。为了详尽地表达翼墙的构造,以便于施工,在该部分的 1—1 和 2—2 位置进行了剖切,并另作 1—1 和 2—2 断面图来表示该位置翼墙墙身和基础的尺寸、墙背坡度以及材料等情况。平面图中还画出了洞身上部钢筋混凝土盖板之间的分缝线,每块盖板长 140cm,宽 80cm,厚 14cm。

2. 纵剖面图

由于涵洞进出洞口一样,左右基本对称,所以只画半纵剖面图,并在对称中心线上用对称符号表示。该图是从涵洞的左方向右方以水流方向纵向剖切所得,表示了洞身、洞口、路基以及它们之间的相互关系。由于剖切平面是前后对称面,所以省略剖切符号。洞顶上部为路基填土,边坡 1∶1.5。洞口设八字翼墙,坡度与路基边坡相同;洞身全长 11.2m,设计流水坡度 1% ,洞高 120cm,盖板厚 14cm,填土 90cm。从图中还可看出有关的尺寸,如缘石的断面为 30cm×25cm 等。

3. 洞口立面图

洞口立面图实际上就是左侧立面图,反映了涵洞口的基本形式,缘石、盖板、翼墙、截水墙、基础等的相互关系,宽度和高度尺寸反映各个构件的大小和相对位置。

4. 洞身断面图

洞身断面图实际上就是洞身的横断面图,表示了涵洞洞身的细部构造以及盖板的宽度尺寸,尤其是清晰地表达了该涵洞的特征尺寸,涵洞净宽 100cm,净高 120cm,如图 14 - 23 中的3—3断面所示。

(二)石拱涵

图 14 - 24 所示为八字式单孔石拱涵立体图,图 14 - 25 所示则为其涵洞工程图,包括平面图、纵剖面图和出水洞口立面图等。

1. 平面图

本图的特点在于拱顶与拱顶上的两端侧墙的交线均为椭圆弧,画该段曲线时,应按第五章所述求截交线的方法画出。从图中还可看出,八字翼墙与上述盖板涵有所不同,盖板涵的翼墙是单面斜坡,端部为侧平面,而本图则是两面斜坡,端部为铅垂面。

2. 纵剖面图

涵洞的纵向是指水流方向即洞身的长度方向。由于主要是表达涵洞的内部构造,所以通常用纵剖面图来代替立面图。纵剖面图是沿涵洞的中心线位置纵向剖切的,凡是剖到的各部分如截水墙、涵底、拱顶、防水层、端墙帽、路基等都应按剖开绘制,并画出相应的材料图例,另外能看到的各部分如翼墙、端墙、涵台、基础等也应画出它们的位置。为了显示拱底为圆柱面,故每层拱圈石投影的高度不一,下疏而上密。图中还表达了洞底流水方向和坡度1%。

3. 洞口立面图

由于涵洞前后对称,侧面图采用了半剖面图的形式,即一半表达洞口外形,另一半表达洞口的特征以及洞身与基础的连接关系。左半部为洞口部分的外形投影,主要反映洞口的正面形状和翼墙、端墙、缘石、基础等的相对位置,所以习惯上称为洞口立面图。右半部为洞身横断面图,主要表达洞身的断面形状,主拱、护拱和涵台的连接关系,以及防水层的设置情况等。

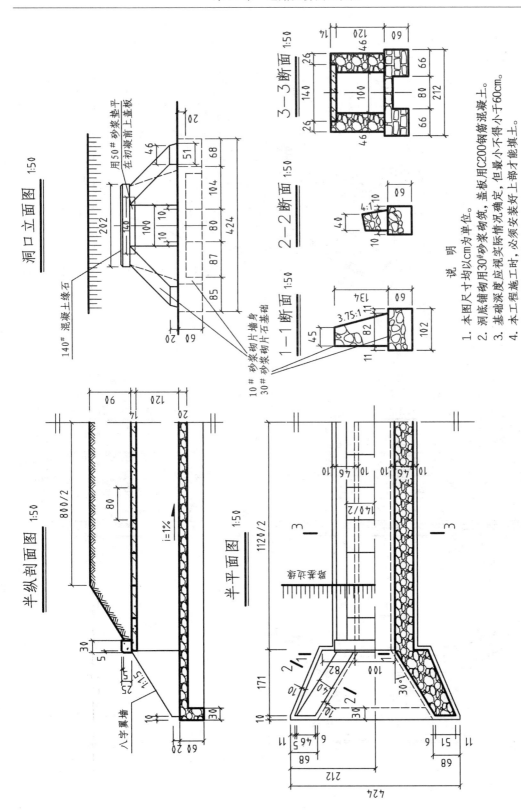

图14-23　钢筋混凝土盖板涵工程图

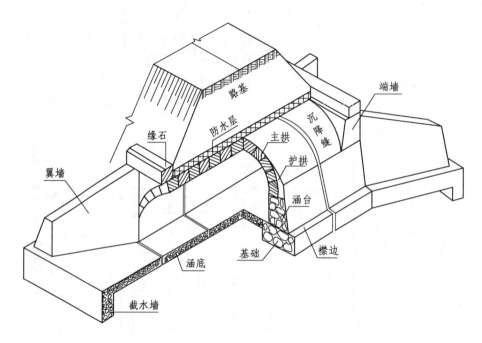

图 14－24 石拱涵立体图

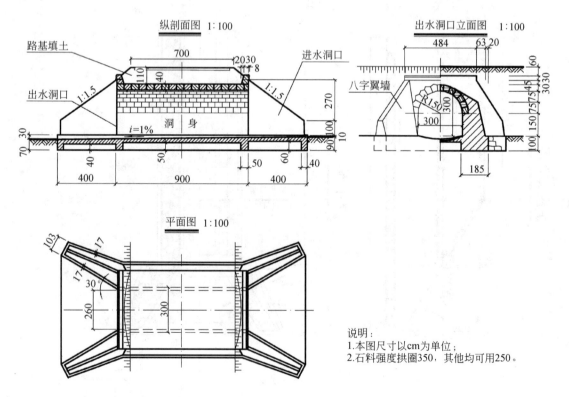

说明：
1.本图尺寸以cm为单位；
2.石料强度拱圈350，其他均可用250。

图 14－25 某石拱涵洞工程图

第15章 计算机绘图

第1节 AutoCAD 2012 的主要功能

一、AutoCAD 简介

AutoCAD 是由美国 Autodesk 公司于 20 世纪 80 年代初为微机上应用 CAD 技术而开发的绘图程序软件包,经过不断的完善,现已成为国际上广泛流行的绘图软件。近期,Autodesk 公司推出功能更为完善的 AutoCAD 2012 版本,它可以绘制任意二维和三维图形,与旧的版本相比,用 AutoCAD 2012 绘图速度更快、精度更高。

AutoCAD 2012 具有多种功能:①基本绘图功能;②图形编辑功能;③图形构造功能;④显示控制功能;⑤效果渲染功能;⑥图纸打印功能;⑦定制与图形数据交换功能;⑧程序开发功能。具有良好的用户界面是 AutoCAD 的一大特色,通过交互菜单、工具或命令行方式便可以进行各种操作。工程设计人员能很快地学会使用,在不断实践的过程中更好地掌握它的各种应用和开发技巧,从而不断提高工作效率。

二、AutoCAD 2012 的用户界面

打开 AutoCAD 2012 软件,首先进入 Autodesk Exchange 窗口,如图 15-1 所示,在此可以在线了解 AutoCAD 的最新功能和软件的新动态。关闭 Autodesk Exchange 窗口,则进入绘图环境。图 15-2 所示是 AutoCAD 2012 的二维草图与注释工作空间用户界面,包括应用程序按钮、工具栏、状态栏、命令行窗口、绘图窗口等,还有新增加的观察器和选项板等。

图 15-1 Autodesk Exchange 窗口

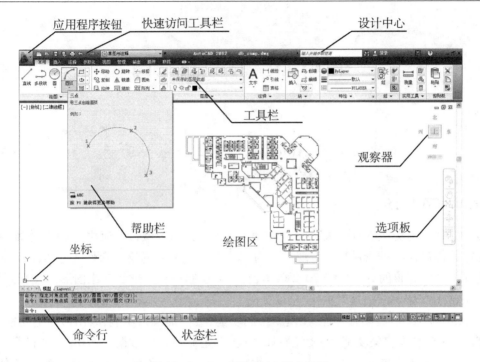

图 15-2　AutoCAD 2012 用户界面

根据不同的用户需要,有多种不同的工作空间可选:二维草图与注释、三维建模和AutoCAD 经典等,如图 15-3 所示。用户也可以根据工作要求自定义工作空间,如图 15-4 所示。

图 15-3　多种工作空间

AutoCAD 2012 工具栏包括 11 个菜单项,这些菜单包含了 AutoCAD 常用的功能和命令。

工具栏提供了更简便快捷的工具,只需左键单击工具栏上的工具按钮,就可使用大部分常用的功能。在 AutoCAD 2012 中,有 42 个已命名的工具栏,每个工具栏分别包含 2～20 个不等的工具。

状态栏位于 AutoCAD 2012 底部,它反映了此时的工作状态。当将光标置于绘图区域时,状态栏左边显示的是当前光标所在位置的坐标值,这个区域称为坐标显示区域。状态栏是指示并控制用户工作状态的按钮。用鼠标单击任意一个按钮均可切换当前的工作状态。当按钮被按下时表示相应的设置处于打开状态。

图 15-4　自定义用户界面

　　面板是一种特殊的选项板,用于显示与基于任务的工作空间相关联的按钮和控件。面板使用户无须显示多个工具栏,从而使得应用程序窗口更加整洁。因此,可以将可进行操作的区域最大化,使用单个界面来加快和简化工作。

　　工具选项板是"工具选项板"窗口中的选项卡形式区域,它们提供了一种用来组织、共享和放置块、图案填充及其他工具的有效方法。工具选项板还可以包含由第三方开发人员提供的自定义工具,如图 15-4 所示。

　　AutoCAD 2012 软件定义了功能键和控制键,在绘图过程中,用户可以使用这些键来切换当前的工作状态,提高工作效率。功能键和控制键的功能如表 15-1 所示。

表 15-1　功能键和控制键的功能

功能键盘	控制键	用　　途
F1		打开[帮助窗口]
F2		显示或隐藏[文本窗口]
F3	Ctrl + F	运行[捕捉设置]开关
F5	Ctrl + E	正等轴侧面的切换键
F6	Ctrl + D	坐标(Coords)显示模式的转换开关
F7	Ctrl + G	栅格(Grid)模式的转换开关

功能键盘	控制键	用　　途
F8	Ctrl + L	正交(Ortho)模式的转换开关
F9	Ctrl + B	栅格捕捉(Snap)模式的转换开关
F10		极轴开关
Esc		终止正在执行的命令,返回待命状态
	Ctrl + N	执行[新建]命令
	Ctrl + O	执行[打开]命令
	Ctrl + S	执行[存盘]命令
	Ctrl + P	执行[打印]命令
	Ctrl + Z	取消刚刚完成的上一个命令,与键入"U"(Undo)的命令相同
	Ctrl + Y	取消最后一次"Undo"命令,相当于执行"Redo"命令
	Ctrl + 1	打开[属性对话框]
	Ctrl + 2	打开[设计中心]
	Ctrl + 3	打开[工具栏管理]

　　绘图窗口是用户的工作平台。它相当于桌面上的图纸,操作者所做的一切工作都反映在该窗口中。绘图窗口包括绘图区、标题栏、控制菜单图标、控制按钮、滚动条和模型空间与布局标签等。

　　命令行窗口在 AutoCAD 绘图窗口和状态栏的中间。命令行是 AutoCAD 与用户进行交互对话的地方,它用于显示系统的信息以及用户输入信息。在实际操作中应仔细观察命令行所提示的信息。由于命令行窗口较小,不能容纳大量的文本信息,因此 AutoCAD 又提供了文本窗口,缺省时文本窗口是隐藏的,可以使用"F2"键来显示该窗口,如图 15 - 5 所示。

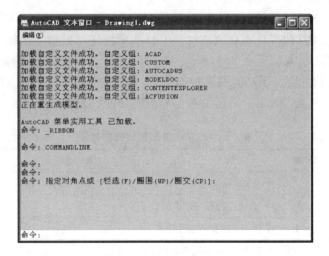

图 15 - 5　"命令"文本窗口

　　屏幕上的光标会根据其所在区域的不同而改变形状,在绘图区呈十字形状,十字光标主要用于在绘图区域标识拾取点和绘图点。还可以使用十字光标定位点、选择绘制对象。在绘图区以外光标呈白色箭头形状。

用户坐标系统图标显示的是图形方向。坐标系以 X、Y、Z 坐标为基础。AutoCAD 有一个固定的世界坐标系和一个活动的用户坐标系。查看显示在绘图区域左下角的 UCS 图标,可以了解 UCS 的位置和方向。

单击[模型]和[布局]标签可以在模型空间和图纸空间来回切换。在 AutoCAD 中,用户可以工作在模型空间和图纸空间中。一般情况下,先在模型空间创建和设计图形,然后创建布局以绘制和打印图纸空间中的图形。

第 2 节　基本操作

一、AutoCAD 2012 的启动

在正确安装 AutoCAD 2012 后,启动 AutoCAD 2012 软件有几种方法:一是从桌面的 AutoCAD 快捷方式启动;二是从开始菜单的程序组中 AutoCAD 2012 程序启动;三是从已有的 AutoCAD 文件启动。值得注意的是,安装后第一次启动时必须进行授权注册。进入 AutoCAD 2012 后,系统以默认模板建立一个空文档,默认文件名为 Drawing1.dwg,如图 15－6 所示。

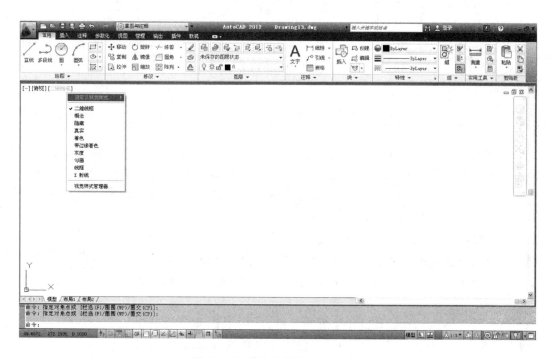

图 15－6　建立文档 Drawing1.dwg

二、绘图操作

AutoCAD 2012 提供了 3 种绘图方法,一是用鼠标单击工具栏上的按钮;二是从菜单栏中选择相应的命令;三是在命令窗口中输入命令进行绘图。这 3 种绘图方法所达到的目的是一样的,在选择菜单命令或单击工具按钮后,命令行中就会显示相应的命令。

初学绘图者一般使用鼠标单击工具栏上的按钮或从菜单栏中选择相应的命令进行绘图;

当熟悉操作环境后,可以直接在命令行中输入命令,这样有利于提高绘图速度。输入命令时,许多命令都有缩写式,输入一个或两个字母就代表了完整的命令名字,而且输入命令后可用空格代替回车。在熟悉了 AutoCAD 之后,就会感到这些快捷键很有用。命令的缩写文件放置在 AutoCAD 2012 安装目录下的 SUPPORT 文件夹中,文件名是 acad. pgp,在这里可以查找命令的缩写,还可以修改命令的缩写。表 15-2 中列出了常用命令的缩写。

表 15-2 常用命令的缩写

常用命令	缩写	常用命令	缩写	常用命令	缩写
直线(Line)	L	删除(Erase)	E	加长(Lengthen)	LEN
圆(Circle)	C	复制(Copy)	CO	移动(Move)	M
矩形(Rectang)	REC	偏移(Offset)	O	打断(Break)	BR
多边形(Polygon)	POL	多段线(Pline)	PL	填充(Bhatch)	H
圆弧(Arc)	A	修剪(Trim)	TR	旋转(Rotate)	RO
文字(Dtext)	DT	延伸(Extend)	EX	阵列(Array)	AR
镜像(Mirror)	MI	分解(Explode)	X	倒角(Chamfer)	CHA
圆角(Fillet)	F	放弃(Undo)	U	文字编辑(Ddedit)	ED
块定义(Blocl)	B	多线(Mline)	ML	射线(Xline)	XL
比例(Scale)	SC	拉伸(Stretch)	S	样条曲线(SPLine)	SPL
距离测量(Dist)	DI	文字编辑(Ddedit)	ED	特性匹配(Matchprop)	MA
图层管理器(Layer)	LA	尺寸样式管理器(Dimstyle)	D	文字样式管理器(Style)	ST
线性标注(Dimlinear)	DLI	连续标注(Dimcontinue)	DCO	基线标注(Dimbaseline)	DBA

在绘图窗口,AutoCAD 光标通常为十字形式,而当光标移出绘图区时,它就会变成一个箭头。不管鼠标是十字形式还是箭头形式,当进行鼠标操作时,都会执行相应的命令或动作。

在使用 AutoCAD 进行绘图时,有时会输入错误的命令或选项,如要取消当前正在执行的命令,可以使用"Esc"键取消当前命令的操作。

有时需要重复执行某个 AutoCAD 命令来完成设计任务。直接按回车键、空格键,或在绘图区域单击鼠标右键,并选择快捷菜单中的[重复××]命令,如图 15-7 所示,AutoCAD 就会重复执行所使用的最后一条命令。

在命令行中输入[MULTIPLE]并按回车键,然后根据命令行的提示,输入需要重复执行的命令。AutoCAD 会同样重复执行输入的命令,直到按"Esc"键结束。

若要放弃上一操作,可以单击[标准]工具栏中的[放弃]按钮,或在命令行中输入"U"并按回车键。可以输入任意次"U",每次后退一步,直到图形与当前编辑会话开始时一样为止。

如果某项操作不能放弃,AutoCAD 将显示该命令名但不执行任何其他操作。它不能放弃当前图形的外部操作,例如打印或写入文件。

在 AutoCAD 中,有些需要在对话框中执行的命令也可以被强制在

图 15-7 快捷菜单

命令行中执行,只需要在命令前加一个"－"(减号)就可以了。

命令行窗口是一个可以停靠也可以浮动的窗口,AutoCAD 在这里显示输入的命令和选项,并给出提示信息。在默认情况下,命令行窗口中只显示以前的两行命令提示,向上拖动窗口的边界就可以多显示几行文本。命令行窗口显示当前所编辑图形的命令状态和命令历史。如果打开了多个图形,在图形之间进行切换时,命令行窗口所显示的命令状态和命令历史也会进行相应的切换。

三、保存和退出

AutoCAD 2012 系统可以保存的图形文件类型有:图形文件(.dwg)、模板文件(.dwt)、图形标准(.dws)、图形交换文件(.dxf)。在保存文件时还应该注意 AuotCAD 的版本,不同的版本所保存的文件格式亦不同,高版本能读取低版本的文件,反之则不行。

创建或编辑完图形后要保存图形文件,方法有 3 种:一是可以单击[快速访问]工具栏中的[保存]按钮;二是在命令行窗口中输入"Qsave"并按回车键,这时会弹出[图形另存为]对话框,输入文件保存的路径和名称,单击[保存]按钮;三是同时按 Shift + Ctrl + S 三键,操作方法与其他 Windows 应用软件相同,这里不赘述。

退出 AutoCAD 2012 常用方法有 3 种:一是单击标题栏右侧的[关闭]按钮;二是打开窗口左上角的 AutoCAD 2012 标志菜单,选择[退出 AutoCAD 2012]命令;三是在命令行中键入"Exit"或"Quit"。

第 3 节　　绘图与编辑

一、作图的一般原则

(1)作图步骤:设置图幅、单位、图层、绘图环境,开始绘图。

(2)在模型空间绘图,并始终用 1:1 的比例,打印时可在图纸空间内设置打印比例。

(3)为不同类型的图元对象设置不同的图层、颜色及线宽。

(4)作图时,应随时注意命令提示行,根据提示决定下一步动作,这样可以有效地提高绘图效率和减少误操作。

(5)精确绘图时,可使用栅格捕捉功能,并设置适当的栅格捕捉间距。

(6)可以在模型空间绘图,在图纸空间绘制图框及标题栏,在图纸空间打印。

(7)可将一些常用设置,如图层、标注样式、文字样式、多线样式、栅格捕捉等内容设置在一图形样板文件中(即另存为 *.dwt),以后使用此模板来创建新的绘图文件,并开始绘图。

二、制作一个绘图模板

AutoCAD 是一个通用的绘图软件,可以绘制出各类图形,如机械类、建筑类、电子类等。用 AutoCAD 绘图软件进行绘图工作,就要根据所绘图形的类别,对系统作一些特殊的设置,为绘图提供一个良好的环境,并把这些设置保存到一个模板文档中,以便日后使用。下面介绍适用于建筑类的、图幅为 A3、标注比例为 1:100 的系统设置的基本做法。

(一)新建文档

设置系统参数 STARTUP 值为 1,用新建(NEW)命令创建一个新文档,并进行设置。

命令:STARTUP

输入 STARTUP 的新值 <0>:1

命令:NEW

显示如图 15-8 所示的[创建新图形]对话框,对话框中有 4 个选择按钮:打开图形、从草图开始、使用模板、使用向导。用户可以通过不同的方式创建新图形文件。将光标悬停于任一选择按钮上时,屏幕会显示出该选择按钮的用法。

单击[使用向导]按钮及[高级设置]选项。

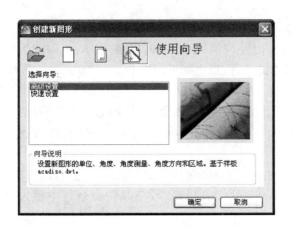

图 15-8　[创建新图形]对话框

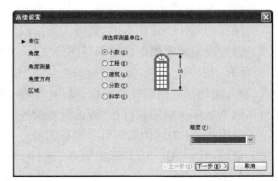

图 15-9　[高级设置]对话框(一)

单击[确定]按钮,显示如图 15-9 所示的[高级设置]对话框,选取[小数(D)]作为测量单位,设置[精度(P)]为 0。

单击[下一步]按钮,显示如图 15-10 所示的对话框,选取角度单位为[度/分/秒(S)],设置[精度(P)]为 0d。

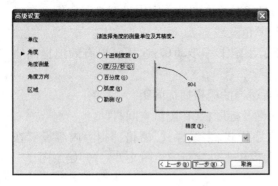

图 15-10　[高级设置]对话框(二)

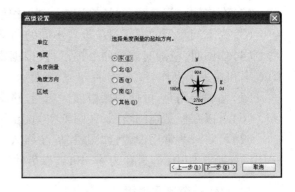

图 15-11　[高级设置]对话框(三)

单击[下一步]按钮,显示如图 15-11 所示的对话框,选取[东(E)]为测量的起始方向。

单击[下一步]按钮,显示如图 15-12 所示的对话框,选取[逆时针(O)]为角度测量的正方向。

单击[下一步]按钮,显示如图 15-13 所示的对话框,当设置 A3 图幅时,则修改[宽度(W)]为 42000,[长度(L)]为 29700,然后单击[完成]按钮。

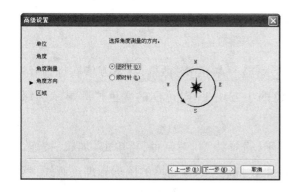

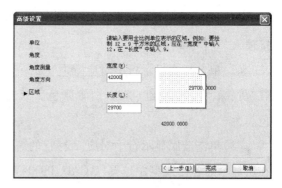

图 15 - 12　［高级设置］对话框（四）　　　　　图 15 - 13　［高级设置］对话框（五）

（二）设置图层

图层就像是透明的蜡纸，运用它可以很好地组织不同类型的图形信息。图层的特性包括颜色、线型和线宽等。任何图形对象都是绘制在图层上的。同一图层的图形对象具有相同的特性。可以用图层将图形中的对象分组，同时用不同的颜色、线型和线宽识别不同的对象。

按表 15 - 3 图层设置规定设置图层、颜色、线型和线宽，并设定线型比例。

表 15 - 3　图层设置

图层名称	颜色（颜色号）	线型	线宽	用途
0	白(7)	实线 CONTINUOUS	0.50	粗实线用
1	红(1)	实线 CONTINUOUS	0.13	细实线、尺寸标注及字体用
2	青(4)	实线 CONTINUOUS	0.25	中实线用
3	绿(3)	点画线 ISO04W100	0.13	
4	黄(2)	虚线 ISO02W100	0.13	

命令：LAYER（LA）

显示如图 15 - 14 所示的［图层特性管理器］对话框。下面以建筑 - 轴线图层为例，说明其设置方法：

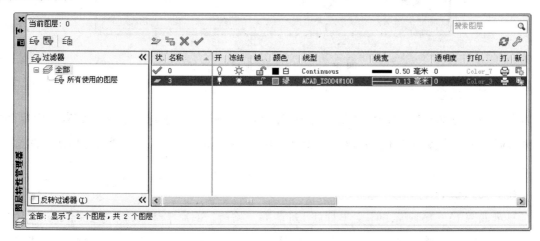

图 15 - 14　［图层特性管理器］对话框

（1）单击［新建］按钮，在对话框中产生蓝底显示的行，在蓝底显示行中的［图层1］部分直接输入"3"。

（2）单击蓝底显示行中对应［颜色］的一栏，显示［选择颜色］对话框，其下方依次排列有：红、黄、绿、青、蓝、粉红（紫）、白等颜色。双击绿色的小方块，原对话框的颜色栏即显示为绿色。

（3）单击蓝底显示行中对应［线型］的一栏，显示［选择线型］对话框，再单击［加载］按钮，在所显示的各种线型中选择［ACAD_ISO04W100—ISO long – dash dot］的国际标准点画线，然后单击［确定］按钮，原对话框即设定了该线型。

（4）单击蓝底显示行中对应［线宽］的一栏，显示［线宽］对话框，选取［0.13 毫米］，单击［确定］按钮，则"图层3"设定完毕。

命令：LINETYPE(LT)

显示如图15 – 15 所示的［线型管理器］对话框，修改［全局比例因子（G）］为35，单击［确定］按钮。

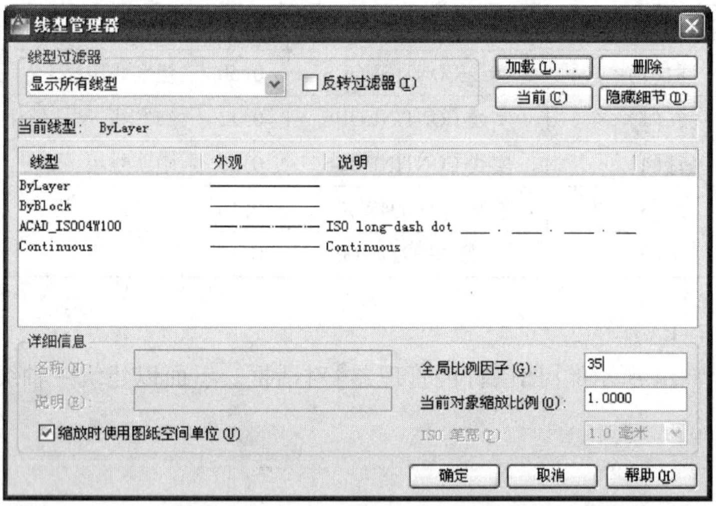

图15 – 15　［线型管理器］对话框

（三）设置文字样式

AutoCAD 提供了多种字体，根据国家标准，gbenor. shx 字体适合显示数字及英文符号，大字体 gbcbig. shx 字体适合于显示汉字。用文字样式（STYLE）命令可以设置出一种适合的文字样式。

命令：STYLE(ST)

显示如图15 – 16 所示的［文字样式］对话框。修改［SHX 字体（X）］为 gbenor. shx，勾选"使用大字体（U）"选项，并修改［大字体（B）］为 gbcbig. shx，最后单击［应用］按钮，完成字体样式设置。

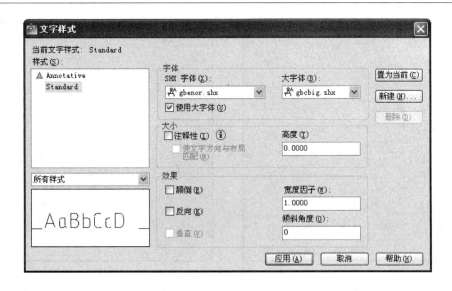

图 15 - 16　[文字样式]对话框

（四）设置标注样式

用标注样式（DIMSTYLE）命令,按建筑类的国家标准设置标注样式。

命令:DIMSTYLE(D)

显示如图 15 - 17 所示的[标注样式管理器]对话框。

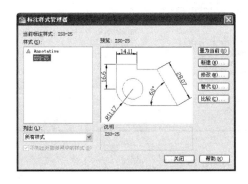

图 15 - 17　[标注样式管理器]对话框

图 15 - 18　[创建新标注样式]对话框

单击[新建(N)…]按钮,显示[创建新标注样式]对话框,输入新的样式名"建筑",如图 15 - 18 所示。

单击[继续]按钮,按国家标准修改有关的项目,如图 15 - 19 所示,单击[线]选项卡,修改 [基线间距(A):]为 8,[超出尺寸线(X):]为 2,[起点偏移量(F):]为 3。

单击[符号和箭头]选项卡,如图 15 - 20 所示,修改 [箭头大小(I):]为 1.5,[圆心标记] 为 2.5。

单击[文字]选项卡,如图 15 - 21 所示,修改 [文字样式(Y):]为 Standard,[文字高度 (T):]为 3.5,[垂直(V):]为外部,[水平(Z):]为居中,[从尺寸线偏移(O):]为 1。

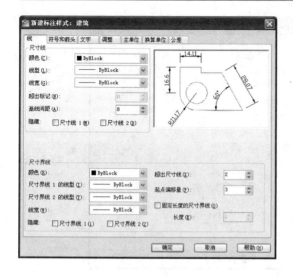

图 15-19　[线]选项卡

图 15-20　[符号和箭头]选项卡

图 15-21　[文字]选项卡

图 15-22　[调整]选项卡

单击[调整]选项卡,如图 15-22 所示,选择[调整选项(F)]为文字始终保持在尺寸界线之间,选择[文字位置]为尺寸线上方,不带引线,设置[使用全局比例(S):]为 100。

单击[主单位]选项卡,如图 15-23 所示,修改线性标注的[精度(P):]为 0,修改角度标注的[单位格式(A):]为度/分/秒。

修改完毕,单击[确定]按钮,返回图 15-17[标注样式管理器]窗口。一张图纸中会有不同比例绘制的图形,如平面图比例为 1:100,详图比例为 1:20 等,这时一个尺寸标注样式不能同时标注两种比例,要建立

图 15-23　[主单位]选项卡

不同样式以满足要求。以比例 1∶20 为例,在"建筑"标注样式的基础上建立新样式。

单击[新建(N)…]按钮,显示[创建新标注样式]对话框,输入新的样式名:"建筑 1B20",选择[基础样式(S)]为"建筑",如图 15 - 24 所示。

图 15 - 24　创建"建筑 1B20"标注样式

图 15 - 25　修改比例因子

单击[继续]按钮,显示如图 15 - 25 所示。单击[主单位]选项卡,修改测量单位比例。如果标注比例为 1∶100,则修改[比例因子(E):]为 1,如果标注比例为 1∶20,则修改[比例因子(E):]为 20/100,如此类推。修改完毕后,单击[确定]按钮,并关闭标注样式管理器。

(五)设置页面

单击状态栏中的[布局 1],切换到图纸空间,右键单击[布局 1],选择[页面设置管理器],如图 15 - 26 所示。

单击[修改(M)…]按钮,显示[页面设置-布局 1]对话框,如图 15 - 27 所示。打印设备设置为系统配置的打印机,本例设置打印机为 DWF6 ePlot. pc3;单击[特性(R)]按钮,显示[绘图仪配置编辑器]对话框,如图 15 - 28 所示,选择[修改标准图纸尺寸(可打印区域)],选择一个 A3 的图幅(ISO A3 420 × 297),单击[修改(M)…]按钮,显示[自定义图纸尺寸-可打印区域]对话框,如图 15 - 29 所示,将边界值全部修改为 0,单击[下一步(N) >]按钮,然后单击[完成]按钮、[确定]按钮;如果使用单色打印,可在图 15 - 25 所示的对话框中指定打印样式表为 monochrome.

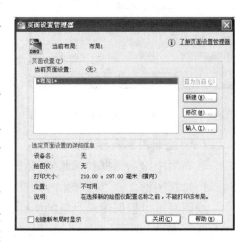

图 15 - 26　页面设置管理器

ctb;修改[打印比例]为 1∶100;修改[打印范围]为布局;单击[确定]按钮。关闭[页面设置管理器]对话框。

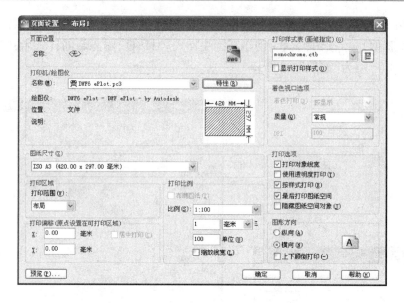

图 15 - 27　［页面设置 - 布局1］对话框

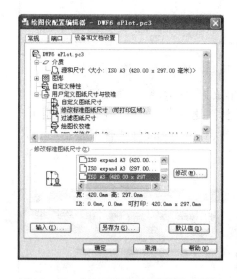

图 15 - 28　［绘图仪配置编辑器］对话框

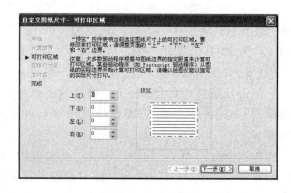

图 15 - 29　［自定义图纸尺寸 - 可打印区域］对话框

（六）绘制图框和标题栏

在布局中绘画图框和标题栏,标题栏如图 15 - 30 所示。

1.绘制图框

绘图时可以根据图形对象的特性,设置某一图层为当前层,然后绘制图形对象。设置当前层为"0":单击［图层］工具栏的［图层控制］按钮,单击"0",如图 15 - 31 所示。

用矩形（RECTANG）命令绘制矩形图案,如图框等。

命令:RECTANG（REC）

指定第一个角点或［倒角（C）/标高（E）/圆角（F）/厚度（T）/宽度（W）］:2500,500（输入第一点坐标）

指定另一个角点或［尺寸（D）］:39000,28700（输入第二点坐标）

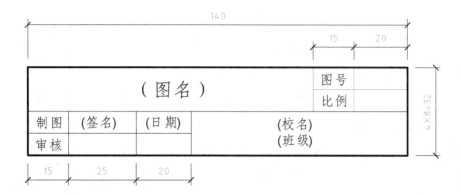

图 15 - 30　标题栏

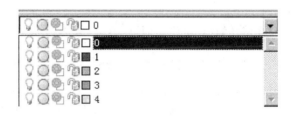

图 15 - 31　设置当前层

2.绘制标题栏

(1)用直线(LINE)命令绘制左边线和上边线。

命令:LINE (L)

指定第一点:27500,500(输入第一点坐标)

指定下一点或［放弃(U)］:3200(光标垂直向上,输入下一点距离)

指定下一点或［放弃(U)］:14000(光标水平向右,输入下一点距离)

指定下一点或［闭合(C)/放弃(U)］:(回车,结束命令)

(2)用拉伸(STRECTH)命令复制标题栏内的直线。

命令:(单击标题栏的上边线,上边线显示出三个蓝点,单击中间点,中间点变成红点)

＊＊拉伸＊＊

指定拉伸点或［基点(B)/复制(C)/放弃(U)/退出(X)］:C(输入 C,选择复制)

＊＊拉伸(多重)＊＊

指定拉伸点或［基点(B)/复制(C)/放弃(U)/退出(X)］:800(鼠标垂直向下移,输入距离 800)

＊＊拉伸(多重)＊＊

指定拉伸点或［基点(B)/复制(C)/放弃(U)/退出(X)］:1600(鼠标垂直向下移,输入距离 1600)

＊＊拉伸(多重)＊＊

指定拉伸点或［基点(B)/复制(C)/放弃(U)/退出(X)］:2400(鼠标垂直向下移,输入距离 2400)

＊＊拉伸(多重)＊＊

指定拉伸点或［基点(B)/复制(C)/放弃(U)/退出(X)］:(回车,结束命令)

命令:(单击标题栏的左边线,左边线显示出三个蓝点,单击中间点,中间点变成红点)

拉伸

指定拉伸点或[基点(B)/复制(C)/放弃(U)/退出(X)]:C(输入C,选择复制)

拉伸(多重)

指定拉伸点或[基点(B)/复制(C)/放弃(U)/退出(X)]:1500(鼠标水平向右移,输入距离1500)

拉伸(多重)

指定拉伸点或[基点(B)/复制(C)/放弃(U)/退出(X)]:4000(鼠标水平向右移,输入距离4000)

拉伸(多重)

指定拉伸点或[基点(B)/复制(C)/放弃(U)/退出(X)]:6000(鼠标水平向右移,输入距离6000)

拉伸(多重)

指定拉伸点或[基点(B)/复制(C)/放弃(U)/退出(X)]:10500(鼠标水平向右移,输入距离10500)

拉伸(多重)

指定拉伸点或[基点(B)/复制(C)/放弃(U)/退出(X)]:12000(鼠标水平向右移,输入距离12000)

拉伸(多重)

指定拉伸点或[基点(B)/复制(C)/放弃(U)/退出(X)]:(回车,结束命令)

(3)用修剪(TRIM)命令,修剪多余的线段。

命令:TRIM(TR)

当前设置:投影 = UCS,边 = 无

选择剪切边……

选择对象:(回车,相当于选择所有对象为剪切边)

选择要修剪的对象,或按住 Shift 键选择要延伸的对象,或[投影(P)/边(E)/放弃(U)]:(光标由右向左拖动,框选图 15-32 所示的点 F 到点 A)

选择要修剪的对象,或按住 Shift 键选择要延伸的对象,或[投影(P)/边(E)/放弃(U)]:(光标由右向左拖动,框选图 15-32 所示的点 H 到点 I)

选择要修剪的对象,或按住 Shift 键选择要延伸的对象,或[投影(P)/边(E)/放弃(U)]:(回车,结束命令)

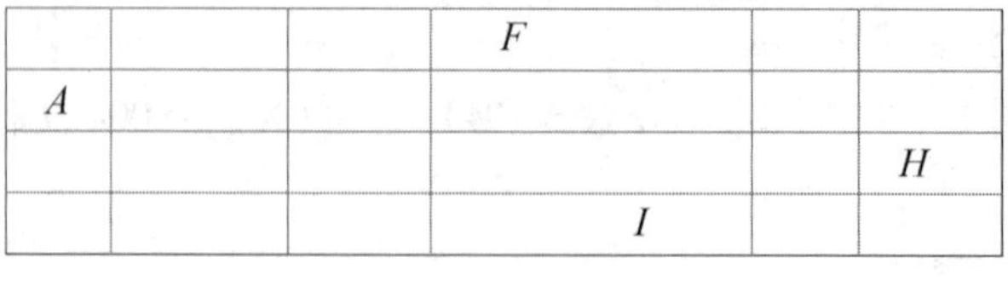

			F		
A					
					H
			I		

图 15-32　标题栏编辑

使用修剪(TRIM)命令时,应注意选择修剪对象的顺序,顺序不当会造成有些对象无法修剪,当对象不能修剪时,可用删除命令(E)删去。

3.写文本

用文本(MTEXT)命令写文本。

命令:MTEXT

当前文字样式:"Standard"　当前文字高度:3

指定第一角点:(单击单元格的左下角)

指定对角点或[高度(H)/对正(J)/行距(L)/旋转(R)/样式(S)/宽度(W)]:(单击单元格的右上角)

显示文本填写对话框,改变字体高度为 500,输入文字:制图,单击[确定],完成文字输入,如图 15-33 所示,同理输入其他文本。

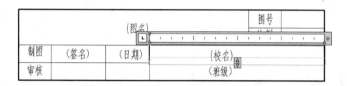

图 15-33　标题栏文字输入

以上操作的对象属于 0 层,而标题栏内线段及文字应属于 1 层,要将这些对象转换到 1 层。选择标题栏内的线段及文字(选择对象时有 3 种方法:一是单击某对象;二是拖动鼠标从左向右包围整个对象;三是拖动鼠标从右向左接触对象;对象被选中时将显示 3 个蓝点),单击图层控制工具,在所显示的图层中单击 1 层,选定的对象则被转换到 1 层上。

将布局 1 重命名为 A3,方法:鼠标右键单击布局 1,选择[重命名],输入"A3",按回车键即完成。

保存文件,保存位置:Template,文件名:建筑模板,文件类型:AutoCAD 图形样板(∗.dwt)。

三、绘制一张平面图

现以图 15-34 为例,介绍绘制建筑平面图的一般步骤。

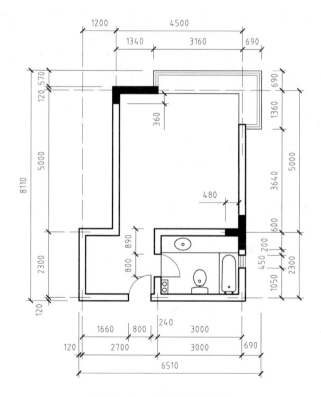

图 15-34　某建筑的平面图

（一）新建图形文件

用新建（NEW）命令建立一个以"建筑模板. dwt"为模板的文档,如图 15 - 35 所示。

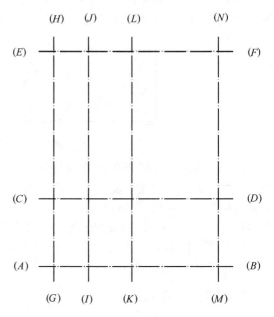

图 15 - 35　使用建筑模板创建新文档　　　　　图 15 - 36　绘制轴线

在模型空间中绘制图样时,不论图纸的比例是多少,都以 1∶1 的比例绘图。

（二）绘制轴线

用直线命令和偏移命令绘制轴线,如图 15 - 36 所示。设置当前层为 3 层,由于轴线是互相垂直的,所以按 F10 键打开极轴追踪方式。下面开始绘图。

命令:LINE（L）

指定第一点:（指定点 A）

指定下一点或［放弃（U）］:（指定点 B）

指定下一点或［放弃（U）］:（回车,得 AB 线）

命令:OFFSET（O）

指定偏移距离或［通过（T）］〈通过〉:2300

选择要偏移的对象或〈退出〉:（选择 AB 线）

指定点以确定偏移所在一侧:（鼠标移至 AB 的上方,单击左键）

选择要偏移的对象或〈退出〉:（回车,得 CD 线）

命令:OFFSET（O）

指定偏移距离或［通过（T）］〈2300〉:5000

选择要偏移的对象或〈退出〉:（选择 CD 线）

指定点以确定偏移所在一侧:（鼠标移至 CD 的上方,单击左键）

选择要偏移的对象或〈退出〉:（回车,得 EF 线）

命令:LINE（L）

指定第一点:（指定点 G）

指定下一点或［放弃(U)］:(指定点 *H*)

指定下一点或［放弃(U)］:(回车,得 *GH* 线)

命令:OFFSET(O)

指定偏移距离或［通过(T)］〈5000〉:1200

选择要偏移的对象或〈退出〉:(选择 *GH* 线)

指定点以确定偏移所在一侧:(鼠标移至 *GH* 的右方,单击左键)

选择要偏移的对象或〈退出〉:(回车,得 *IJ* 线)

命令:OFFSET(O)

指定偏移距离或［通过(T)］〈1200〉:1500

选择要偏移的对象或〈退出〉:(选择 *IJ* 线)

指定点以确定偏移所在一侧:(鼠标移至 *IJ* 的右方,单击左键)

选择要偏移的对象或〈退出〉:(回车,得 *KL* 线)

命令:OFFSET(O)

指定偏移距离或［通过(T)］〈1500〉:3000

选择要偏移的对象或〈退出〉:(选择 *KL* 线)

指定点以确定偏移所在一侧:(鼠标移至 *KL* 的右方,单击左键)

选择要偏移的对象或〈退出〉:(回车,得 *MN* 线)

完成轴线绘制。

(三)绘制墙

用多线(MLINE)命令绘制墙。在 AutoCAD 2012 系统中,有一个标准的多线样式,当标准的多线样式不适合使用时,用户可以通过多线样式(MULTILINE STYLE)命令设置多线样式。根据建筑图的特点,可以设置两个多线样式,一个用于绘制墙,一个用于绘制窗。打开［格式］菜单,选择［多线样式］,填写［多线样式］对话框,如图 15-37a 所示。单击［新建］按钮,新样式名为:WALL,单击［继续］按钮,显示［新建多线样式］对话框,如图 15-37b 所示,端口的起点和终点选取直线,单击［确定］按钮。将 WALL 置为当前样式,单击［确定］按钮,完成绘制墙用的多线样式的设置。

(a)

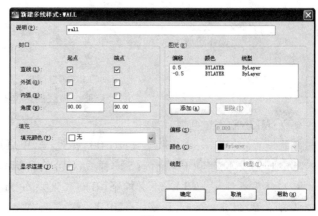
(b)

图 15-37 多线样式设置

用同样的方法,设置绘制窗用的多线样式,名称为:WINDOW ,窗为四条平行线,偏移量分别为:0.5、0.167、-0.167、-0.5,如图15-38所示。在制作模板时,加上多线样式,这样模板就更好用了。

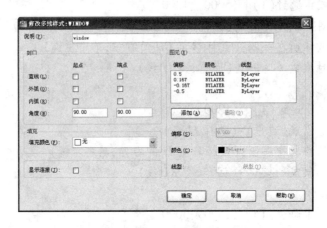

图15-38　增加多线样式

设置当前层为建筑-墙。

用多线(MLINE)命令时,要指定起点位置,起点的定位方式有3种,如图15-39所示。

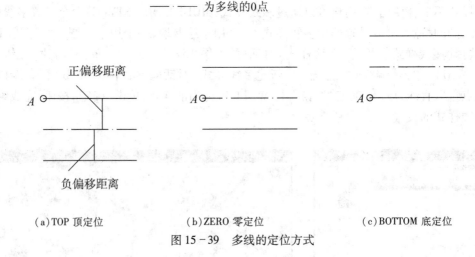

A点为多线的起点定位点

——·—— 为多线的0点

正偏移距离

负偏移距离

(a)TOP 顶定位　　　　　(b)ZERO 零定位　　　　　(c)BOTTOM 底定位

图15-39　多线的定位方式

命令:MLINE(ML)
当前设置:对正 = 上,比例 = 20.00,样式 = WALL
指定起点或[对正(J)/比例(S)/样式(ST)]:J(选择定位方式)
输入对正类型[上(T)/无(Z)/下(B)]〈上〉:Z(选择零定位)
当前设置:对正 = 无,比例 = 20.00,样式 = WALL
指定起点或[对正(J)/比例(S)/样式(ST)]:S(选择比例)
输入多线比例〈20.00〉:240(比例为240)
当前设置:对正 = 无,比例 = 1.00,样式 = WALL

指定起点或［对正(J)/比例(S)/样式(ST)］:(鼠标移到交点 *A*,悬停于点 *A*,向点 *A* 的正左方移动,输入 1040,回车,即从点 *A* 向左偏移 1040 开始绘制墙)

指定下一点:(指定点 *C*)

指定下一点或［放弃(U)］:(指定点 *D*)

指定下一点或［闭合(C)/放弃(U)］:(指定点 *E*)

指定下一点或［闭合(C)/放弃(U)］:(指定点 *F*)

指定下一点或［闭合(C)/放弃(U)］:(指定点 *G*)

指定下一点或［闭合(C)/放弃(U)］:(回车,得几段墙线)

命令:MLINE(ML)

当前设置:对正 = 无,比例 = 240,样式 = WALL

指定起点或［对正(J)/比例(S)/样式(ST)］:(鼠标移到点 *H*,悬停于点 *H*,再向点 *H* 的正下方移动,输入 1200,回车,即从点 *H* 向下偏移 1200 开始绘制墙)

指定下一点:(指定点 *J*)

指定下一点或［放弃(U)］:800(鼠标移至点 *J* 的正下方,输入 800)

指定下一点或［闭合(C)/放弃(U)］:(回车,得 *IK* 墙)

命令:MLINE(ML)

当前设置:对正 = 无,比例 =240,样式 = WALL

指定起点或［对正(J)/比例(S)/样式(ST)］:(鼠标移到点 *K*,悬停于点 *K*,再向点 *K* 的正下方移动,输入 450,回车,即从点 *K* 向下偏移 450 开始绘制墙)

指定下一点:(指定点 *M*)

指定下一点或［放弃(U)］:(指定点 *A*)

指定下一点或［闭合(C)/放弃(U)］:240(鼠标移至点 *A* 的正左方,输入 240)

指定下一点或［闭合(C)/放弃(U)］:(回车)

命令:MLINE

当前设置:对正 = 无,比例 = 240,样式 = WALL

指定起点或［对正(J)/比例(S)/样式(ST)］:

指定下一点:(指定点 *J*)

指定下一点或［放弃(U)］:(指定点 *P*)

指定下一点或［放弃(U)］:(鼠标移至点 *P* 的正下方,输入 770,即:890 - 120 =770,得 *JPO* 墙)

命令:MLINE

当前设置:对正 = 无,比例 =240,样式 =WALL

指定起点或［对正(J)/比例(S)/样式(ST)］:(鼠标移到点 *O*,悬停于点 *O*,再向点 *O* 的正下方移动,输入 800,回车,这就是从点 *O* 向下偏移 800 开始绘制墙)

指定下一点:(指定点 *A*)

指定下一点或［放弃(U)］:(回车,完成绘制墙,结果如图 15 - 40 所示)

用多线编辑(MLEDIT)命令编辑墙的接口。

命令:MLEDIT(显示［多线编辑工具］对话框,如图

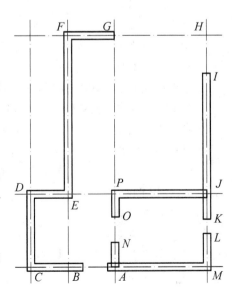

图 15 - 40　绘制墙

图 15-41 [多线编辑工具]对话框

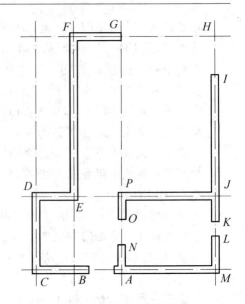

图 15-42 多线编辑

15-41 所示,选择其中一种接口形式,本例单击[T形打开])

选择第一条多线:(选择 PJ 墙)

选择第二条多线:(选择 IK 墙)

选择第一条多线 或 [放弃(U)]:(选择 NA 墙)

选择第二条多线:(选择 AM 墙)

选择第一条多线 或 [放弃(U)]:(回车,结果如图 15-42 所示)

(四)绘制柱子

设置当前层为 0 层。打开极轴追踪方式,用宽度为 240 的多段线(PLINE)命令绘制柱子。

命令:PLINE

指定起点:(选择点 G)

当前线宽为 0

指定下一点或 [圆弧(A)/闭合(C)/半宽(H)/长度(L)/放弃(U)/宽度(W)]:W

指定起点宽度〈0〉:240

指定端点宽度〈240〉:(回车)

指定下一点或 [圆弧(A)/闭合(C)/半宽(H)/长度(L)/放弃(U)/宽度(W)]:(选择点 F)

指定下一点或 [圆弧(A)/闭合(C)/半宽(H)/长度(L)/放弃(U)/宽度(W)]:600(鼠标下移,输入 600)

指定下一点或 [圆弧(A)/闭合(C)/半宽(H)/长度(L)/放弃(U)/宽度(W)]:(回车)

命令:PLINE

指定起点:(选择点 J)

当前线宽为 240

指定下一点或 [圆弧(A)/闭合(C)/半宽(H)/长度(L)/放弃(U)/宽度(W)]:600(鼠标上移,输入 600)

指定下一点或 [圆弧(A)/闭合(C)/半宽(H)/长度(L)/放弃(U)/宽度(W)]:(回车)

命令:PLINE

指定起点:(选择点 J)

当前线宽为 240

指定下一点或［圆弧(A)/闭合(C)/半宽(H)/长度(L)/放弃(U)/宽度(W)］:600(鼠标下移,输入 600)

指定下一点或［圆弧(A)/闭合(C)/半宽(H)/长度(L)/放弃(U)/宽度(W)］:(回车)

命令:PLINE

指定起点:(选择点 J)

当前线宽为 240

指定下一点或［圆弧(A)/闭合(C)/半宽(H)/长度(L)/放弃(U)/宽度(W)］:600(鼠标左移,输入 600)

指定下一点或［圆弧(A)/闭合(C)/半宽(H)/长度(L)/放弃(U)/宽度(W)］:(回车,结果如图 15－43 所示)

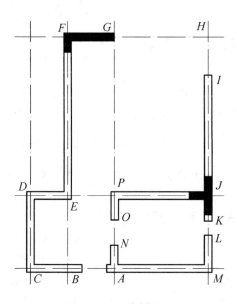

图 15－43　绘制柱子

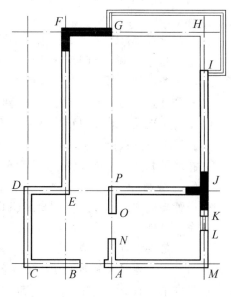

图 15－44　绘制窗

(五)绘制窗

用多段线(PLINE)命令和偏移命令绘制外飘窗。打开极轴追踪方式,设置当前图层为 1 层。

命令:PLINE

指定起点:(选择点 G 处墙线上端点)

当前线宽为 0

指定下一点或［圆弧(A)/闭合(C)/半宽(H)/长度(L)/放弃(U)/宽度(W)］:410(鼠标上移,输入 410)

指定下一点或［圆弧(A)/闭合(C)/半宽(H)/长度(L)/放弃(U)/宽度(W)］:3530(鼠标右移,输入 3530)

指定下一点或［圆弧(A)/闭合(C)/半宽(H)/长度(L)/放弃(U)/宽度(W)］:1730(鼠标下移,输入 1730)

指定下一点或［圆弧(A)/闭合(C)/半宽(H)/长度(L)/放弃(U)/宽度(W)］:410(鼠标左移,输入410)

指定下一点或［圆弧(A)/闭合(C)/半宽(H)/长度(L)/放弃(U)/宽度(W)］:(回车)

命令:OFFSET

指定偏移距离或［通过(T)］〈通过〉:80

选择要偏移的对象或〈退出〉:(选择 PLINE 绘制的多段线)

指定点以确定偏移所在一侧:(鼠标外移,单击左键)

选择要偏移的对象或〈退出〉:(选择偏移后得到的多段线)

指定点以确定偏移所在一侧:(鼠标外移,单击左键)

选择要偏移的对象或〈退出〉:(回车)

用多段线(PLINE)命令绘制外飘窗内侧线,将内线和外线修改为0层对象,完成外飘窗绘制,如图15－44所示。

用多线(MLINE)命令绘制窗。

命令:MLINE

当前设置:对正 ＝ 无,比例 ＝ 240.00,样式 ＝ WALL

指定起点或［对正(J)/比例(S)/样式(ST)］:ST

输入多线样式名或［?］:WINDOW

当前设置:对正 ＝ 无,比例 ＝ 240.00,样式 ＝ WINDOW

指定起点或［对正(J)/比例(S)/样式(ST)］:(选择点 K)

指定下一点:(选择点 L)

指定下一点或［放弃(U)］:(回车,结果如图15－44所示)

(六)绘制门

设置当前图层为2层。用直线(LINE)命令和圆弧(ARC)命令绘制门。

命令:LINE

指定第一点:(选择点 N)

指定下一点或［放弃(U)］:800(鼠标右移,输入门宽为800)

指定下一点或［放弃(U)］:(回车)

设置当前层为1层。

命令:ARC

指定圆弧的起点或［圆心(C)］:(选择门的点 N)

指定圆弧的第二点或［圆心(C)/端点(E)］:E(选择端点方式)

指定圆弧的端点:(选择点 O)

指定圆弧的圆心或［角度(A)/方向(D)/半径(R)］:(选择点 N,完成一扇门)

用同样的方式完成另一扇门,结果如图15－45所示。

(七)绘制洁具

设置当前层为2层。洁具都是标准件,在 AutoCAD 的图库中已绘有,但所用的单位为英制,不适用于公制的图纸。本例是在《房屋建筑制图标准配套光盘》中找出台式洗脸盆、浴盆和坐式大便器,并把这些洁具"复制/粘贴"到平面图中,用移动(MOVE)命令把洁具摆放在适当的位置,如图15－46所示。

用圆(CIRCLE)命令绘制排水口。平面图绘制完毕,保存文档。

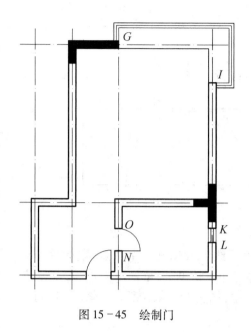

图 15-45　绘制门

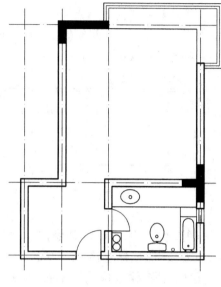

图 15-46　绘制洁具

四、绘制一张立面图

现以图 15-47 为例,介绍绘制建筑立面图的一般步骤。

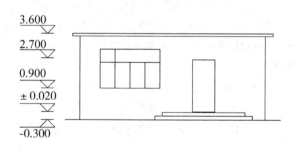

图 15-47　某建筑立面图

（一）绘制轮廓线

设置当前层为 0 层,打开极轴追踪方式。用直线（LINE）命令绘制轮廓线。

命令:LINE(L)

指定第一点:(选择起始点)

指定下一点或［放弃(U)］:3800(鼠标上移,输入 3800)

指定下一点或［放弃(U)］:300(鼠标左移,输入 300)

指定下一点或［闭合(C)/放弃(U)］:100(鼠标上移,输入 100)

指定下一点或［闭合(C)/放弃(U)］:8000(鼠标右移,输入 8000)

指定下一点或［闭合(C)/放弃(U)］:100(鼠标下移,输入 100)

指定下一点或［闭合(C)/放弃(U)］:300(鼠标左移,输入 300)

指定下一点或［闭合(C)/放弃(U)］:3800(鼠标下移,输入 3800)

指定下一点或［闭合(C)/放弃(U)］:C(回车,得外轮廓线)

命令:LINE(L)

指定第一点:(选择点 A)

指定下一点或［放弃(U)］:(选择点 B)

指定下一点或［放弃(U)］:(回车,结果如图 15－48a 所示)

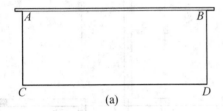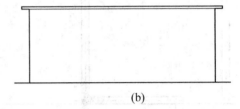

(a)　　　　　　　　　　　　　　(b)

图 15－48　绘制外轮廓

用夹点(STRETCH)命令拉伸地平线。鼠标单击地平线 CD,出现 3 个蓝点,鼠标单击点 C,点 C 变红,鼠标左移,输入 600,回车后,地平线向左延伸 600 单位;鼠标单击点 D,点 D 变红,鼠标右移,输入 600,回车后,地平线向右延伸 600 单位,如图 15－48b 所示。修改 AB 的图层为 2 层, CD 的线宽为 0.7mm。

(二)绘制门框及窗框

设置当前层为 2 层,用矩形(RECTANGLE)命令绘制门框和窗框。

命令:RECTANGLE(REC)

指定第一个角点或［倒角(C)/标高(E)/圆角(F)/厚度(T)/宽度(W)］:(单击［对象捕捉］工具栏中的［捕捉自］工具,单击点 D)_FROM 基点:〈偏移〉:@ －2000,300

指定另一个角点:@ －900,2000(回车,绘制出门框)

命令:RECTANG(REC)

指定第一个角点或［倒角(C)/标高(E)/圆角(F)/厚度(T)/宽度(W)］:(单击［对象捕捉］工具栏中的［捕捉自］工具,单击点 C) _FROM 基点:〈偏移〉:@800,900

指定另一个角点或［尺寸(D)］:@2400,1500(回车,绘制出窗框,结果如图 15－49 所示)

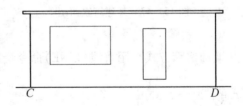

图 15－49　绘制门框及窗框

(三)绘制窗线

设置当前层为 1 层,用分解(EXPLODE)命令分解窗框;用等分(DIVIDE)命令等分窗框,得到等分点;用直线(LINE)命令绘制窗内框。

命令:EXPLODE(X)

选择对象:(选择窗框)

选择对象:(回车)

命令:DIVIDE(DIV)

选择要定数等分的对象:(选择窗框底边)

输入线段数目或［块(B)］:4(分为 4 份)

命令:DIDIVE(DIV)

选择要定数等分的对象:(选择窗框左边)

输入线段数目或［块(B)］:3(分为 3 份)

窗框线被等分后,得到等分点,但等分点不明显,可以通过设定"点形式"来显示这些等分点。

命令:DDPTYPE(DDP)

显示[点样式]对话框,如图 15－50 所示,选择一种明显的点样式,单击[确定]。

设置当前层为 1 层,用直线(LINE)命令绘制窗内框,画出门前台阶,结果如图 15－51 所示。

图 15－50　[点样式]对话框

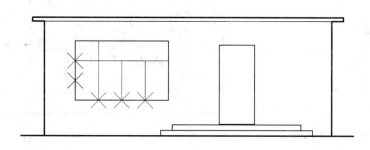

图 15－51　绘制窗门线

五、绘制一张剖面图

如图 15－52 所示是一楼梯的剖面图。绘制这样的图形可以分 3 个步骤进行。

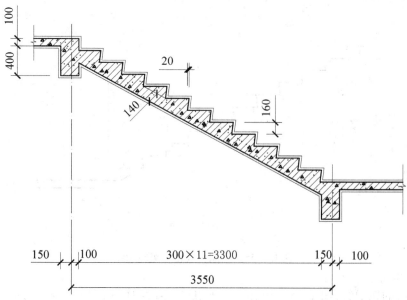

图 15－52　某楼梯剖面图

（一）绘制第一个楼梯级

用直线（LINE）命令绘制第一个楼梯级，打开极轴追踪方式，绘制出轴线、楼板及横梁。选择点 A，垂直向上绘长度为 160 的直线，水平向左绘长度为 300 的直线，直线连接 BA，得一直角三角形 ABC。用夹点编辑法编辑点 C：选择 BC 和 CA 线，选择夹点 C，水平向右，输入 20，结果如图 15 - 53 所示。

（二）阵列楼梯级

用阵列（ARRAY）命令，可以使选择的对象按圆或矩形的排列形式复制。

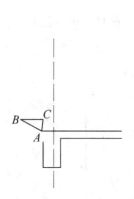

图 15 - 53　绘制楼梯级

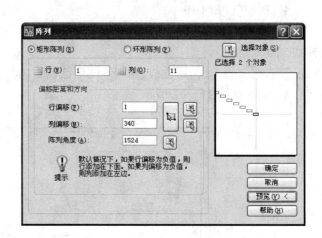

图 15 - 54　［阵列］对话框

命令：ARRAY

显示［阵列］对话框，如图 15 - 54 所示。选择［矩形阵列］，单击［选择对象］按钮，选择 BC 线和 CA 线，单击右键回到对话框。填写行数为 1，列数为 11。单击［列偏移］按钮，单击点 B，单击点 A。单击［阵列角度］按钮，单击点 A，单击点 B。单击［确定］按钮。结果如图 15 - 55 所示。

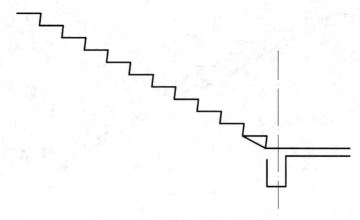

图 15 - 55　绘制完成楼梯级轮廓线

（三）填充

完成所有的轮廓线，如图 15 - 56 所示。用编辑多段线（PEDIT）命令，分别合并上轮廓线和下轮廓线。

命令:PEDIT

选择多段线或[多条(M)]:M

选择对象:(选择所有上轮廓线,回车)

输入选项[闭合(C)/打开(O)/合并(J)/宽度(W)/拟合(F)/样条曲线(S)/非曲线化(D)/线型生成(L)/放弃(U)]:J

合并类型 = 延伸

输入模糊距离或[合并类型(J)]〈0〉:(回车)

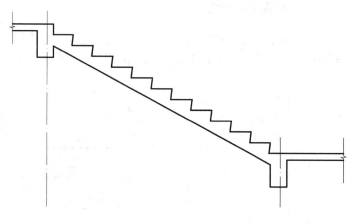

图15-56　绘制完成楼梯所有轮廓线

多段线已增加 25 条线段

输入选项[闭合(C)/打开(O)/合并(J)/宽度(W)/拟合(F)/样条曲线(S)/非曲线化(D)/线型生成(L)/放弃(U)]:(回车)

同样方法合并下轮廓线。用偏移(OFFSET)命令,把上下轮廓线向外偏移10。用图案填充(BHATCH)命令,分别以填充图案 AR-CONC 和 ANSI31 填充钢筋混凝土,修改填充比例:AR-CONC 为 1,ANSI31 为 30。

命令:BHATCH

显示[图案填充和渐变色]对话框。填写相应的内容,如图 15-57 所示。单击[添加:拾取点]按钮,选择要填充的区域;单击右键。单击[确定]按钮。结果如图 15-58 所示。

图15-57　[图案填充]选项卡

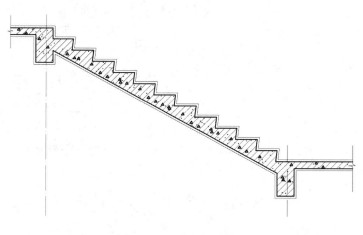

图15-58　楼梯剖面填充

第4节　尺寸标注

尺寸标注是工程图中的重要部分,用于描述图形中物体各部分的实际大小和它们之间的位置关系。AutoCAD 提供了一套完整的尺寸标注系统变量,便于用户按需要设置不同的尺寸标注样式,以适应不同类型的图形对尺寸标注的要求。

一、尺寸变量的概念

尺寸标注由尺寸界线、起止符号、尺寸线和尺寸数字组成,如图 15-59 所示。尺寸变量是指用于确定尺寸标注中各个组成部分的样式、大小和它们之间的位置关系的一些变化的量值。

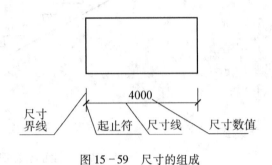

图 15-59　尺寸的组成

二、尺寸标注样式

AutoCAD 的尺寸标注采用半自动方式,系统按图形的测量值和尺寸标注样式进行标注。尺寸标注样式是一组尺寸变量设置的集合,通过改变尺寸变量值可以产生不同的外观标注效果。在对建筑图形进行尺寸标注之前,如果不对其中部分变量进行重新设置,产生的尺寸标注效果并不符合我国建筑制图的标准。因此,为了建立符合国标的尺寸标注样式,必须对其中一些变量进行重新设置。在设置模板文档时,已设置了一种尺寸样式,其中尺寸变量的含义如图 15-60 所示。

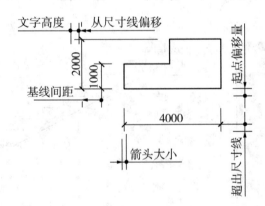

图 15-60　尺寸变量的含义

三、尺寸标注实例

如图 15-61 所示是一房屋的平面图和立面图。根据本章所介绍的方法,把平面图和立面图绘制出来,再按下面的步骤标注这张图。

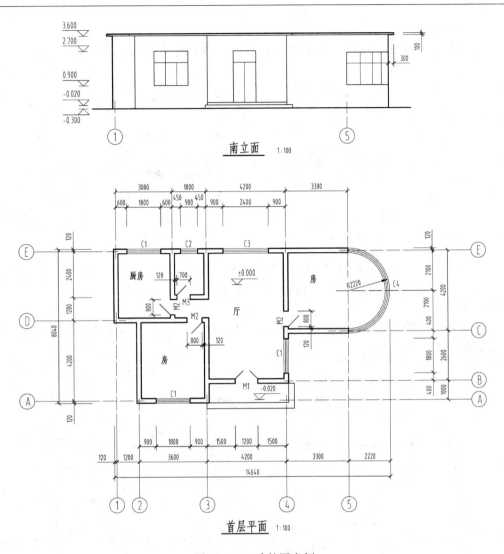

图 15 - 61　建筑图实例

（一）直线标注

用直线的标注（DIMLINEAR）命令标出第一个尺寸，用鼠标确定尺寸位置，如图 15 - 62 所示。

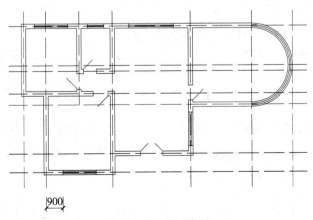

图 15 - 62　尺寸标注

（二）连续标注

用连续的标注（DIMCONTINUE）命令标出其同一线上的尺寸，如图 15-63 所示。

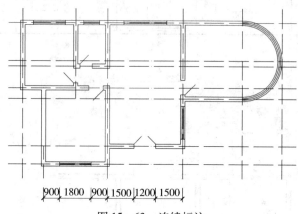

图 15-63　　连续标注

（三）基线标注

用基线标注（DIMBASELINE）命令标出第二行的第一个尺寸，用连续标注标出同一行的其余尺寸，如图 15-64 所示。

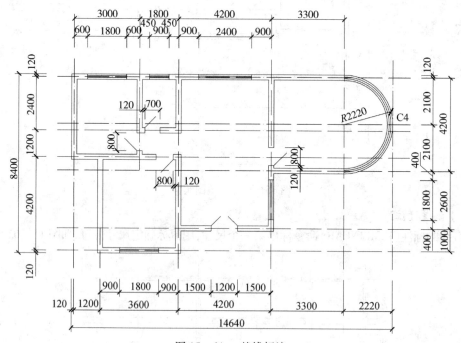

图 15-64　　基线标注

（四）尺寸编辑

修改不合标准的尺寸。如图 15-65a 所示，修改起点偏移量，用夹点（STRETCH）命令移动夹点，得到适当的起点偏移量。如图 15-65b 所示，改变起止符，用属性对话框（PROPERTIES）将建筑式的起止符，改为箭头。

（五）文本编辑

完成标高、写文字、轴号等。标高符号可以设置为属性块，步骤如下：

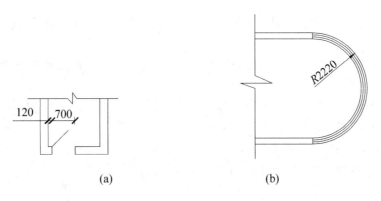

(a)　　　　　　　　　　　　(b)

图 15 - 65　修改标注

1. 绘制标高符号

用直线(LINE)命令绘制标高符号。

2. 定义属性

命令: ATTDEF(ATT)

显示[属性定义]对话框,如图 15 - 66a 所示,设置标记为标高,提示为高度,文字对正为左对齐,文字样式为 Standard ,文字高度为 350,单击[确定]。将"标高"放置在适当位置,如图 15 - 66b 所示。

(a)　　　　　　　　　　　　　　　　　　(b)

图 15 - 66　属性定义

3. 定义块

命令: BLOCK(B)

显示[块定义]对话框,设置名称为标高,基点拾取三角形下端点,选择标高符号和标高属性为对象。单击[确定]按钮。

（六）布局设置

设置打印布局。具体操作方法：单击布局［A3］，切换到图纸空间，用视口（VPORTS）命令建立一个视口。

命令：－VPORTS（－VPO）（有些命令可用对话框操作，如果不想用对话框，可以在命令前加减号）

指定视口的角点或［开（ON）/关（OFF）/布满（F）/着色打印（S）/锁定（L）/对象（O）/多边形（P）/恢复（R）/2/3/4］

〈布满〉:（选择〈布满〉，即回车）

用窗口缩放（ZOOM）命令修改比例因子，使打印出来的图纸与实际比例一致。

命令：ZOOM

指定窗口角点，输入比例因子（nX 或 nXP），或［全部（A）/中心点（C）/动态（D）/范围（E）/上一个（P）/比例（S）/窗口（W）］

〈实时〉:S（输入 S，即选择［比例］（S），回车）

输入比例因子（nX 或 nXP）:1XP

用平移（PAN）命令，调整图形放置的位置。

命令：PAN（按左键调整图形位置）

按 Esc 或 Enter 键退出，或单击右键显示快捷菜单，选择［退出］。

另一方法：按鼠标滑轮，移动鼠标调整图形位置。

选择"视口"，单击右键，选择［特性］，显示特性工具栏，设置［显示锁定］值为"是"，如图 15－67 所示。

完成以上操作，结果如图 15－68 所示，保存文件。

图 15－67　特性工具栏

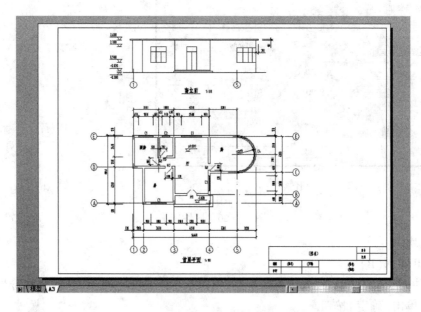

图 15－68　A3 页面设置

参 考 文 献

[1] 中华人民共和国建设部.GB/T 50001—2010 房屋建筑制图统一标准[S].北京:中国计划出版社,2011.
[2] 中华人民共和国建设部.GB/T 50103—2010 总图制图标准[S].北京:中国计划出版社,2011.
[3] 中华人民共和国建设部.GB/T 50104—2010 建筑制图标准[S].北京:中国计划出版社,2011.
[4] 中华人民共和国建设部.GB/T 50105—2010 建筑结构制图标准[S].北京:中国计划出版社,2011.
[5] 中华人民共和国建设部.GB/T 50106—2010 给水排水制图标准[S].北京:中国计划出版社,2011.
[6] 中华人民共和国建设部.GB/T 50114—2010 暖通空调制图标准[S].北京:中国计划出版社,2011.
[7] 中华人民共和国建设部.GB 50162—92 道路工程制图标准[S].北京:中国计划出版社,1993.
[8] 唐人卫.画法几何及土木工程制图[M].2 版.南京:东南大学出版社,2008.
[9] 何铭新,李怀健.画法几何及土木工程制图[M].3 版.武汉:武汉理工大学出版社,2009.
[10] 何斌,陈锦昌,陈炽坤.建筑制图[M].6 版.北京:高等教育出版社,2011.
[11] 陈文斌,章金良.建筑工程制图[M].5 版.上海:同济大学出版社,2010.
[12] 乐荷卿,陈美华.土木建筑制图[M].4 版.武汉:武汉理工大学出版社,2011.
[13] 郑国权.道路工程制图[M].3 版.北京:人民交通出版社,2001.
[14] 罗康贤,左宗义,冯开平.土木建筑工程制图[M].2 版.广州:华南理工大学出版社,2010.
[15] 王强,张小平.建筑工程制图与识图[M].2 版.北京:机械工业出版社,2011.
[16] 高远.建筑装饰制图与识图[M].2 版.北京:机械工业出版社,2007.
[17] 齐明超,梅素琴.土木工程制图[M].北京:机械工业出版社,2003.
[18] 陆文华.建筑电气识图教材[M].2 版.上海:上海科学技术出版社,2003.